U0179901

国家科学技术学术著作出版基金资助项目

新型共路干涉仪

杨甬英　凌　曈　著

ZHEJIANG UNIVERSITY PRESS
浙江大学出版社

图书在版编目(CIP)数据

新型共路干涉仪 / 杨甬英，凌瞳著. —杭州：浙江大学
出版社，2020.7
ISBN 978-7-308-18571-4

Ⅰ. ①新… Ⅱ. ①杨… ②凌… Ⅲ. ①光学干涉仪
Ⅳ. ①TH744.3

中国版本图书馆CIP数据核字(2020)第062929号

新型共路干涉仪

杨甬英　凌　瞳　著

责任编辑	伍秀芳（wxfwt@zju.edu.cn）　翟自洋
责任校对	汪淑芳
封面设计	续设计
出版发行	浙江大学出版社
	（杭州市天目山路 148 号　邮政编码　310007）
	（网址：http://www.zjupress.com）
排　　版	杭州荻雪文化创意有限公司
印　　刷	浙江省邮电印刷股份有限公司
开　　本	710mm×1000mm　1/16
印　　张	17.25
字　　数	292 千
版 印 次	2020 年 7 月第 1 版　2020 年 7 月第 1 次印刷
书　　号	ISBN 978-7-308-18571-4
定　　价	148.00 元

前　言

　　利用光的干涉术进行各种几何量、物理量检测由来已久。随着高科技的发展，在微电子、生物、医学和材料等领域，由于被测对象千变万化，一些常规的干涉术已难以满足特殊要求的测量。如在微电子领域，对超大规模集成电路光刻物镜的像差检测，由于受到光束的波长、相干性等参数限制，常规的双光束干涉光路已经难以实现高精度的波前检测，这促进了各种共路的点衍射干涉术和具有自干涉的横向剪切干涉术的研究发展。在强激光领域，瞬态波前检测、气动光学的高速流场检测使得可实现瞬态检测的共路径向剪切干涉术广为应用。当前对生物细胞进行活体检测时，多波前横向剪切共路干涉术比常规的显微镜或荧光共焦显微镜可以获得更多维数，如位相及标本的折射率分布，这也是国际的研究热点。

　　相较于经典的迈克尔逊(Michelson)等非共路干涉仪，共路干涉仪以其抗干扰能力强的优势受到了越来越多的关注。共路干涉仪包括点衍射干涉仪以及横向、径向、多波前剪切干涉仪等，虽然它们各自的结构和检测原理不同，但都基于光的衍射与干涉这两个基本效应，其检测过程包括了干涉条纹的调制与解调、相位解包裹以及波面拟合与波前质量评价。

全书共 6 章，简述如下。

第 1 章首先讨论了以光的衍射为基础的标量衍射理论、矢量衍射理论、电磁场的时域有限差分(Finite Difference Time Domain, FDTD)方法，探讨了空间和时间展宽的随机光场，提供了计算相干时间和相干面积的通用方法以及适用于在时间和空间上随机扰动的光场，介绍了干涉波前检测后的相位解包裹问题、一维相位解包裹算法和属于路径跟踪算法的戈德斯坦(Goldstein)枝切法。

第 2 章描述的点衍射干涉仪中，探讨了整个点衍射干涉系统的核心，即点衍射波前的获取结构，介绍了利用电磁场的 FDTD 方法获取远场波前的仿真，提出了对比度可调的偏振方法的点衍射球面面形检测系统，进行了金属反射介质的偏振效应对检测波前引入的斜反射波前像差的影响、高阶球差的消除、畸变和慧差的消除等研究，以及采用衍射相位显微技术对材料进行实时定量相位成像从而检测材料吸收热能分布的方法研究、利用点衍射定量相位成像对神经细胞动作电位的光学本征信号的研究等。

第 3 章介绍了横向剪切干涉的理论基础及数学模型，给出了横向剪切干涉的数学表示、波前畸变与干涉图样的基本描述，对该领域涉及的两个重要概念即剪切量和剪切率进行定义，介绍了应用最为广泛的基于平板的横向剪切干涉法、偏振横向剪切干涉法等，探讨了横向剪切干涉的时域移相干涉技术、偏振移相法及其应用。

第 4 章探讨如何利用共光路干涉来实现短相干长度光源的光学系统像差检测，提出了随机编码混合光栅 REHG 横向剪切干涉仪，实现了光学系统像差检测、大剪切率傅里叶变换位相重建算法对生物样品的定量相位显微检测以及各种应用检测。该研究成果获 2016 年"中国光学重要成果"提名。

第 5 章提出了可用于瞬态(单幅干涉图)波前检测的径向剪切干涉检测体系、采用共路的径向剪切波前干涉光路，辅之以空间位相调制技术，利用傅里叶变换技术及数字信号处理的理论，重构径向剪切波前。该方法对于瞬态波前、物体形变等动态测量的需求有广泛的应用前景。最后还针对一些特殊用途，如风洞中含有目标物的高速流场在线检测，在传统环形径向剪切干涉仪的基础上进一步提出了偏折型环形径向剪切干涉仪，并建立了径向缩放和横向偏移的偏折型环形径向剪切干涉波前重建算法。该研究成果获 2006 年度国家自然科学基金联合基金项目特等奖。

第 6 章提出了一种基于共模抑制技术的双焦透镜干涉仪，从原理上分析了干涉原理以及共模抑制机理；介绍了米勒干涉显微技术，该系统具有较大的测量范围，可对一定尺寸的样品表面进行测量；最后介绍了一种基于像素移位偏振干涉技术的 4D 动态干涉仪，其探测器能实时获得四幅高分辨率瞬态干涉图，适合于大口径光学元件面形的测量。

作者在干涉检测领域探索多年，致力于各种新颖共路干涉仪的研究，将各种共路干涉术结合干涉波前重构的数学建模及图像处理算法，形成完整的共路干涉测量体系，在国内外尚属首创。该书获得国家自然科学基金项目"基于散射光电磁场分布逆向识别数据库的高次曲面表面缺陷定量检测仪"（重大仪器专项项目号：61627825）、"径向剪切干涉法测量激光系统的波前畸变技术的研究"（项目号：10176026）、"基于光学干涉及层析技术构建 ICF 靶丸 D/T 层三维密度场信息的研究"（项目号：1275172）资助，特此致谢。衷心感谢课题组浙江大学光电学院的卓永模教授，他是著名的激光干涉技术、激光测振专家，对学术的孜孜不倦及严谨传授让我们后辈终身受益。感谢本书的合作撰写人，是我们一起在科研的道路上善于创新、勤于钻研、努力探讨才完成了本书的撰写。还要感谢参与项目研究及研发的同事们和研究生们，是你们的共同努力，才有了所有的研究成果。

本书由浙江大学光电学院杨甬英教授撰写第 1、3、5 章，斯坦福大学汉森实验物理实验室凌曈博士后撰写第 2、4、6 章，浙江大学光电学院的张锐、李瑶、陈元恺诸位博士及梁子健硕士参与了大量的资料收集、整理及编撰相关工作。各位为本书的顺利完稿作出了贡献，在此表示最衷心的感谢。

本书的出版，可为国内外从事精密检测的科研人员及高等院校师生提供精密干涉检测的研究参考。全书内容丰富，从检测光路到干涉波前重构模型及应用完整详尽，对共路干涉技术在高科技领域的研究应用具有十分重要的意义，可以很好地促进学科发展和国际学术交流。

由于作者水平有限，书中难免存在不妥或疏漏之处，诚请各位专家和读者批评指正。

杨甬英　于浙江大学　求是园
凌　曈　于斯坦福大学　汉森实验物理实验室

目　录

1

光学干涉理论基础

科学技术的快速发展对高精度检测技术提出了越来越高的要求。光学干涉仪,由于其以光的波长为基准,以光的相位为精密度量,自 19 世纪以来一直是高精度检测领域的重要分支。经典的 Michelson 干涉仪、Fizeau 干涉仪、Twyman-Green 干涉仪及 Mach-Zehnder 干涉仪,在光学领域乃至整个科学史上有着举足轻重的地位,其中最为著名的是 1887 年否认以太存在的 Michelson-Morley 实验和 2015 年的激光干涉引力波天文台(Laser Interferometer Gravitational-Wave Observatory,LIGO)探测到引力波,它们的主要研究者也分别荣获 1907 年和 2017 年的诺贝尔物理学奖。

相较于 Michelson 干涉仪等非共路干涉仪,共路干涉仪以其抗干扰能力强的优势也受到了越来越多的关注。共路干涉仪包括点衍射干涉仪、横向剪切干涉仪、径向剪切干涉仪、多波前剪切干涉仪等。虽然它们各自的结构和检测原理不同,但都是基于光的衍射与干涉这两个基本效应,其检测过程都包括了干涉条纹的调制与解调、相位解包裹以及波面拟合与波前质量评价。本章主要介绍光学干涉的基础理论以及在干涉精密检测中非常实用的相位解包裹算法和波前质量评价方法,其他的一些基本概念包括电磁波理论以及常用的位相调制与解调技术参见文献[1]。

1.1 光的衍射

1.1.1 标量衍射理论

衍射是光的波动性的主要标志之一。建立在光的直线传播定律基础上的几何光学无法解释光的衍射，光的微粒说同样不能给出令人满意的解释，这种现象的解释要依赖波动光学。历史上最早运用波动光学原理解释衍射现象的是菲涅尔，他在惠更斯原理基础上，补充相干迭加的思想，发展为惠更斯–菲涅尔原理，从而较为完善地解释了光的衍射，并以极高的精度计算出衍射图样的光强分布。之后，基尔霍夫(Kirchhoff)从波动微分方程出发，以光的弹性固体理论为基础，发展了一个更严格的理论——标量衍射理论。他的工作把菲涅尔的假设置于更坚实而完善的数学基础之上，成功地证明了惠更斯–菲涅尔原理是光的波动本性的逻辑结论，给出了一种更精确的表述[2-6]。然而，基尔霍夫理论本身也是一个近似，将光作为一种标量波来处理，即只考虑电场或磁场的一个分量的标量振幅，该方法忽略了这一事实：光是一种电磁波，是一种矢量场，电、磁场矢量是耦合起来的。光波通过小孔之类的衍射问题应该作为电磁场的边值问题来求解。一般来说，这种普遍解法很复杂[7-9]。

应当指出，确定一个特定衍射问题的严格解是光学中最难处理的问题之一，对于许多有实际意义的衍射问题，严格解析解并不存在。由于数学上的困难，在大多数有实际意义的情况中必须采用近似方法，而基于经典波动理论的标量衍射理论提供了一种最简单而有效的表述方法。在大多数情况下，标量理论能得出足够精确的结果，但是在某些问题中要得到有相当精确度的结果，就必须考虑场的矢量本性。本节先介绍惠更斯–菲涅尔理论和基尔霍夫标量衍射理论。

1. 惠更斯–菲涅尔原理

1690 年，荷兰物理学家惠更斯提出了一个关于波面传播的理论，称为惠更斯原理：波阵面上的每一点都可以看作是一个次级扰动波源，发出球面子波，子波行进的速度和频率等于原波在空间各点的速度和频率；在后一时刻这些子波的包络面就是新的波阵面。若已知某一时刻的波前，可以应用惠更斯原理得到之后任意时刻的波前。

惠更斯原理能够说明衍射的存在，但未能定量地给出次波面的包络面上和包络面以外波扰动强度的分布，无法确定衍射图样中的光强分布，因而就不能圆满地解释衍射过程。

菲涅尔在研究了光的干涉现象后，考虑到惠更斯子波来自同一光源，它们应该是相干的，认为波阵面外任一点的光扰动应该是波阵面上所有子波相干迭加的结果。这样，菲涅尔汲取了惠更斯提出的次波概念，用"次波相干迭加"的思想补充后，提出惠更斯–菲涅尔原理，表述如下：波阵面可分割成无穷多小面元，每个小面元可看成发射次级球面子波的波源，空间任一点的光场是所有这些子波在该点的相干迭加。菲涅尔据此成功地解释了衍射现象，给出了求解衍射场分布的理论形式，为衍射现象的分析确立了一个统一的理论框架[2,6]。

如图 1-1 所示，考虑任一单色点源 S，P 为波场中的某一点，波阵面 Σ 将源点 S 和场点 P 隔开，略去时间周期因子 $\mathrm{e}^{-\mathrm{i}\omega t}$，设波阵面 Σ 上的复振幅分布为 $\tilde{U}(Q)$，按照惠更斯–菲涅尔原理，波阵面 Σ 上的每一个面元 $\mathrm{d}\Sigma$ 可看作一个次级扰动中心，这个扰动以球面子波的形式传播。菲涅尔基于物理上的考虑，作出了一系列的假设，得到波阵面 Σ 上 Q 点面元 $\mathrm{d}\Sigma$ 对场点 P 的光扰动的贡献：

$$\mathrm{d}\tilde{U}(P) = CK(\theta_0, \theta)\tilde{U}(Q)\frac{\mathrm{e}^{ikr}}{r}\mathrm{d}\Sigma$$

式中，C 为一常数，$r = QP$，$K(\theta_0, \theta)$ 称为倾斜因子，描写次级波振幅随方向的变化，θ_0 和 θ 分别为源点 S 和场点 P 相对于次波面元 $\mathrm{d}\Sigma$ 法线 $\boldsymbol{n}$ 的方位角。从所有面元发射的次波将在场点 P 相遇并相干迭加，只有未被挡住的波阵面才对场点 P 的效应有贡献，这样场点 P 的复振幅为波面 Σ 上面元发出的次级波在该点的相干迭加，总扰动为：

$$\tilde{U}(P) = C\iint\limits_{\Sigma} K(\theta_0, \theta)\tilde{U}(Q)\frac{\mathrm{e}^{ikr}}{r}\mathrm{d}\Sigma \qquad (1\text{-}1)$$

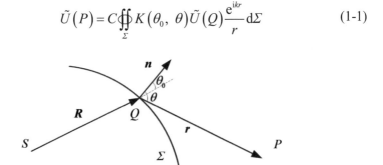

图 1-1 点光源 S 对场点 P 的作用

式(1-1)称为菲涅尔衍射积分公式。最初菲涅尔作出这些假设时只是凭借朴素的直觉，之后基尔霍夫建立的一个严格的数学理论，证明了菲涅尔的设想基本正确，并且给出了积分公式中的比例常数 C 和倾斜因子 $K(\theta_0,\theta)$ 的准确形式。

2. 基尔霍夫衍射理论

惠更斯–菲涅尔理论本身是不严格的，在很大程度上是依赖假设的，缺乏理论依据。基尔霍夫弥补了菲涅尔理论的不足，建立了一个严格的数学理论。他从微分波动方程出发，利用矢量理论中的格林公式，指出惠更斯–菲涅尔原理可以看作是某种积分定理的近似形式，这个积分定理给出了齐次波动方程在场中任一点的解，从而为惠更斯–菲涅尔理论奠定了比较完善的数学基础，并且确定了菲涅尔理论中的比例常数 C 和倾斜因子 $K(\theta_0,\theta)$ 的具体形式。基于光的弹性固体理论，基尔霍夫理论作为标量波动方程的一个精确结果，得到一种更精密的描述。他的分析使惠更斯原理得到了论证。然而，基尔霍夫理论本身也是一个近似，忽视了光是一种矢量场的事实，只适用于标量波的衍射，因而又称标量衍射理论[2,6]。

(1) 基尔霍夫积分定理

考虑一个严格单色标量波 $E=U(P)\mathrm{e}^{-\mathrm{i}\omega t}$，其与空间有关的部分满足亥姆霍兹方程式：

$$\left(\nabla^2+k^2\right)U=0 \tag{1-2}$$

假设 V 是闭合面 Σ 包围的体积，P 是 Σ 内任一点。假定 E 在 Σ 内和 Σ 上具有连续的一阶和二阶偏微商，利用场论中的格林定理可以把 $U(P)$ 与曲面上的值联系起来。如果另一函数 G 满足同样的连续性条件，则由格林定理，有：

$$\iiint_V\left(U\nabla^2G-G\nabla^2U\right)\mathrm{d}V=-\iint_\Sigma\left(U\frac{\partial G}{\partial n}-G\frac{\partial U}{\partial n}\right)\mathrm{d}\Sigma \tag{1-3}$$

式中 $\partial/\partial n$ 表示沿 Σ 面内向法线的微商。如果 G 也满足亥姆霍兹方程：

$$\left(\nabla^2 + k^2\right)G = 0 \tag{1-4}$$

则由式(1-2)和(1-4)，以及式(1-3)左边被积函数在 V 内处处为零，有：

$$\iint\limits_{\Sigma}\left(U\frac{\partial G}{\partial n} - G\frac{\partial U}{\partial n}\right)\mathrm{d}\Sigma = 0 \tag{1-5}$$

根据 G 满足的条件，选取 G 为向外发散的球面波(即自由空间格林函数)：

$$G = \frac{\exp(ikr)}{r} \tag{1-6}$$

式中，r 为考察点 P 到任意点的距离。该函数在 $r=0$ 时有一个奇异点，不满足格林定理成立的条件，因为 G 已经假定是连续且可微商的，所以 P 点必须从积分区域中除掉。如图 1-2 所示，围绕 P 点作一半径为 ε 的小球，对面 Σ 和 Σ' 之间的整个体积取积分，积分曲面为 $\Sigma + \Sigma'$，式(1-5)改写为：

$$\iint\limits_{\Sigma+\Sigma'}\left[U\frac{\partial}{\partial n}\left(\frac{\mathrm{e}^{ikr}}{r}\right) - \frac{\mathrm{e}^{ikr}}{r}\frac{\partial U}{\partial n}\right]\mathrm{d}\Sigma = 0 \tag{1-7}$$

因此，

$$\begin{aligned}
\iint\limits_{\Sigma}\left[U\frac{\partial}{\partial n}\left(\frac{\mathrm{e}^{ikr}}{r}\right) - \frac{\mathrm{e}^{ikr}}{r}\frac{\partial U}{\partial n}\right]\mathrm{d}\Sigma &= -\iint\limits_{\Sigma'}\left[U\frac{\mathrm{e}^{ikr}}{r}\left(ik - \frac{1}{r}\right) - \frac{\mathrm{e}^{ikr}}{r}\frac{\partial U}{\partial n}\right]\mathrm{d}\Sigma' \\
&= -\iint\limits_{\Omega}\left[U\frac{\mathrm{e}^{ik\varepsilon}}{\varepsilon}\left(ik - \frac{1}{\varepsilon}\right) - \frac{\mathrm{e}^{ik\varepsilon}}{\varepsilon}\frac{\partial U}{\partial r}\right]\varepsilon^2\mathrm{d}\Omega
\end{aligned} \tag{1-8}$$

式中，$\mathrm{d}\Omega$ 代表一个元立体角。因为对 Σ' 的积分与 ε 无关，所以右边的积分可以用它在 $\varepsilon \to 0$ 时的极限值来代替；已经假定函数 U 及其偏微商在 P 点连续，在极限时，该积分的第一项和第三项没有贡献，而第二项的总贡献是 $4\pi U(P)$。因此，

$$U(P) = \frac{1}{4\pi} \iint_{\Sigma} \left[U \frac{\partial}{\partial n} \left(\frac{\mathrm{e}^{ikr}}{r} \right) - \frac{\mathrm{e}^{ikr}}{r} \frac{\partial U}{\partial n} \right] \mathrm{d}\Sigma \tag{1-9}$$

这是亥姆霍兹-基尔霍夫积分定理的一种形式，其意义在于把任一点的场用包围它的任意闭合面上的场值及其一阶微商表示出来，因而可视为惠更斯-菲涅尔原理的一种数学表示。只要对闭合面完成积分，利用该积分定理原则上可以计算任意衍射问题，但闭合面上的场分布是不清楚的。

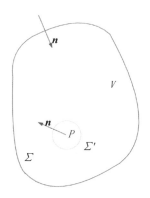

图 1-2 亥姆霍兹-基尔霍夫积分定理推导：积分区

亥姆霍兹-基尔霍夫积分定理还有一种形式，它属于这种情况：波源在闭合面 Σ 内，而 U 在 Σ 外和 Σ 上是连续的，并且可微商到二阶。这时 Σ 上的边界值已不足以单值地确定 P 点的解，还必须对 $\Sigma \to \infty$ 时解的性质作出某些假设。

(2) 基尔霍夫边界条件

考虑无穷大不透明屏上的一个孔径 Σ 所引起的光的衍射。如图 1-3 所示，假定一个光场入射到屏和孔径上，计算孔径后面场点 P 的场。假定场是单色的。

为了求出场点 P 的场，应用亥姆霍兹-基尔霍夫积分定理，围绕该点选择一个闭合面，对它取基尔霍夫积分。闭合面由三部分构成，即孔径 Σ、不透明屏的部分背阴面 Σ_1，以及以 P 为中心、R 为半径的大球的部分球面 Σ_2。

这时，式(1-9)的基尔霍夫积分给出：

$$U(P) = \frac{1}{4\pi} \iint_{\Sigma + \Sigma_1 + \Sigma_2} \left[U \frac{\partial}{\partial n} \left(\frac{\mathrm{e}^{ikr}}{r} \right) - \frac{\mathrm{e}^{ikr}}{r} \frac{\partial U}{\partial n} \right] \mathrm{d}\Sigma \tag{1-10}$$

式中，r 为场点 P 到面元 $\mathrm{d}\Sigma$ 的距离，$\partial/\partial n$ 表示沿积分面内法线方向的微商。

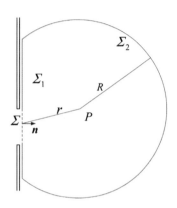

图 1-3 平面屏幕衍射的基尔霍夫理论

现在的问题是，如何确定积分面上的 U 和 $\partial U/\partial n$ 的值。对于 Σ 和 Σ_1，基尔霍夫假设：在 Σ 上，U 和 $\partial U/\partial n$ 的值由入射光场 U^i 决定，同不存在屏的时候相差无几；在 Σ_1 上，由于屏是不透明的，U 和 $\partial U/\partial n$ 近似为零，即

$$\left. \begin{array}{l} \Sigma : U = U^i , \quad \dfrac{\partial U}{\partial n} = \dfrac{\partial U^i}{\partial n} \\[3mm] \Sigma_1 : U = 0 , \quad \dfrac{\partial U}{\partial n} = 0 \end{array} \right\} \tag{1-11}$$

式(1-11)的近似称为基尔霍夫边界条件，它们是基尔霍夫衍射理论的基础。第一个条件通过忽略屏的存在确定入射到孔径上的场分布，第二个条件忽略了屏的几何阴影区内的积分面。这两个假设都是近似的，并不准确成立。屏的存在不可避免地会在一定程度上影响 Σ 上的场，特别是孔径边缘附近的场，因为它们必须满足一定的边界条件，而且屏后阴影区 Σ_1 上的场值也不可能处处绝对为零。严格的衍射理论表明，在孔径边缘附近波长量

级的范围内，边界条件与基尔霍夫边界条件有显著不同。如果孔径的尺寸比波长大得多，那么这些效应可以忽略不计，此时使用基尔霍夫边界条件进行计算可以得出和实验符合得很好的结果。

现在考虑球面部分 Σ_2 的贡献。显然，半径 R 取得足够大时，Σ_2 趋于一个无限大半球壳，可使 Σ_2 上的 U 和 $\partial U/\partial n$ 值任意小。然而，当半径 R 无限大时，Σ_2 的面积也将无限增大，$U \to 0$ 和 $\partial U/\partial n \to 0$ 的条件并不足以使积分为零。人们也可能轻易地假设，既然扰动是以有限速度传播的，R 最后变成如此之大，以致波动尚未到达 Σ_2，因此被积函数在这个面上将为零，但是这个论据与扰动是严格单色的假定是不相容的，单色性要求扰动在所有时间都存在。因此，在能够摒弃 Σ_2 对积分的贡献前，必须对离屏很远处的光场的性质作更精密的假定。在 Σ_2 上，$r = R$，且

$$\frac{\partial}{\partial n}\left(\frac{e^{ikR}}{R}\right) = \left(ik - \frac{1}{R}\right)\frac{e^{ikR}}{R} \approx ik\frac{e^{ikR}}{R}$$

式中最后的近似在 R 较大时成立。于是，式(1-10)对 Σ_2 的积分化为：

$$\frac{1}{4\pi}\iint_{\Sigma_2}\left[U\frac{\partial}{\partial n}\left(\frac{e^{ikR}}{R}\right) - \frac{e^{ikR}}{R}\frac{\partial U}{\partial n}\right]d\Sigma = \frac{1}{4\pi}\iint_{\Omega}\left(\frac{e^{ikR}}{R}\right)\left(ikU - \frac{\partial U}{\partial n}\right)R^2 d\Omega \quad (1\text{-}12)$$

式中，Ω 是 Σ_2 对场点 P 所张的立体角，$d\Omega$ 是元立体角。而当 $R \to \infty$ 时，$\left(e^{ikR}/R\right)R$ 在 Σ_2 是一致有界的。所以 Σ_2 的积分即式(1-12)在 $R \to \infty$ 时为零，只要光场 U 满足下述性质：

$$\lim_{R \to \infty}\left(ikU - \frac{\partial U}{\partial n}\right)R = 0 \quad (1\text{-}13)$$

这一要求称为索末菲(Sommerfeld)辐射条件。若扰动趋于零的速度至少像发散球面波一样快，则此条件满足。这样，只要选取球面的半径足够大，就可以不考虑球面 Σ_2 对场点的贡献。

综上，式(1-10)只需考虑对孔径面 Σ 的积分，即

$$U(P) = \frac{1}{4\pi} \iint_{\Sigma} \left[U \frac{\partial}{\partial n}\left(\frac{e^{ikr}}{r} \right) - \frac{e^{ikr}}{r} \frac{\partial U}{\partial n} \right] d\Sigma \tag{1-14}$$

凡是隔离光源与场点的任意闭合面，都可以作为衍射积分式中的积分面。利用基尔霍夫标量衍射理论来求解衍射问题时，应把积分面选在衍射障碍物的位置上，于是积分面分为两部分，即孔径部分和屏幕部分，这样利用基尔霍夫边界条件就能求解衍射场的分布。

(3) 菲涅尔–基尔霍夫衍射公式

虽然基尔霍夫积分定理具体表达出惠更斯–菲涅尔原理的基本概念，但不同面元的贡献所遵循的规律却比菲涅尔所假定的要复杂得多。不过基尔霍夫证明，在某些近似条件下，基尔霍夫积分定理可以化为一种简化的形式，它和菲涅尔的数学表述基本相同，并给出了菲涅尔理论中尚未确定的比例常数和倾斜因子的具体形式。

考虑无穷大不透明平面屏上的一个孔径 Σ 对单色点源 S 发出的球面波的衍射，如图 1-4 所示。假定孔径的线度比波长大，而比孔径到源点 S 和场点 P 的距离小得多。

在孔径 Σ 上，U 和 $\partial U/\partial n$ 的值由入射光场决定，有：

$$\left. \begin{aligned} U &= \frac{A\exp(ikl)}{l} \\ \frac{\partial U}{\partial n} &= \frac{A\exp(ikl)}{l}\left(ik - \frac{1}{l} \right)\cos(\boldsymbol{n},\boldsymbol{l}) \end{aligned} \right\} \tag{1-15}$$

式中，A 是离点光源单位距离处的振幅，l 为孔径 Σ 上的面元与源点 S 的距离，$\cos(\boldsymbol{n},\boldsymbol{l})$ 表示内法线 $\boldsymbol{n}$ 和从源点 S 到孔径 Σ 上某面元的矢量 $\boldsymbol{l}$ 之间夹角的余弦。同样地，在孔径 Σ 上有：

$$\frac{\partial}{\partial n}\left(\frac{e^{ikr}}{r} \right) = \frac{e^{ikr}}{r}\left(ik - \frac{1}{r} \right)\cos(\boldsymbol{n},\boldsymbol{r}) \tag{1-16}$$

式中，$\cos(\boldsymbol{n},\boldsymbol{r})$ 表示内法线 $\boldsymbol{n}$ 和从场点 P 到孔径 Σ 上某面元的矢量 $\boldsymbol{r}$ 之间夹角的余弦。

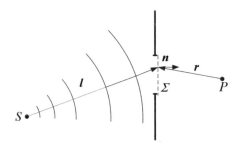

图 1-4 球面波在孔径 Σ 上的衍射

将式(1-15)和(1-16)代入式(1-14)，并略去法线微商中的$1/l$和$1/r$项(它们比k小得多)，得到：

$$U(P) = -\frac{\mathrm{i}A}{2\lambda} \iint_{\Sigma} \frac{\mathrm{e}^{\mathrm{i}kl}}{l} \frac{\mathrm{e}^{\mathrm{i}kr}}{r} \Big[\cos(\boldsymbol{n},\boldsymbol{l}) - \cos(\boldsymbol{n},\boldsymbol{r}) \Big] \mathrm{d}\Sigma \tag{1-17}$$

式(1-17)称为菲涅尔–基尔霍夫衍射公式，是基尔霍夫衍射定理的一种近似形式，只能用于单个点光源照明的情形。将菲涅尔–基尔霍夫衍射公式与式(1-1)对比，发现其与惠更斯–菲涅尔原理的数学表达基本相同，对照可知式(1-1)中的比例常数和倾斜因子分别为：

$$C = -\frac{\mathrm{i}}{\lambda}, \quad K(\theta_0,\theta) = \frac{1}{2} \Big[\cos(\boldsymbol{n},\boldsymbol{l}) - \cos(\boldsymbol{n},\boldsymbol{r}) \Big]$$

因此，菲涅尔–基尔霍夫衍射公式(1-17)可以按照惠更斯–菲涅尔原理的基本思想予以解释：P点的场是由孔径 Σ 上无穷多个虚拟的次级子波源产生的，子波源的复振幅与入射波在该点的复振幅成正比，倾斜因子$K(\theta_0,\theta)$要求子波的振幅在各个方向上是不同的，与波长 λ 成反比，并且子波源的振动位相超前于入射波90°。菲涅尔假设次级波源具有这些性质从而准确地预言衍射图样，而基尔霍夫的数学推导表明，菲涅尔的假设是光的波动本性的自然结果，可以从标量波动微分方程推导出来。

基尔霍夫衍射理论并不严格。首先，光是电磁波，严格的理论应当是电磁场的矢量波理论；其次，基尔霍夫边界条件虽然直觉上看起来比较自然，但是不严格也不自洽，对于组成光屏的物质是导体或电介质的不同情形，电磁场的边界条件是有区别的，不可能不影响光孔上的光场分布。严格的边界条件与基尔霍夫边界条件给出的场分布是不同的，这在光屏和孔径边缘附近距离为波长量级的范围内尤为明显。事实表明，对于光波，由于光波长往往比衍射障碍物的尺度小得多，基尔霍夫边界条件产生的误差不大，基尔霍夫理论完全适用于处理光学中所遇到的大多数问题。在某些问题中，必须采用更精细的方法，把衍射问题作为电磁理论的边值问题来处理，只在少数情况下才需要这样求解。

3. 菲涅尔衍射和夫琅禾费衍射

衍射系统由光源、衍射屏和接收屏幕组成。在无成像的衍射系统中，通常按三者相互间距离的大小，将衍射分为两类：一类是光源和接收屏幕(或两者之一)距离衍射屏有限远，或者说，球面波照明时在有限远处接收，这类衍射称为菲涅尔衍射，此时波阵面的曲率不能忽略不计；另一类是光源和接收屏幕都距离衍射屏无穷远，或者说，平面波照明时在无穷远接收，这类衍射称为夫琅禾费(Fraunhofer)衍射，此时入射波和出射波在衍射孔上近似于一个平面波。两种衍射的区分是从理论计算上考虑的。菲涅尔衍射是普遍的，夫琅禾费衍射是它的一个特例。由于夫琅禾费衍射的计算简单，应用价值大，而且现代变换光学中傅里叶光学的兴起赋予夫琅禾费衍射以新的重要意义，因此把它单独归为一类进行研究。

考察单色平面光波照明不透明屏上的孔径发生的衍射现象。将接收屏幕平行于不透明屏而置于其后很靠近的位置，此时在接收屏幕上观察到边缘清晰的孔的投影，此时光的传播可以看成是沿直线进行的，衍射现象不明显。将接收屏向后移动到远一些的位置，可以观察到光斑略微变大，边缘逐渐模糊，并且出现明显的亮暗相间的条纹。随着接收屏的后移，衍射光强分布的大小范围和形式都发生变化，这种衍射即菲涅尔衍射，发生菲涅尔衍射的区域成为近场区。继续将接收屏后移到很远的区域，衍射图样显著地散开，且随着屏的后移，衍射图样只有大小发生改变而形状不再变化，这种衍射即夫琅禾费衍射，发生夫琅禾费衍射的区域成为远场区。如果此时适当减小入射光的波长，那么图样又将回到菲涅尔衍射的情形；如果将入射光波长进一步减小至趋于零，那么条纹将会消失，呈现出几何光学所预言的情形。因此，发生不同衍射的近、远场区距离衍射屏的距离取决于圆孔的大小和入射光的波长。

两种衍射的区分是从理论计算上考虑的。应用最普遍形式的标量衍射理论来计算衍射问题，往往需要根据实际的衍射问题进行合理的近似处理，从而得到两类衍射的近似计算公式，从数学上准确地区分两者的差别。

(1) 傍轴近似

考察无限大的不透明屏上的孔径 $\varSigma$ 对垂直入射的单色平面波的衍射，平面波的振幅大小为 A。设屏幕是平面的，其上附有一个直角坐标系 (ξ, η)。假设观察屏幕也是一个平面，且与衍射屏平行，附有坐标系 (x, y)，其坐标轴平行于 (ξ, η) 平面上的坐标轴，两平面屏间距为 z，如图 1-5 所示。通常情况下，衍射孔径的线度比观察屏到孔径的距离小得多，在观察屏上的考察范围也比观察屏到孔径的距离小得多。据此可作如下两点近似，即傍轴近似：

1) 取 $\cos(\boldsymbol{n}, \boldsymbol{l}) \approx 1$，　$\cos(\boldsymbol{n}, \boldsymbol{r}) \approx -1$，因此倾斜因子 $K(\theta_0, \theta) = \left[\cos(\boldsymbol{n}, \boldsymbol{l}) - \cos(\boldsymbol{n}, \boldsymbol{r})\right]/2 \approx 1$，即近似地把倾斜因子看成常量，不考虑它的影响；

2) 由于在孔径范围内，任意点 Q 到观察屏上考察点 P 的距离 r 变化不大，并且在式(1-17)分母中 r 的变化只影响孔径范围内各子波源发出的球面子波在 P 点的振幅，这种影响是微不足道的，因此可取 $1/r \approx 1/z$。

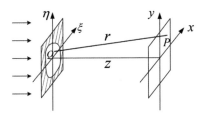

图 1-5 孔径 $\varSigma$ 的衍射

取以上两点近似后，式(1-17)可以写为：

$$U(P) = -\frac{\mathrm{i}A}{\lambda z} \iint\limits_{\varSigma} \mathrm{e}^{\mathrm{i}kr} \mathrm{d}\varSigma \tag{1-18}$$

(2) 菲涅尔近似

对于具体的衍射问题还可以作出进一步的近似。考虑孔径 $\varSigma$ 上的某点 Q 的坐标为 (ξ, η)，考察点 P 的坐标为 (x, y)，则 r 可以写成：

$$r = \sqrt{(x-\xi)^2 + (y-\eta)^2 + z^2} = z\sqrt{1+\left(\frac{x-\xi}{z}\right)^2 + \left(\frac{y-\eta}{z}\right)^2} \qquad (1\text{-}19)$$

对上式作二项式展开，得到：

$$r = z\left\{1 + \frac{1}{2}\left[\frac{(x-\xi)^2 + (y-\eta)^2}{z^2}\right] - \frac{1}{8}\left[\frac{(x-\xi)^2 + (y-\eta)^2}{z^2}\right]^2 + \cdots\right\} \qquad (1\text{-}20)$$

如果取这一级数的若干项来近似地表示 r，那么近似的精度将不仅取决于项数的多少，还取决于孔径、观察屏上的考察范围以及距离 z 的相对大小。显然，z 越大，就可以用越少的项数来达到足够的近似精度。当 z 大到使得第三项以后各项的作用可以忽略时，就可以只采用前两项来表示 r，即

$$r \approx z\left\{1 + \frac{1}{2}\left[\frac{(x-\xi)^2 + (y-\eta)^2}{z^2}\right]\right\} = z + \frac{x^2+y^2}{2z} - \frac{x\xi+y\eta}{z} + \frac{\xi^2+\eta^2}{2z} \qquad (1\text{-}21)$$

这一近似称为菲涅尔近似。观察屏置于这一近似成立的区域(菲涅尔区)内所观察到的衍射现象即为菲涅尔衍射[7]。

这样，在菲涅尔近似下，球面波位相因子 $\mathrm{e}^{\mathrm{i}kr}$ 取如下形式：

$$\exp(\mathrm{i}kr) \approx \exp\left\{\mathrm{i}kz + \frac{\mathrm{i}k}{2z}\left[(x-\xi)^2 + (y-\eta)^2\right]\right\} \qquad (1\text{-}22)$$

因此，菲涅尔衍射的计算公式为：

$$U(x,y) = -\frac{\mathrm{i}A\exp(\mathrm{i}kz)}{\lambda z}\iint\limits_{\Sigma}\exp\left\{\frac{\mathrm{i}k}{2z}\left[(x-\xi)^2 + (y-\eta)^2\right]\right\}\mathrm{d}\xi\mathrm{d}\eta \qquad (1\text{-}23)$$

上式的积分区域是孔径 Σ。菲涅尔近似的关键在于用二次曲面来代替球面的子波。

(3) 夫琅禾费近似

如果将观察屏移到离衍射孔径更远的地方，则在菲涅尔近似的基础上还可作进一步的简化。在菲涅尔近似中，式(1-21)的第二项和第四项分别取决于观察屏上的考察范围和孔径线度相对于 z 的大小。当 z 很大使得第四项对位相的贡献远小于 π 时，即 $k\left(\xi^2+\eta^2\right)_{\max}\big/(2z)\ll\pi$ 时，第四项可以忽略。所以，式(1-21)可以进一步近似地写为：

$$r \approx z + \frac{x^2+y^2}{2z} - \frac{x\xi+y\eta}{z} \tag{1-24}$$

这一近似称为夫琅禾费近似。在这一近似成立的区域(夫琅禾费区)内观察到的衍射现象即为夫琅禾费衍射。这样就得到夫琅禾费衍射的计算公式：

$$U(x,y) = -\frac{iA\exp(ikz)}{\lambda z}\exp\left[\frac{ik}{2z}\left(x^2+y^2\right)\right]\iint_{\Sigma}\exp\left[-\frac{ik}{z}\left(x\xi+y\eta\right)\right]\mathrm{d}\xi\mathrm{d}\eta \tag{1-25}$$

可见，衍射场分布除了积分号前的相位因子外，剩下的就是孔径上场分布的傅里叶变换。在光学波段，夫琅禾费衍射成立所要求的条件实际上是相当苛刻的，但是利用成像系统，能在更近的距离上观察到夫琅禾费衍射。

1.1.2 矢量衍射理论

在大多数情况下，标量理论能得出足够精确的结果，但是在某些问题中，要得到有相当精度的结果，就必须采用更精细的方法，考虑场的矢量本性，把衍射问题作为电磁理论的边值问题来处理，采用矢量衍射理论。

电磁场的唯一性定理可表述如下：对于一个被闭合面 S 包围的区域 V，若 S 面上的电场或磁场的切线分量给定，那么在区域 V 内的电磁场是唯一确定的。根据电磁场的唯一性定理，确定一个空间给定区域内的电磁场，只需给定这个区域边界面上的切线分量电场或磁场，而不必顾及场是由怎样的源产生的，这为建立场等效原理提供了必要的基础[8-10]。

场等效原理是这样的一个物理原理，即在一给定空间区域内，由确定的源产生的电磁场可看作是由另外的等效源产生的，不论等效源是否实际存在，只要它们在给定的同一空间区域内产生的场相同即可。通过等效源方法可解决某些困难的电磁场边值问题。场等效原理的一般形式可表述如下：设在原问题中源局限于闭合面 S 包围的区域 V_1 内部，源在 S 内、外区域 V_1 和 V_2 中产生的场用 E 和 H 表示，可这样作出对于 S 面外的空间区域 V_2 的场等效问题，其中 S 面内的空间区域 V_1 中无源且场为零，但在 S 面上有面电流和面磁流：

$$J = n \times H, \quad J_{\mathrm{m}} = -n \times E \tag{1-26}$$

式中，n 是 S 的单位外法线，E 和 H 是原问题中 S 面上的电磁场分布。如图 1-6 所示，(a)为原问题，(b)为相应的等效问题。由唯一性定理知，在等效问题中 S 面外的空间区域 V_2 中的场分布应与原问题相同。因而通过 S 面上的等效面电流和等效面磁流即可确定 S 面外的场 E 和 H，原问题变为等效源的辐射场计算问题。

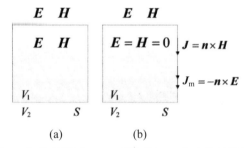

(a)　　　　　　(b)

图 1-6 场的等效原理。(a)原问题；(b)相应的等效问题

对于时谐场情况，均匀介质中存在电流与磁流的麦克斯韦方程组为：

$$\left. \begin{aligned} \nabla \times E = -\mathrm{j}\omega\mu H - J_{\mathrm{m}} \\ \nabla \times H = \mathrm{j}\omega\varepsilon E + J \end{aligned} \right\} \tag{1-27}$$

可得辐射场为：

$$\left. \begin{aligned} E = -\nabla \times F + \frac{1}{\mathrm{j}\omega\varepsilon}\nabla \times \nabla \times A = -\nabla \times F - \mathrm{j}\omega\mu A + \frac{1}{\mathrm{j}\omega\varepsilon}\nabla(\nabla \cdot A) \\ H = \nabla \times A + \frac{1}{\mathrm{j}\omega\mu}\nabla \times \nabla \times F = \nabla \times A - \mathrm{j}\omega\varepsilon F + \frac{1}{\mathrm{j}\omega\mu}\nabla(\nabla \cdot F) \end{aligned} \right\} \tag{1-28}$$

其中

$$
\left.\begin{array}{l}
A(\boldsymbol{r}) = \int \boldsymbol{J}(\boldsymbol{r}')G(\boldsymbol{r},\boldsymbol{r}')\mathrm{d}V' \\
F(\boldsymbol{r}) = \int \boldsymbol{J}_{\mathrm{m}}(\boldsymbol{r}')G(\boldsymbol{r},\boldsymbol{r}')\mathrm{d}V'
\end{array}\right\} \tag{1-29}
$$

式中，A 和 F 为矢量势函数；$G(\boldsymbol{r},\boldsymbol{r}')$ 为自由空间格林函数：

$$
G(\boldsymbol{r},\boldsymbol{r}') = \frac{\exp(-\mathrm{j}k|\boldsymbol{r}-\boldsymbol{r}'|)}{4\pi|\boldsymbol{r}-\boldsymbol{r}'|} \tag{1-30}
$$

式中，$\boldsymbol{r}$ 和 $\boldsymbol{r}'$ 分别为观察点和源点的位矢，如图 1-7 所示。

取远区近似，即 $\boldsymbol{r} \gg \boldsymbol{r}'$，有

$$
|\boldsymbol{r}-\boldsymbol{r}'| = r - \boldsymbol{r}'\cdot\boldsymbol{e}_r \tag{1-31}
$$

式中，$\boldsymbol{e}_r$ 为 $\boldsymbol{r}$ 方向单位矢量，$r = |\boldsymbol{r}'|$。于是格林函数化为：

$$
G(\boldsymbol{r},\boldsymbol{r}') = \frac{\exp(-\mathrm{j}kr)}{4\pi r}\exp(\mathrm{j}k\boldsymbol{r}'\cdot\boldsymbol{e}_r) \tag{1-32}
$$

则矢量势函数 A 和 F 化为：

$$
\left.\begin{array}{l}
A(\boldsymbol{r}) = \int \boldsymbol{J}(\boldsymbol{r}')G(\boldsymbol{r},\boldsymbol{r}')\mathrm{d}V' = \dfrac{\exp(-\mathrm{j}kr)}{4\pi r}\int \boldsymbol{J}(\boldsymbol{r}')\exp(\mathrm{j}k\boldsymbol{r}'\cdot\boldsymbol{e}_r)\mathrm{d}s' \\
F(\boldsymbol{r}) = \int \boldsymbol{J}_{\mathrm{m}}(\boldsymbol{r}')G(\boldsymbol{r},\boldsymbol{r}')\mathrm{d}V' = \dfrac{\exp(-\mathrm{j}kr)}{4\pi r}\int \boldsymbol{J}_{\mathrm{m}}(\boldsymbol{r}')\exp(\mathrm{j}k\boldsymbol{r}'\cdot\boldsymbol{e}_r)\mathrm{d}s'
\end{array}\right\} \tag{1-33}
$$

电流矩 $\boldsymbol{f}$ 和磁流矩 $\boldsymbol{f}_{\mathrm{m}}$ 可分别由面电流 $\boldsymbol{J}$ 和面磁流 $\boldsymbol{J}_{\mathrm{m}}$ 的积分形式表示：

$$
\left.\begin{array}{l}
\boldsymbol{f}(\theta,\varphi) = \int \boldsymbol{J}(\boldsymbol{r}')\exp(\mathrm{j}\boldsymbol{k}\cdot\boldsymbol{r}')\mathrm{d}s' \\
\boldsymbol{f}_{\mathrm{m}}(\theta,\varphi) = \int \boldsymbol{J}_{\mathrm{m}}(\boldsymbol{r}')\exp(\mathrm{j}\boldsymbol{k}\cdot\boldsymbol{r}')\mathrm{d}s'
\end{array}\right\} \tag{1-34}
$$

式中，$\boldsymbol{k} = k\boldsymbol{e}_r$。

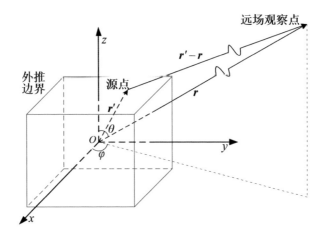

图 1-7 三维近场远推模型

在远区，算子 ∇ 可代之以 $(-\mathrm{j}k)$，因此有

$$\left.\begin{array}{l} E = -\mathrm{j}k \times F - \mathrm{j}\omega\mu A - \dfrac{k}{\mathrm{j}\omega\varepsilon}\left(k \cdot A\right) \\[2mm] H = -\mathrm{j}k \times A - \mathrm{j}\omega\varepsilon F - \dfrac{k}{\mathrm{j}\omega\mu}\left(k \cdot F\right) \end{array}\right\} \tag{1-35}$$

为了计算方便，在球坐标系下继续处理，得到远场的电磁场分量：

$$\left.\begin{array}{l} E_\theta = -\mathrm{j}kF_\varphi - \mathrm{j}\omega\mu A_\theta \\[1mm] E_\varphi = \mathrm{j}kF_\theta - \mathrm{j}\omega\mu A_\varphi \end{array}\right\} \tag{1-36}$$

$$\left.\begin{array}{l} H_\theta = -\mathrm{j}kA_\varphi - \mathrm{j}\omega\varepsilon F_\theta \\[1mm] H_\varphi = \mathrm{j}kA_\theta - \mathrm{j}\omega\varepsilon F_\varphi \end{array}\right\} \tag{1-37}$$

用电流矩 f 和磁流矩 f_m 表示的远场电场分布为：

$$\left.\begin{array}{l} E_\theta = \dfrac{\exp(-\mathrm{j}kr)}{4\pi r}(-\mathrm{j}k)\left(\eta f_\theta + f_{m\varphi}\right) \\[3mm] E_\varphi = \dfrac{\exp(-\mathrm{j}kr)}{4\pi r}(-\mathrm{j}k)\left(-\eta f_\varphi + f_{m\theta}\right) \end{array}\right\} \tag{1-38}$$

式中，$\eta = \sqrt{\mu/\varepsilon}$ 为波阻抗。

根据三维直角坐标系和球坐标系之间的变化关系，电流矩 $\boldsymbol{f}$ 的 θ 分量和 φ 分量可由直角坐标系下的 f_x、f_y 和 f_z 三个分量表示：

$$\left.\begin{array}{l} f_\theta = f_x \cos\theta\cos\varphi - f_y \cos\theta\sin\varphi - f_z \sin\theta \\ f_\varphi = -f_x \sin\varphi + f_y \cos\varphi \end{array}\right\} \tag{1-39}$$

则远场电场 $\boldsymbol{E}$ 在球坐标系下的 E_θ 和 E_φ 的表述为：

$$\left.\begin{array}{l} E_\theta = -\mathrm{j}k \dfrac{\exp(-\mathrm{j}kr)}{4\pi r}\big[\eta\big(f_x \cos\theta\cos\varphi - f_y \cos\theta\sin\varphi - f_z \sin\theta\big) \\ \qquad + \big(-f_{mx}\sin\varphi + f_{my}\cos\varphi\big)\big] \\[2mm] E_\varphi = -\mathrm{j}k \dfrac{\exp(-\mathrm{j}kr)}{4\pi r}\big[\big(f_{mx}\cos\theta\cos\varphi - f_{my}\cos\theta\sin\varphi - f_{mz}\sin\theta\big) \\ \qquad + \eta\big(-f_x \sin\varphi + f_y \cos\varphi\big)\big] \end{array}\right\} \tag{1-40}$$

这就是三维远场电场的基本计算公式。

1.1.3　电磁场的数值计算方法

在 1.1.2 小节介绍了衍射场计算的理论，但是只有准确地知悉衍射障碍物与场的相互作用，即准确得知边界上电磁场的分布，才能由矢量衍射理论准确得出衍射场的分布。现实中存在着大量复杂难解的电磁场衍射问题，解析的数理方法只能处理极少数的规则边界问题，而绝大多数问题需借助数值方法解决。

对于衍射问题，利用电磁场的数值方法计算衍射障碍物与电磁场的相互作用将给出足够精确的边界上的场分布，再由矢量衍射理论得出衍射场的分布。下面介绍电磁场的时域有限差分(Finite Difference Time Domain, FDTD)方法[11-12]。

时域有限差分作为一种电磁场数值计算的方法，其基本思想是对电磁场 $\boldsymbol{E}$ 和 $\boldsymbol{H}$ 分量在空间和时间上采取交替抽样的离散方式，将含时间变量的麦克斯韦旋度方程转化为一组差分方程，由电磁问题的初始值和边界条件即可逐步推进地求得以后各时刻的空间电磁场分布。FDTD 方法是求解麦克斯韦微分方程的直接时域方法，可以处理复杂结构和非均匀介质的电磁场问题，给出电磁场的时间演化过程。

微分形式的麦克斯韦旋度方程为：

$$\left.\begin{array}{l} \nabla \times \boldsymbol{H} = \dfrac{\partial \boldsymbol{D}}{\partial t} + \boldsymbol{J} \\[3mm] \nabla \times \boldsymbol{E} = -\dfrac{\partial \boldsymbol{B}}{\partial t} - \boldsymbol{J}_{\mathrm{m}} \end{array}\right\} \tag{1-41}$$

式中，$\boldsymbol{E}$ 为电场强度，$\boldsymbol{D}$ 为电位移矢量，$\boldsymbol{H}$ 为磁场强度，$\boldsymbol{B}$ 为磁感应强度，$\boldsymbol{J}$ 为电流密度，$\boldsymbol{J}_{\mathrm{m}}$ 为磁流密度。加上物质的本构方程，即构成解决问题所需的全部方程。

在各向同性介质中，有 $\boldsymbol{D} = \varepsilon \boldsymbol{E}$，$\boldsymbol{B} = \mu \boldsymbol{H}$，$\boldsymbol{J} = \sigma \boldsymbol{E}$，$\boldsymbol{J}_{\mathrm{m}} = \sigma_{m} \boldsymbol{H}$，其中 ε 表示介质介电常数，μ 表示磁导系数，σ 表示电导率，σ_{m} 表示磁导率。后两项分别描述介质的电损耗和磁损耗。

在直角坐标系中，麦克斯韦旋度方程可以写为下列分量形式：

$$\left.\begin{array}{l} \dfrac{\partial H_z}{\partial y} - \dfrac{\partial H_y}{\partial z} = \varepsilon \dfrac{\partial E_x}{\partial t} + \sigma E_x \\[3mm] \dfrac{\partial H_x}{\partial z} - \dfrac{\partial H_z}{\partial x} = \varepsilon \dfrac{\partial E_y}{\partial t} + \sigma E_y \\[3mm] \dfrac{\partial H_y}{\partial x} - \dfrac{\partial H_x}{\partial y} = \varepsilon \dfrac{\partial E_z}{\partial t} + \sigma E_z \end{array}\right\} \tag{1-42}$$

$$\left.\begin{array}{l} \dfrac{\partial E_z}{\partial y} - \dfrac{\partial E_y}{\partial z} = -\mu \dfrac{\partial H_x}{\partial t} - \sigma_m H_x \\[3mm] \dfrac{\partial E_x}{\partial z} - \dfrac{\partial E_z}{\partial x} = -\mu \dfrac{\partial H_y}{\partial t} - \sigma_m H_y \\[3mm] \dfrac{\partial E_y}{\partial x} - \dfrac{\partial E_x}{\partial y} = -\mu \dfrac{\partial H_z}{\partial t} - \sigma_m H_z \end{array}\right\} \tag{1-43}$$

FDTD 方法最基本的概念就是有限差分，即将连续区域用有限离散点构成的网络代替，从而将连续区域上的连续变量及函数用离散变量及函数来表示，并将方程中的微分使用差分来代替，进而进行数值求解。令 $f(x,y,z,t)$ 表示直角坐标系中某一电磁分量，将该分量在时间和空间域中的离散取以下符号表示：

$$f(x,y,z,t) = f(i\Delta x, j\Delta y, k\Delta z, n\Delta t) = f^n(i,j,k) \tag{1-44}$$

式中，Δx、Δy、Δz 表示各方向上的空间步长，Δt 为时间步长，上标 n 表示时间轴上的量，i、j、k 则表示空间中的坐标。对 $f(x,y,z,t)$ 关于空间和时间的一阶偏导数取中心差分近似，可得：

$$\left. \begin{aligned}
\frac{\partial f^n(i,j,k)}{\partial x} &= \frac{f^n(i+1/2,j,k) - f^n(i-1/2,j,k)}{\Delta x} + O\left[\left(\Delta x^2\right)\right] \\
\frac{\partial f^n(i,j,k)}{\partial y} &= \frac{f^n(i,j+1/2,k) - f^n(i,j-1/2,k)}{\Delta y} + O\left[\left(\Delta y^2\right)\right] \\
\frac{\partial f^n(i,j,k)}{\partial z} &= \frac{f^n(i,j,k+1/2) - f^n(i,j,k-1/2)}{\Delta z} + O\left[\left(\Delta z^2\right)\right] \\
\frac{\partial f^n(i,j,k)}{\partial t} &= \frac{f^{n+1/2}(i,j,k) - f^{n-1/2}(i,j,k)}{\Delta t} + O\left[\left(\Delta t^2\right)\right]
\end{aligned} \right\} \tag{1-45}$$

当空间步长 Δx、Δy、Δz 和时间步长 Δt 取得足够小时，关于空间步长和时间步长的二阶无穷小量就可以忽略不计，从而用差分代替微分可取得足够的精度。

在三维空间的 FDTD 离散中，电场和磁场各节点的空间排布如图 1-8 所示，即为 Yee 元胞。其中，每一个磁场分量由四个电场分量环绕，每一个电场分量由四个磁场分量环绕。这种电磁场分量的空间取样方式不仅符合法拉第感应定律和安培环路定律的自然结构，同时电磁场各分量的空间相对位置也适合于麦氏方程的差分计算，能够恰当地描述电磁场的传播特性。另外，电场和磁场在时间顺序上交替抽样，抽样时间间隔相差半个时间步长。给定相应电磁问题的初始值及边界条件后，在时间上迭代求解，逐步推进地求得各个时刻空间电磁场的分布。

Yee 元胞中电磁场各分量空间节点与时间步取值的整数和半整数约定如表 1-1 所示。表中 i、j、k 分别代表空间 x、y、z 三个坐标上的坐标值，n 代表时间上的取样点。

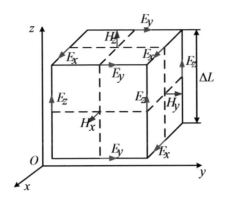

图 1-8 FDTD 离散中的 Yee 元胞

表 1-1 Yee 元胞中电磁场分量节点位置

电磁场分量		空间分量取样			时间 t 取样
		x 坐标	y 坐标	z 坐标	
电场 E	E_x	$i+1/2$	j	k	n
	E_y	i	$j+1/2$	k	
	E_z	i	j	$k+1/2$	
磁场 H	H_x	i	$j+1/2$	$k+1/2$	$n+1/2$
	H_y	$i+1/2$	j	$k+1/2$	
	H_z	$i+1/2$	$j+1/2$	k	

　　根据式(1-45)的差分方法，忽略高阶小量，得到电磁场各分量的离散差分方程：

$$E_x^{n+1}\left(i+1/2,j,k\right)=CA\left(i+1/2,j,k\right)\cdot E_x^n\left(i+1/2,j,k\right)+CB\left(i+1/2,j,k\right)$$
$$\cdot\left[\frac{H_z^{n+1/2}\left(i+1/2,j+1/2,k\right)-H_z^{n+1/2}\left(i+1/2,j-1/2,k\right)}{\Delta y}\right.$$
$$\left.-\frac{H_y^{n+1/2}\left(i+1/2,j,k+1/2\right)-H_y^{n+1/2}\left(i+1/2,j,k-1/2\right)}{\Delta z}\right]$$

$$(1\text{-}46)$$

$$E_y^{n+1}(i,j+1/2,k) = CA(i,j+1/2,k) \cdot E_y^n(i,j+1/2,k) + CB(i,j+1/2,k)$$
$$\cdot \left[\frac{H_x^{n+1/2}(i,j+1/2,k+1/2) - H_x^{n+1/2}(i,j+1/2,k-1/2)}{\Delta z} \right.$$
$$\left. - \frac{H_z^{n+1/2}(i+1/2,j+1/2,k) - H_z^{n+1/2}(i-1/2,j+1/2,k)}{\Delta x} \right]$$

$$(1\text{-}47)$$

$$E_z^{n+1}(i,j,k+1/2) = CA(i,j,k+1/2) \cdot E_z^n(i,j,k+1/2) + CB(i,j,k+1/2)$$
$$\cdot \left[\frac{H_y^{n+1/2}(i+1/2,j,k+1/2) - H_y^{n+1/2}(i-1/2,j,k+1/2)}{\Delta x} \right.$$
$$\left. - \frac{H_x^{n+1/2}(i,j+1/2,k+1/2) - H_x^{n+1/2}(i,j-1/2,k+1/2)}{\Delta y} \right]$$

$$(1\text{-}48)$$

$$H_x^{n+1/2}(i,j+1/2,k+1/2) = CP(i,j+1/2,k+1/2) \cdot H_x^{n-1/2}(i,j+1/2,k+1/2)$$
$$- CQ(i,j+1/2,k+1/2)$$
$$\cdot \left[\frac{E_z^n(i,j+1,k+1/2) - E_z^n(i,j,k+1/2)}{\Delta y} \right.$$
$$\left. - \frac{E_y^n(i,j+1/2,k+1) - E_y^n(i,j+1/2,k)}{\Delta z} \right]$$

$$(1\text{-}49)$$

$$H_y^{n+1/2}(i+1/2,j,k+1/2) = CP(i+1/2,j,k+1/2) \cdot H_y^{n-1/2}(i+1/2,j,k+1/2)$$
$$- CQ(i+1/2,j,k+1/2)$$
$$\cdot \left[\frac{E_x^n(i+1/2,j,k+1) - E_x^n(i+1/2,j,k)}{\Delta z} \right.$$
$$\left. - \frac{E_z^n(i+1,j,k+1/2) - E_z^n(i,j,k+1/2)}{\Delta x} \right]$$

$$(1\text{-}50)$$

$$H_z^{n+1/2}\left(i+1/2, j+1/2, k\right) = CP\left(i+1/2, j+1/2, k\right) \cdot H_z^{n-1/2}\left(i+1/2, j+1/2, k\right)$$
$$- CQ\left(i+1/2, j+1/2, k\right)$$
$$\cdot \left[\frac{E_y^n\left(i+1, j+1/2, k\right) - E_y^n\left(i, j+1/2, k\right)}{\Delta x} \right.$$
$$\left. - \frac{E_x^n\left(i+1/2, j+1, k\right) - E_x^n\left(i+1/2, j, k\right)}{\Delta y} \right]$$

$$(1\text{-}51)$$

其中，CA、CB、CP 和 CQ 分别为：

$$CA(m) = \frac{2\varepsilon(m) - \sigma(m)\Delta t}{2\varepsilon(m) + \sigma(m)\Delta t} \tag{1-52}$$

$$CB(m) = \frac{2\Delta t}{2\varepsilon(m) + \sigma(m)\Delta t} \tag{1-53}$$

$$CP(m) = \frac{2\mu(m) - \sigma_m(m)\Delta t}{2\mu(m) + \sigma_m(m)\Delta t} \tag{1-54}$$

$$CQ(m) = \frac{2\Delta t}{2\mu(m) + \sigma_m(m)\Delta t} \tag{1-55}$$

式(1-52)~(1-55)系数中的标号 m 代表观察点 (x, y, z) 处的一组整数或半整数。上述 FDTD 差分方程组是电磁场的时域推进计算公式。任何时刻的电场分布由上一时间步的电场与电磁场正交面上前半个时间步长的磁场以及研究区域的介质参数所决定。在研究区域内，给定区域中不同媒质的分布，再给予电磁场的初始条件，即可以通过迭代时域有限差分方程，在时间上逐步向前推进，得到整个研究区域的电磁场分布。整个 FDTD 在时域的交叉半步逐步推进计算过程如图 1-9 所示。

FDTD 方法是以一组有限差分方程代替麦克斯韦旋度方程，即以差分方程组的解代替原来电磁场偏微分方程组的解。离散后差分方程组收敛和稳定的解才有意义。收敛性是指当离散间隔趋于零，差分方程的解在空间任意一点和任意时刻都一致趋于原方程的解。稳定性是指寻求一种离散间隔所满足的条件，使差分方程的数值解与原方程的严格解之间的差为有界的。离散麦克斯韦方程的稳定性和收敛性表现为对时间步长和空间网格大小的限制，且在 FDTD 方法中，空间步长 Δx、Δy、Δz 和时间步长 Δt 并不是相互独立的，它们之间必须满足一定的关系，以避免数值结果的不稳定性。

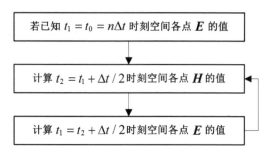

图 1-9 FDTD 在时域的交叉半步逐步推进计算

FDTD 算法的稳定性条件，又称为 Courant 稳定性条件，由下式给出：

$$\Delta t \leq \frac{1}{\upsilon\sqrt{\dfrac{1}{(\Delta x)^2} + \dfrac{1}{(\Delta y)^2} + \dfrac{1}{(\Delta z)^2}}} \tag{1-56}$$

式中，$\upsilon = 1/\sqrt{\varepsilon\mu}$，即电磁波在介质中的传播速度。式(1-56)给出了空间和时间离散间隔之间应当满足的关系。

另一方面，FDTD 仿真电磁波的传播过程中存在着一定的数值色散现象，即非色散介质中，电磁波的相速度随波长、传播方向及网格单元尺寸的改变而发生变化。该现象的存在是限制 FDTD 算法提高精度的一个重要因素，也是在仿真中极力避免的一个方面。当 $\lambda/\delta = 10$ 时，即空间步长 δ 为电磁波波长 λ 的 1/10 时，两相速度已经非常接近，可以忽略由差分带来的各向异性。随着网格的愈加细分，即 δ/λ 越来越小，数值色散的现象越来越弱。

考虑到有限差分数值计算可能存在的数值稳定性和数值色散等因素，为保证 FDTD 方法离散差分方程所求的解是收敛并且稳定的，空间步长和时间步长应当满足：

$$\left.\begin{array}{l} \Delta l \leq \lambda/10 \\ \Delta t \leq \Delta l \big/ \left(\upsilon\sqrt{N}\right) \end{array}\right\} \tag{1-57}$$

式中，Δl 为空间步长，Δt 为时间步长，υ 为光速，N 为模型的维度。

由于计算机容量的限制，FDTD 计算只能在有限区域进行。为了能模拟开域电磁过程,在仿真区域的截断边界处必须给出吸收边界条件。吸收边界从简单的插值边界到 Mur 吸收边界,再到完全匹配层(Perfectly Matched Layer,PML)吸收边界,吸收效果越来越好。

PML 在 FDTD 区域阶段边界处设置一种特殊介质层,该层介质的波阻抗与相邻介质的波阻抗完全匹配,因而入射波将无反射地穿过分界面进入 PML 层并迅速衰减,因此有限厚度的 PML 即可起到很好的吸收效果。

针孔衍射是典型的开域电磁过程。用 FDTD 仿真计算针孔需要截取空间有限区域进行分析,计算模拟只限于截断边界以内的区域,并利用外推边界上的数据以及矢量衍射理论外推得到衍射场。这样,需要在截断边界处设置吸收条件起到吸收入射波的作用,使波在此界面无反射,从而保证仿真得到的电磁场的正确性。由于仿真的针孔衍射波前的误差都非常小,精度非常高,所以在仿真时必须使用吸收系数非常高的吸收边界,以减少外向散射的光波被反射回仿真区域,避免影响仿真的精度。因此,可采用具有非常高吸收能力的 PML 吸收边界,以保证仿真针孔衍射的精确性。

基于三维的 FDTD 仿真模型,把针孔衍射波前的近场分布远推得到衍射波前的远场分布。外推边界 S 由两部分组成,一部分是针孔掩膜板后表面外附近处的无限大平面,另一部分是以针孔后表面中心为球心、半径无穷大且与前一平面构成封闭面的半球面。因此,表面 S 将源与观察点分开,可通过场等效原理,将问题转化为表面 S 上的等效电、磁流元的辐射问题。针孔衍射问题满足索末菲辐射条件,即无穷大半球面对于观察点的电磁场没有贡献,因而只需考虑外推边界第一部分,针孔掩膜板后表面外附近处平面上的等效源即可,如图 1-10 所示。

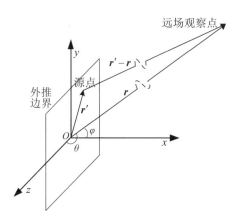

图 1-10 三维针孔衍射近场远推

1.2 光的干涉

光的干涉现象，是指在两个或多个光波叠加的区域内，部分区域的振幅始终加强，部分区域的振幅始终减弱，叠加区内各点形成稳定的光强分布的现象。事实上，通过干涉实验能够测量的只是不同光场之间的相位差，而不是场的相位本身(场的相位变化非常快，以光学周期为时间尺度，对于可见光约为飞秒量级)。相位在有限的时空域即相干时间与相干面积内是可以被严格定义的。下面将讨论时间和空间的相干性[13-15]。

1.2.1 单色平面波确定光场

根据光学电磁理论，对于单色平面波而言，其场的复振幅和相位延迟可以表示为：

$$U(\boldsymbol{r},t) = A\mathrm{e}^{-\mathrm{i}(\omega t - \boldsymbol{k} \cdot \boldsymbol{r})} \tag{1-58}$$

$$\varphi(\boldsymbol{r},t) = -\omega t + \boldsymbol{k} \cdot \boldsymbol{r} \tag{1-59}$$

式中，A 为振幅，ω 为时间圆频率，$\boldsymbol{k}$ 为波矢。因此，对于这样一个理想平面波，当 $\boldsymbol{r}$ 的方向平行于 $\boldsymbol{k}$ 时，相位在时间上将以 ω (rad/s)的速率变化，而在空间上将以 k (k 为波数，rad/m)的速率变化。

由任一确定标量场 U 出发，有如下波动方程：

$$\nabla^2 U(\boldsymbol{r},t) - \mu\varepsilon \frac{\partial^2}{\partial t^2} U(\boldsymbol{r},t) = 0 \tag{1-60}$$

式中，ε 为介电常数，μ 为介质中的磁导率。对式(1-60)关于 $\boldsymbol{r}$ 和 t 进行傅里叶变换，可以得到以空间频率和时间频率 $(\boldsymbol{k},\omega)$ 表示的波动方程：

$$(\omega^2 \mu\varepsilon - \boldsymbol{k}^2)\tilde{U}(\boldsymbol{k},\omega) = 0 \tag{1-61}$$

式中 $\tilde{U}$ 为 U 的傅里叶变换，$\boldsymbol{k}$ 与 $\boldsymbol{r}$ 共轭，而 ω 与 t 共轭。式(1-61)的非平凡解需要满足：

$$k^2 = \omega^2 \mu \varepsilon \tag{1-62}$$

式(1-62)将波数 k 或波矢的模 $|\boldsymbol{k}|$（$k - |\boldsymbol{k}|$）与时间频率 ω 通过材料性质 $\mu\varepsilon$ 联系起来，称为色散关系。在折射率为 n 的介质中，波数 $k = n\beta_0$，其中 $\beta_0 = \omega/c$ 为真空中波数。这一关系确立了场在传播过程中所能携带的最大空间频率，亦即在远场成像中能够实现的最大分辨率。也就是说，当波矢 $\boldsymbol{k}$ 的横向分量 $|\boldsymbol{k}_\perp| = \sqrt{k_x^2 + k_y^2}$ 达到 $n\beta_0$ 时，其纵向分量 $|\boldsymbol{k}_z|$ 会变为虚数，因为由式(1-62)可知，波矢 $\boldsymbol{k}$ 的纵向分量与横向分量之间的关系可以表示为：

$$|\boldsymbol{k}_z| = \sqrt{\left(n\beta_0\right)^2 - \left|\boldsymbol{k}_\perp\right|^2} \tag{1-63}$$

由线性系统的基本性质可知，其本征函数为复指数 $e^{-i\omega t + i\boldsymbol{k}\cdot\boldsymbol{r}}$，即对于线性系统 L：

$$L\left(e^{-i\omega t + i\boldsymbol{k}\cdot\boldsymbol{r}}\right) = \alpha \cdot e^{-i\omega t + i\boldsymbol{k}\cdot\boldsymbol{r}} \tag{1-64}$$

式中，α 为常数。从物理的角度，$e^{-i\omega t + i\boldsymbol{k}\cdot\boldsymbol{r}}$ 为波动方程差分算子的本征函数，表明平面波在传播过程中仍然保持平面波，并且传播频率不会随着线性系统的变换(比如传播)而改变。这也是为什么线性光学的问题通常在频域中更容易求解的原因。

事实上，理想的单色平面波是无法得到的，因为这违反不确定性原理。实际中的光场在时间和空间上都会存在随机的扰动，而此时光场的相位便需要借助下面所介绍的统计描述。

1.2.2　空间和时间展宽的随机光场

现实中接触到的所有光场均受到不确定性的影响。

光场在时间和空间上的随机扰动根源于光源在时间和空间上的扰动，而针对此类扰动的研究被称为相干理论或统计光学。研究光的相干性对于描述干涉实验结果非常重要，在任何叠加光场的测量中其实验结果都强烈依赖于光场的时间和空间相干性。对于光源来说，光场的随机扰动始于光的发射过程，例如像灯丝或者太阳表面那样的热源，光的发射难以预测。也就是说，与上一节介绍的平面波不同的是，很难找到某个确定的函数 $f(\boldsymbol{r},t)$ 来指定每一时刻在空间中每个点上的光场，而只能将光源发出的光场形容为一随机信号 $s(\boldsymbol{r},t)$，如图 1-11 所示，关于任一随机光场的认识只能通过重复的测量和后续对实验结果的平均来得到。这种对某个随机变量多次实现 (realization) 的平均称为集合平均或统计平均 (ensemble averaging)。

由于光场 $s(\boldsymbol{r},t)$ 在时间和空间上随机扰动，不妨引入空间中某一点上的时间自相关函数 Γ 以及某一时刻的空间自相关函数 W，定义为：

$$\Gamma(\boldsymbol{r};t_1,t_2) = \left\langle s(\boldsymbol{r},t_1) s^*(\boldsymbol{r},t_2) \right\rangle$$
$$W(\boldsymbol{r}_1,\boldsymbol{r}_2;t) = \left\langle s(\boldsymbol{r}_1,t) s^*(\boldsymbol{r}_2,t) \right\rangle \tag{1-65}$$

式(1-65)中尖括号表示统计平均。自相关函数表明了某一个场与其在时间和空间上平移的场的相似程度。对于大部分常见光场来说，自相关函数只与其在时间和空间上的偏移量有关，而与单独的时间和空间坐标无关。对于时间上满足该条件的信号(称为平稳信号，至少为广义平稳信号)，在点 $\boldsymbol{r}$ 上的时间自相关函数可表示为：

$$\Gamma(\boldsymbol{r},\tau) = \left\langle s(\boldsymbol{r},t) s^*(\boldsymbol{r},t+\tau) \right\rangle \tag{1-66}$$

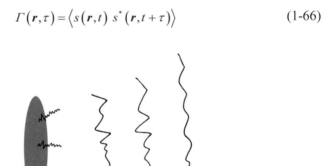

$s(\boldsymbol{r}, t)$

图 1-11 扩展光源发射出的随机场

满足这一平移不变性的空间扰动信号称为同质信号，其空间自相关函数可以简化为：

$$W(\boldsymbol{\rho},t) = \langle s(\boldsymbol{r},t)\, s^*(\boldsymbol{r}+\boldsymbol{\rho},t)\rangle \tag{1-67}$$

所谓广义平稳是随机过程中的一类，表明对信号的平均结果与时间无关，且其自相关函数仅仅依赖于式(1-66)中的时间偏移量 τ，而严格平稳过程则要求所有高阶矩均与时间无关。这些概念也可以引申至空间域，所以在空间同质信号上也有广义和严格之分。随机过程中更小的一类子集称为各态历经(ergodic)过程，即时间平均等同于统计平均的一类过程。如图1-12所示，各态历经性能够极大地简化统计平均。也可以在空间域中引入类似的概念，即统计平均可以通过空间平均来获得，这称为空间各态历经性。在此情况下，时间与空间自相关函数可以写为：

$$\Gamma(\boldsymbol{r},\tau) = \lim_{T\to\infty}\frac{1}{T}\int_{-T/2}^{T/2}\left[s(\boldsymbol{r},t)\,s^*(\boldsymbol{r},t+\tau)\right]\mathrm{d}t$$
$$W(\boldsymbol{\rho},t) = \lim_{V\to\infty}\frac{1}{V}\int_V\left[s(\boldsymbol{r},t)\,s^*(\boldsymbol{r}+\boldsymbol{\rho},t)\right]\mathrm{d}^3\boldsymbol{r} \tag{1-68}$$

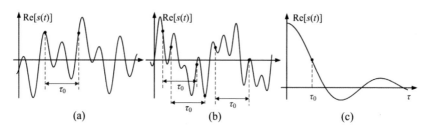

图 1-12 通过光场的多次实现(a)或时间平均(b)来获得自相关函数(c)

可以进一步将时间与空间统一起来得到时空相关函数：

$$\Lambda(\boldsymbol{\rho},\tau) = \langle s(\boldsymbol{r},t)\, s^*(\boldsymbol{r}+\boldsymbol{\rho},t+\tau)\rangle \tag{1-69}$$

这里的尖括号仍然表示统计平均。函数 Λ 定量描述了场在多大的时间和空间尺度上能够表现出显著的关联。在时域上，$|\Gamma(\tau)|$ 的宽度定义了 $\boldsymbol{r}$ 点处的时间相干性；在空间上，$|W(\boldsymbol{\rho})|$ 的宽度定义了 t 时刻的空间相干性。对于干涉图而言，典型的空间场分布通常为二维平面，因此空间相干性也可

以用相干面积来表示。相干时间和相干面积指出了某个光场能够在多大的时空域范围内与其在时空上偏移后的光场相互干涉，因而具有非常重要的实用价值。

一般来说，随机信号 $s(\boldsymbol{r},t)$ 不存在时间域或空间域上的傅里叶变换。不过在 20 世纪 30 年代，维纳(Wiener)和辛钦(Khintchine)成功证明了可以对随机信号的自相关函数作傅里叶变换。不仅如此，该傅里叶变换被证明是随机信号的功率谱 S，这一关系被称为维纳–辛钦定理(Wiener-Khintchine 定理)。根据这一定理，式(1-69)中的时空相关函数与其功率谱之间有如下关系：

$$\int_{-\infty}^{\infty}\int_{V} \Lambda(\boldsymbol{\rho},\tau)\cdot \mathrm{e}^{\mathrm{i}(\omega\tau - \boldsymbol{k}\cdot\boldsymbol{\rho})}\mathrm{d}^{3}\boldsymbol{\rho}\mathrm{d}\tau = S(\boldsymbol{k},\omega) \tag{1-70}$$

反过来可以写为：

$$\Lambda(\boldsymbol{\rho},\tau) = \int_{-\infty}^{\infty}\int_{V_{k}} S(\boldsymbol{k},\omega)\cdot \mathrm{e}^{-\mathrm{i}(\omega\tau - \boldsymbol{k}\cdot\boldsymbol{\rho})}\mathrm{d}^{3}\boldsymbol{k}\mathrm{d}\omega \tag{1-71}$$

根据定义，功率谱应当为可积的正实函数，因此它可以被归一化到单位面积上表示概率密度 $S(\boldsymbol{k},\omega)\big/\int S(\boldsymbol{k},w)\mathrm{d}^{3}\boldsymbol{k}\mathrm{d}\omega$，其傅里叶变换即 Λ 的归一化形式，即为随机信号的特征函数。不仅如此，式(1-71)也可以看成与随机场相关的各单色波的频率平均成正比，即

$$\left\langle \mathrm{e}^{-\mathrm{i}(\omega\tau - \boldsymbol{k}\cdot\boldsymbol{\rho})}\right\rangle_{\boldsymbol{k},\omega} \propto \int_{-\infty}^{\infty}\int_{V} S(\boldsymbol{k},\omega)\cdot \mathrm{e}^{-\mathrm{i}(\omega\tau - \boldsymbol{k}\cdot\boldsymbol{\rho})}\mathrm{d}^{3}\boldsymbol{k}\mathrm{d}\omega = \Lambda(\boldsymbol{\rho},\tau) \tag{1-72}$$

1.2.3 相干时间与相干区域

首先考虑在某一给定平面上场的扰动，相干时间 τ_{c} 和相干面积 A_{c} 描述了时空相关函数 $\Lambda(\boldsymbol{\rho},\tau)$ 中 τ 和 $\boldsymbol{\rho}$ 的展宽。由于不确定性关系，τ_{c} 和 A_{c} 与它们的相对功率谱带宽成反比，即

$$\tau_{\mathrm{c}} = \frac{1}{\Delta\omega} \tag{1-73}$$

$$A_c = \frac{1}{\Delta k_\perp^2} \tag{1-74}$$

式中，$\Delta k_\perp^2 = \left\langle \left| \mathbf{k}_\perp - \left\langle \mathbf{k}_\perp \right\rangle \right|^2 \right\rangle$ 为平面内横向波矢的方差，$\left\langle \mathbf{k}_\perp \right\rangle$ 为横向波矢的平均。方差 $\Delta \omega^2$ 和 $\Delta k_\perp^2$ 也可以通过归一化功率谱加以计算：

$$\Delta \omega^2 \left(\mathbf{k}_\perp \right) = \frac{\int_{-\infty}^{\infty} \left(\omega - \left\langle \omega \right\rangle \right)^2 S \left(\mathbf{k}_\perp, \omega \right) \mathrm{d}\omega}{\int_{-\infty}^{\infty} S \left(\mathbf{k}_\perp, \omega \right) \mathrm{d}\omega} = \left\langle \omega^2 \left(\mathbf{k}_\perp \right) \right\rangle - \left\langle \omega \left(\mathbf{k}_\perp \right) \right\rangle^2 \tag{1-75}$$

$$\Delta k_\perp^2 \left(\omega \right) = \frac{\int_{A_{k_\perp}} \left| \mathbf{k}_\perp - \left\langle \mathbf{k}_\perp \right\rangle \right|^2 S \left(\mathbf{k}_\perp, \omega \right) \mathrm{d}^2 \mathbf{k}_\perp}{\int_{-\infty}^{\infty} S \left(\mathbf{k}_\perp, \omega \right) \mathrm{d}^2 \mathbf{k}_\perp} \tag{1-76}$$

可以看到，此处时域带宽 $\Delta \omega$ 与空间频率 $\mathbf{k}_\perp$ 有关，其物理意义在于光场中的每个平面波分量都有其特定的时间相干性，即相干时间 $\tau_c(\mathbf{k}_\perp) = 1/\Delta\omega(\mathbf{k}_\perp)$。反过来，光场中的每个单色波分量都有其特定的空间相干性，即相干面积 $A_c(\omega) = 1/\Delta k^2(\omega)$。

式(1-75)与式(1-76)还可以进一步对变量 $\mathbf{k}_\perp$ 与 ω 加以平均而成为两个常数，即

$$\left\langle \Delta \omega^2 \right\rangle_{k_\perp} = \frac{\int_{A_{k_\perp}} \Delta \omega^2 \left(\mathbf{k}_\perp \right) S \left(\mathbf{k}_\perp, \omega \right) \mathrm{d}^2 \mathbf{k}_\perp}{\int_{A_{k_\perp}} S \left(\mathbf{k}_\perp, \omega \right) \mathrm{d}^2 \mathbf{k}_\perp} \tag{1-77}$$

$$\left\langle \Delta k_\perp^2 \right\rangle_\omega = \frac{\int_{-\infty}^{\infty} \Delta k^2 \left(\omega \right) S \left(\mathbf{k}_\perp, \omega \right) \mathrm{d}\omega}{\int_{-\infty}^{\infty} S \left(\mathbf{k}_\perp, \omega \right) \mathrm{d}\omega} \tag{1-78}$$

根据式(1-77)可以计算出对于所有空间频率平均后的相干时间 $\tau_c = 1/\sqrt{\left\langle \Delta \omega^2 \right\rangle}$，而式(1-78)可以计算出对于所有时间频率平均后的相干面积 $A_c = 1/\left\langle \Delta k_\perp^2 \right\rangle$。虽然实际中的光场同时存在空间和时间上的扰动，但是很少将 τ_c 考虑为 $\mathbf{k}$ 的函数或将 A_c 考虑为 ω 的函数，而更多的是采用如式(1-77)与式(1-78)所示的平均形式。

对于空间中每一点的光谱都相同或者时间上每个时刻的空间功率谱都一致的特殊情况，时空功率谱可表示为：

$$S(\mathbf{k},\omega) = S_1(\mathbf{k}) \cdot S_2(\omega) \tag{1-79}$$

在这种情况下，时间域或空间域的带宽是个恒量，即时域带宽与空间频率无关；反之亦然。可写为：

$$\Delta\omega(k) = \langle \Delta\omega(k) \rangle_k \tag{1-80}$$

$$\Delta k^2(\omega) = \langle \Delta k^2(\omega) \rangle_\omega \tag{1-81}$$

至此，式(1-73)~(1-76)提供了计算相干时间和相干面积的通用方法，可适用于在时间和空间上随机扰动的光场。

1.2.4 随机波动方程

首先对上面介绍的由任意光源发射的随机场 s 在传播过程中场的互相关函数作如下分析。从将这一随机光源作为驱动项的标量波动方程出发：

$$\nabla^2 U(\mathbf{r},t) - \frac{1}{c^2}\frac{\partial^2 U(\mathbf{r},t)}{\partial t^2} = s(\mathbf{r},t) \tag{1-82}$$

式中，$s(\mathbf{r},t)$ 可以看作是光源在随机扰动中的一次实现(realization)，而 $U(\mathbf{r},t)$ 为实际传播的光场。为了不失一般性，这里考虑三维空间场分布，即 $\mathbf{r} = (x,y,z)$。

由于式(1-82)含有一随机驱动项 $s(\mathbf{r},t)$，它被称为随机微分方程。一个著名的例子是法国物理学家朗之万(Langevin)在 1908 年利用该公式(朗之万方程)描述了粒子的布朗运动，其主要区别在于式(1-82)中的场 s 并没有一个事先规定好的形式，即该场无法用解析函数来表示，而只能通过一些平均后的物理量如自相关函数或者功率谱来表示。为了简单，假设场在时间上是平稳的(至少是广义平稳的)，在空间上是统计同质的。

如果不考虑光源及其时空自相关函数在物理上的本质，可以利用式

(1-82)中的随机微分方程来求解场 U 的自相关函数而不是场本身。为此，对式(1-82)两边求其时空自相关函数如下：

$$\left\langle \left[\nabla_1^2 U(\boldsymbol{r},t)-\frac{1}{c^2}\frac{\partial^2 U(\boldsymbol{r},t)}{\partial t^2}\right]\times\left[\nabla_2^2 U(\boldsymbol{r}+\boldsymbol{\rho},t+\tau)-\frac{1}{c^2}\frac{\partial^2 U(\boldsymbol{r}+\boldsymbol{\rho},t+\tau)}{\partial(t+\tau)^2}\right]\right\rangle$$
$$=\left\langle s(\boldsymbol{r},t)s^*(\boldsymbol{r}+\boldsymbol{\rho},t+\tau)\right\rangle=\Lambda_s(\boldsymbol{\rho},\tau) \tag{1-83}$$

式(1-83)中的尖括号代表统计平均，∇_1^2 为关于 $\boldsymbol{r}$ 的拉普拉斯算子，∇_2^2 为关于 $\boldsymbol{r}+\boldsymbol{\rho}$ 的拉普拉斯算子，Λ_s 为场 s 的时空自相关函数。由于此处假设场在时间上是广义平稳的，在空间上是统计同质的，故 Λ_s 只与相差量 $\boldsymbol{\rho}$ 和 τ 有关。因此，式(1-83)中的所有微分可以写为：

$$\left.\begin{aligned}\nabla_1^2=\nabla_2^2=\frac{\partial}{\partial\rho_x^2}+\frac{\partial}{\partial\rho_y^2}+\frac{\partial}{\partial\rho_z^2}\\ \frac{\partial}{\partial t^2}=\frac{\partial}{\partial(t+\tau)^2}=\frac{\partial}{\partial\tau^2}\end{aligned}\right\} \tag{1-84}$$

由此，式(1-83)可以写为：

$$\left(\nabla^2-\frac{1}{c^2}\frac{\partial}{\partial\tau^2}\right)\left(\nabla^2-\frac{1}{c^2}\frac{\partial}{\partial\tau^2}\right)\Lambda_U(\boldsymbol{\rho},\tau)=\Lambda_s(\boldsymbol{\rho},\tau) \tag{1-85}$$

式中，Λ_U 是 U 的时空自相关函数，即

$$\Lambda_U(\boldsymbol{\rho},\tau)=\left\langle U(\boldsymbol{r},\tau)U^*(\boldsymbol{r}+\boldsymbol{\rho},t+\tau)\right\rangle \tag{1-86}$$

式(1-85)为联系传播场 U 的自相关函数 Λ_U 与光源 s 的自相关函数 Λ_s 的四阶微分方程。由 Wiener-Khintchine 定理可知 Λ_U 与 Λ_s 均存在对应的傅里叶变换 S_U 和 S_s。因此，对于式(1-85)，可以通过像往常一样对其两边关于 $\boldsymbol{\rho}$ 与 τ 作傅里叶变换来求解该微分方程：

$$\left(\beta_0^2 - k^2\right)\left(\beta_0^2 - k^2\right)S_U\left(\boldsymbol{k},\omega\right) = S_s\left(\boldsymbol{k},\omega\right) \tag{1-87}$$

$$S_U\left(\boldsymbol{k},\omega\right) = \frac{S_s\left(\boldsymbol{k},\omega\right)}{\left(\beta_0^2 - k^2\right)^2} \tag{1-88}$$

式(1-87)的推导过程利用了傅里叶变换的微分性质，即 $\nabla \to \mathrm{i}\boldsymbol{k}$ 及 $\partial/\partial\tau$。式(1-88)为式(1-85)在 $\boldsymbol{k}\text{-}\omega$ 空间的全部解，它给出了由光源功率谱 S_s 所表示的传播场的功率谱 S_U。需要注意的是，此处 $(\beta_0^2 - k^2)^{-2}$ 为包含了自由空间传播过程中所有效应的传递函数。

1.2.5　随机场相关的确定信号

由上述可知，随机扰动场的二阶统计量包含在其为正实函数的功率谱 $S(\boldsymbol{k},\omega)$ 中。此外广义平稳性保证了该功率谱不随时间而改变，它是一个关于频率的确定函数。因此，可以引入幅值谱 $\tilde{V}(\boldsymbol{k},\omega)$：

$$\tilde{V}\left(\boldsymbol{k},\omega\right) = \sqrt{S\left(\boldsymbol{k},\omega\right)} \tag{1-89}$$

它也包含了光场随机扰动的所有信息。若给定其模可积，则 $\tilde{V}$ 存在傅里叶变换。事实上，$\tilde{V}$ 的模的平方可积(即其频谱只包含有限能量)并不能保证 $\int|\tilde{V}|\mathrm{d}\omega\mathrm{d}\boldsymbol{k} < \infty$。不过对于感兴趣的大部分频谱分布而言，$S(\boldsymbol{k},\omega)$ 在变量接近无穷大的过程中会急剧衰减，所以其平方根也可以认为是可积的。因此，可以对 $\tilde{V}$ 作傅里叶逆变换引入随机场伴随的确定信号 $V(\boldsymbol{r},t)$，即

$$V\left(\boldsymbol{r},t\right) = \int_{V_k}\int_{-\infty}^{\infty}\tilde{V}\left(\boldsymbol{k},\omega\right)\mathrm{e}^{-\mathrm{i}(\omega t - k\cdot r)}\mathrm{d}\omega\mathrm{d}^3\boldsymbol{k}$$
$$\tilde{V}\left(\boldsymbol{k},\omega\right) = \int_{V}\int_{-\infty}^{\infty}V\left(\boldsymbol{r},t\right)\mathrm{e}^{\mathrm{i}(\omega t - k\cdot r)}\mathrm{d}t\mathrm{d}^3\boldsymbol{r} \tag{1-90}$$

式中，V_k 为波矢所在的域。对式(1-88)求平方根可得：

$$\tilde{V}_U\left(\boldsymbol{k},\omega\right) = \frac{\tilde{V}_s\left(\boldsymbol{k},\omega\right)}{\beta_0^2 - k^2} \tag{1-91}$$

式中，$\tilde{V}_U$ 和 $\tilde{V}_s$ 分别为传播场 U 和光源 s 所对应的确定信号。回到时空域上，式(1-91)表明 $\tilde{V}_U$ 满足确定性的波动方程，即

$$\nabla^2 V_U(\boldsymbol{r},t) - \frac{1}{c^2}\frac{\partial^2 V_U(\boldsymbol{r},t)}{\partial t^2} = V_s(\boldsymbol{r},t) \tag{1-92}$$

比较初始的随机波动方程式(1-82)与其在式(1-92)中的确定性形式可以看出，唯一的差别在于将随机的光源场替换成了确定性的信号，反过来也要求将传播中的随机场替换成它的确定性形式。

事实上通过引入确定性的信号，将求解式(1-85)中的四阶微分方程简化为求解普通的二阶波动方程。需要注意的是，该问题的解必须表示为V_U 的自相关函数 Λ_U 或其频谱 $|\tilde{V}_U|^2$，但不是V_U 本身。此外，通过构造随机场 U 的确定性信号V_U，知道它们的自相关函数相等，即

$$U \otimes U = V_U \otimes V_U \tag{1-93}$$

换句话说，这一虚构的确定性信号具有和初始随机场相同的二阶统计量。问题是，哪些信息在光场由随机信号考虑为确定性信号的时候丢失了？答案是二阶统计量并不包含相位谱的信息，任何用来构造复信号 $\sqrt{S(\boldsymbol{k},\omega)}e^{i\phi(\boldsymbol{k},\omega)}$ 的相位 ϕ (无论是随机的还是确定性的)，都对信号的自相关函数没有任何影响。

与随机场相关的确定性函数的概念在简化传播场相关函数的计算上非常有效。下面将利用这一方法计算由空间上完全非相干的扩展光源传播出一定距离的随机场的相干面积。这一空间相干性在自由空间中的传播被称为范西特–泽尼克定理(van Cittert-Zernike 定理)。

1.2.6 *van Cittert-Zernike 定理*

相干理论中的一个重要结论是由范西特和泽尼克提出的。van Cittert-Zernike 定理建立了完全非相干光源发出的光在远场的空间相干性，如图 1-13 所示。

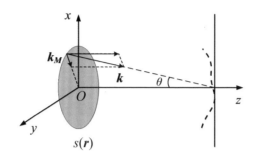

图 1-13 空间相干性由非相干光源到远场中距离为 z 的平面传播示意图，扩展光源到 z 处所包含的夹角为 θ

首先引入互强度 J，定义为：

$$J\left(\boldsymbol{r}_1, \boldsymbol{r}_2\right) = \left\langle U\left(\boldsymbol{r}_1, t\right) U^*\left(\boldsymbol{r}_2, t\right)\right\rangle \tag{1-94}$$

式(1-94)中尖括号表明感兴趣的二维区域上的统计平均。函数 J 描述了 t 时刻光场的空间相似度(自相关)，其在统计光学中也被广泛地应用。van Cittert-Zernike 定理建立了光源处的互强度与远场中某处互强度的关系。这里利用上一节介绍的方法仅对该定理的主要结论进行推导。

根据基本的光学原理，期望这个瞬时的函数依赖于所有的光学频率，即其可以表示为频域上的积分形式。为了简便，此处仍然假设光场在时间上是平稳的(至少是广义平稳的)，在空间上是统计同质的，因此式(1-94)可以简化为：

$$J\left(\boldsymbol{\rho}\right) = \left\langle U\left(\boldsymbol{r}, t\right) U^*\left(\boldsymbol{r} + \boldsymbol{\rho}, t\right)\right\rangle \tag{1-95}$$

需要注意的是，此处互强度 J 即为式(1-69)中当时间偏移 $\tau = 0$ 时的时空相关函数：

$$J\left(\boldsymbol{\rho}\right) = \Lambda\left(\boldsymbol{\rho}, \tau = 0\right) \tag{1-96}$$

由于时间偏移 $\tau = 0$ 时，自相关函数等于场的功率谱对于所有频率上的积分，即

$$J(\boldsymbol{\rho}) = \Lambda(\boldsymbol{\rho}, \tau = 0) = \int_{-\infty}^{\infty} \tilde{\Lambda}(\boldsymbol{\rho}, \omega) \mathrm{d}\omega \tag{1-97}$$

因此，获得 $J(\boldsymbol{\rho})$ 的一种方法，可能也是最便捷的方法，就是通过对时空功率谱 $S(\boldsymbol{k}, \omega)$ 关于 $\boldsymbol{k}$ 进行傅里叶变换后再对 ω 积分。对于窄带场而言，对频谱的依赖通常可以用常函数在平均频率处的值来近似。

对于使用非相干光源进行干涉成像而言，最为关键的问题之一就是要确定距光源一定距离处远场的相干面积。而根据 1.2.3 小节中介绍的内容，需要计算出横向波矢的方差，该方差可以由波动方程直接推导出。首先由确定性信号的波动方程开始，

$$\nabla^2 V_U(\boldsymbol{r}, t) - \frac{1}{c^2} \frac{\partial^2 V_U(\boldsymbol{r}, t)}{\partial t^2} = V_s(x, y, t)\delta(z) \tag{1-98}$$

式中，V_U 与 V_s 分别为传播光场 U 和光源 s 关联的确定性信号，因而 $\left|\tilde{V}_U(\boldsymbol{k}, \omega)\right|^2 = S_U$ 和 $\left|\tilde{V}_s(\boldsymbol{k}, \omega)\right|^2 = S_s$ 分别是其功率谱。假设一个在 z 方向非常薄的平面光源，在式(1-98)中通过 $\delta(z)$ 来体现。对式(1-98)作傅里叶变换，由式(1-91)和(1-92)，可以很容易得到 $\boldsymbol{k}$-ω 域上的解为：

$$\tilde{V}_U(\boldsymbol{k}, \omega) = \frac{\tilde{V}_s(\boldsymbol{k}_\perp, \omega)}{\beta_0^2 - k^2} \tag{1-99}$$

式中，$\boldsymbol{k}_\perp = (k_x, k_y)$，$k^2 = k_x^2 + k_y^2 + k_z^2$，$\beta_0 = \omega/c$。接下来采用变量 z 和变量 $q = \sqrt{\beta_0^2 - k_x^2 - k_y^2}$ 来表示传播光场。利用部分分式分解可得：

$$\frac{1}{\beta_0^2 - k^2} = \frac{1}{q^2 - k_z^2} = \frac{1}{2q}\left[\frac{1}{q - k_z} + \frac{1}{q + k_z}\right] \tag{1-100}$$

将负频率项 $1/(q + k_z)$ 去除，可以得到：

$$\tilde{V}_U(\boldsymbol{k}, \omega) = \frac{\tilde{V}_s(\boldsymbol{k}_\perp, \omega)}{2q(q - k_z)} \tag{1-101}$$

对 k_z 作傅里叶变换可以得到 $\tilde{V}_U$ 为 $\boldsymbol{k}_\perp$ 和 z 的函数，这一步即平面波分解，可以得到：

$$\tilde{V}_U\left(\boldsymbol{k}_\perp,z,\omega\right)=-\mathrm{i}\tilde{V}_s\left(\boldsymbol{k}_\perp,\omega\right)\frac{\mathrm{e}^{\mathrm{i}qz}}{2q} \tag{1-102}$$

对式(1-102)的两边求功率谱，就可以得到以下与 z 无关的功率谱 $S_U\left(\boldsymbol{k}_\perp,\omega\right)=\left|\tilde{V}_U\left(\boldsymbol{k}_\perp,z,\omega\right)\right|^2$ 同功率谱 $S_s\left(\boldsymbol{k}_\perp,\omega\right)=\left|\tilde{V}_s\left(\boldsymbol{k}_\perp,z,\omega\right)\right|^2$ 之间的关系，即可表示为：

$$\left(\beta_0^2-k_\perp^2\right)S_U\left(\boldsymbol{k}_\perp,\omega\right)=\frac{1}{4}S_s\left(\boldsymbol{k}_\perp,\omega\right) \tag{1-103}$$

如果假设待观察场在 $\boldsymbol{k}_\perp$ 上是对称的，亦即 $\langle\boldsymbol{k}_\perp\rangle=0$，其方差可以通过 $k_\perp\left(=\left|\boldsymbol{k}_\perp\right|\right)$ 的二阶矩加以简单计算：

$$\left\langle k_\perp^2\right\rangle=\frac{\int_{A_{\boldsymbol{k}_\perp}}k_\perp^2 S_U\left(\boldsymbol{k}_\perp,\omega\right)\mathrm{d}^2\boldsymbol{k}_\perp}{\int_{A_{\boldsymbol{k}_\perp}}S_U\left(\boldsymbol{k}_\perp,\omega\right)\mathrm{d}^2\boldsymbol{k}_\perp} \tag{1-104}$$

式中，$A_{\boldsymbol{k}_\perp}$ 为 $\boldsymbol{k}_\perp$ 的积分域。对式(1-104)关于 $\boldsymbol{k}_\perp$ 积分，可得方差为：

$$\left\langle k_\perp^2\right\rangle=\beta_0^2-\frac{\int_{A_{\boldsymbol{k}_\perp}}S_s\left(\boldsymbol{k}_\perp,\omega\right)\mathrm{d}^2\boldsymbol{k}_\perp}{\int_{A_{\boldsymbol{k}_\perp}}\dfrac{S_s\left(\boldsymbol{k}_\perp,\omega\right)}{\beta_0^2-k_\perp^2}\mathrm{d}^2\boldsymbol{k}_\perp} \tag{1-105}$$

考虑到光源在所有频率 ω 上均为完全空间非相干，即 $S_s(\boldsymbol{k}_\perp,\omega)$ 为常数。同时假设感兴趣的区域在远场处，即 $k_\perp\ll\beta_0$，此时采用泰勒展开对 $1/\left(\beta_0^2-k_\perp^2\right)$ 可以作如下近似：

$$\frac{1}{\beta_0^2-k_\perp^2}\simeq\frac{1+k_\perp^2/\beta_0^2}{\beta_0^2} \tag{1-106}$$

最后，由于光源的尺度有限，可以引入 $\boldsymbol{k}_\perp$ 的最大值 k_M 使得：

$$\int_{A_{k_\perp}} \mathrm{d}^2 \boldsymbol{k}_\perp = \int_{A_{k_\perp}} 2\pi k \mathrm{d}k = \pi k_M^2 \qquad (1\text{-}107)$$

在这些条件下，再次利用泰勒展开，式(1-105)可以简化为：

$$\left\langle k_\perp^2 \right\rangle = \beta_0^2 \left(1 - \frac{1}{1 + k_M^2 / (2\beta_0^2)} \right) \approx k_M^2 / 2 \qquad (1\text{-}108)$$

横向波矢量的最大值可以由扩展光源所包含的半角 θ 来表示，即 $k_M = \beta_0 \sin\theta$。因此被测场的相干面积为：

$$A_c = \frac{1}{\left\langle k_\perp^2 \right\rangle} = \frac{2}{\pi} \frac{\lambda^2}{\Omega} \qquad (1\text{-}109)$$

式中，$\Omega = 4\pi \sin^2\theta$，它是由整个扩展光源到被观察面所包含的立体角组成的。

上面的计算过程采用了构造随机场相关的确定信号的方法，将原本是四阶的相关函数方程简化为二阶的场方程。另外通过采用解的功率谱形式，可以直接对横向波矢的二阶矩加以计算，从而获得传播场的空间相干性表达式。式(1-109)展示了一个非常有意思的结论，即光场可以通过传播来获得空间相干性，即自由空间中传播的作用类似于一个空间低通滤波器，距离光源传播的距离越远，扩展光源到被观察面所包含的立体角 Ω 就越小，根据式(1-109)得到的相干面积也就越大。这一过程解释了为什么可以对遥远星体所发出的光加以干涉检测的原因。

1.3 相位解包裹技术

1.3.1 一维相位解包裹

在原理上，相位解包裹就是给计算得到的包裹相位在不连续处加上 2π

的整数倍，这一过程的一维图解如图 1-14 所示。相位解包裹的过程就是确定表示 2π 倍数的平移函数 $p(i)$ 的过程，如下所示：

$$\phi_{\text{unwrapped}}(i) = \phi_{\text{wrapped}}(i) + p(i) \cdot 2\pi \tag{1-110}$$

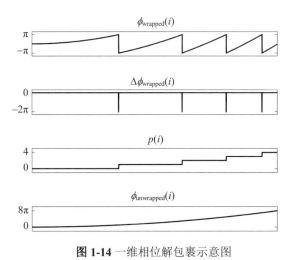

图 1-14 一维相位解包裹示意图

一种确定 $p(i)$ 的简单方法，是检验沿着路径 i 上的相位差 $\Delta\phi_{\text{wrapped}}(i)$，即

$$\Delta\phi_{\text{wrapped}}(i) = \phi_{\text{wrapped}}(i) - \phi_{\text{wrapped}}(i-1) \tag{1-111}$$

此处 $i-1$ 对应 i 之前的像素序号。可以看出，在图 1-14 中 $\Delta\phi_{\text{wrapped}}$ 在每个相位非连续点上都有明显的尖峰。使用 $\Delta\phi_{\text{wrapped}}$ 作为辅助量，可以在式 (1-111) 中沿尖峰增加或者减少 2π 来确定函数 $p(i)$。当记录的干涉图满足奈奎斯特准则时，也就是说每条条纹周期至少有两个像素，相位解包裹的过程就可以一直往前进行。每个条纹至少有两个像素意味着波前相位的变化按每个像素间隔不超过 π 进行。因此，可以通过这一准则来重构丢失的平移项。

$$p(i) = \begin{cases} p(i-1)-1, & \Delta\phi(i) \geq \pi \\ p(i-1), & -\pi < \Delta\phi(i) < \pi \\ p(i-1)+1, & \Delta\phi(i) \leq -\pi \end{cases} \tag{1-112}$$

解包裹从波前的某个位置开始，通常是接近干涉图的中心，条件是任意两个相邻像素之间的相位变化不超过 π；如果计算出来两个像素间的相位差超过了 π，那么要在第二个像素计算值中加上或者减去 2π 的整数倍直到满足以上条件。由于整个波前图形的计算是从起点向外进行，故设 p_{start}=0。在获得所有像素点的平移函数 $p(i)$ 后，通过式(1-110)即可获得每个像素点的解包裹相位值。

1.3.2 *Goldstein 枝切法*

在分支切割类解包裹算法中，Goldstein 分支切割法最为经典，它能快速地选取枝切截断线并有效地检测出局部不连续点。其算法流程主要包括计算残差点、绘制枝切截断线和路径积分求解包裹三个步骤，如图 1-15 所示[16]。

(1) 计算残差点

根据二维相位解包裹要求的环路积分结果为零的约束条件，戈德斯坦和亨特利(Huntley)等根据格林公式提出了通过计算包裹相位图中逆时针的最小封闭路径值来检测不连续的像素点，所用公式为：

$$Q_{ij} = \left(h_{i+1,j+1} - h_{i,j+1}\right) - \left(h_{i+1,j} - h_{i,j}\right) - \left(h_{i+1,j+1} - h_{i+1,j}\right) - \left(h_{i,j+1} - h_{i,j}\right) \quad (1\text{-}113)$$

式中，(i,j) 为像素坐标，h_{ij} 表示包裹相位，Q_{ij} 为最小封闭路径值即残差计算结果。其原理是通过(i,j)像素逆时针方向上 4 个像素的正方形区域计算出 Q_{ij}。若 Q_{ij} 为 0 表明该像素点为非残差点；若 Q_{ij} 不为 0，其正负表明了残差点的正负极性。因此，根据式(1-113)，可在包裹相位分布图内按照逐行逐列的方式遍历所有像素，进而计算出所有残差点，并得到所有残差点的正负极性及位置分布。

(2) 根据残差点分布图绘制枝切截断线

图 1-15 中详细展示了枝切截断线的生成过程。首先由一个未被枝切连接的残差点作为初始点，建立初始大小为3×3像素的闭环窗口，然后在窗口内根据步骤 1)中的残差原理查找是否有残差点,若有则连接当前初始点与该残差点并计算两点的标记之和。若和等于 0，把连接残差点的线条作为枝切截断线记录下来；若和不等于 0 则将新残差点作为初始点在新的3×3 窗口中继续查找；若窗口中没有残差点，则向外扩大 2 个像素形成

新的5×5窗口并继续查找。

(3) 对非枝切截断线区域进行路径积分

根据步骤2)中建立的枝切截断线,建立绕开枝切截断线条的积分路径并在该路径上进行积分,从而完成解包裹过程。

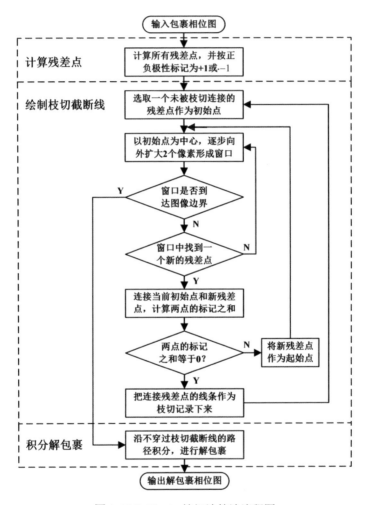

图 1-15 Goldstein 枝切法算法流程图

1.3.3　基于可靠性排序的路径无关快速相位解包裹技术

一维相位解包裹算法与 Goldstein 枝切法均依赖于解包裹积分路径的

选择，属于路径跟踪算法。与路径跟踪算法相对，路径无关算法彻底避免选择一条路径，而将测得的相位图和解包裹过程作为一个整体来处理，其中比较典型实用的方法为埃雷拉斯(Herráez)于 2002 年提出的基于可靠性排序的快速相位解包裹技术[17]。

该方法与质量图相位解包裹算法采用梯度的绝对值来评价相位可靠性不同的是，其可靠性评价基于相位图的二阶差分，而计算某个像素二阶差分的值需要给定周围 3×3 的像素范围。

像素 $(i,j-1)$, $(i,j+1)$, $(i-1,j)$ 与 $(i+1,j)$ 称为 (i,j) 的正交相邻像素，像素 $(i-1,j-1)$, $(i+1,j-1)$, $(i-1,j+1)$ 称为 (i,j) 的对角相邻像素。像素 (i,j) 的二阶差分 D 可由下面的公式计算：

$$D(i,j) = \left[H^2(i,j) + V^2(i,j) + D_1^2(i,j) + D_2^2(i,j) \right]^{1/2} \tag{1-114}$$

其中

$$\begin{aligned}
H(i,j) &= \gamma\left[\varphi(i-1,j)-\varphi(i,j)\right] - \gamma\left[\varphi(i,j)-\varphi(i+1,j)\right] \\
V(i,j) &= \gamma\left[\varphi(i,j-1)-\varphi(i,j)\right] - \gamma\left[\varphi(i,j)-\varphi(i,j+1)\right] \\
D_1(i,j) &= \gamma\left[\varphi(i-1,j-1)-\varphi(i,j)\right] - \gamma\left[\varphi(i,j)-\varphi(i+1,j+1)\right] \\
D_2(i,j) &= \gamma\left[\varphi(i-1,j+1)-\varphi(i,j)\right] - \gamma\left[\varphi(i,j)-\varphi(i+1,j-1)\right]
\end{aligned} \tag{1-115}$$

式(1-115)中 $\gamma((\cdot))$ 为去除相邻两像素之间 2π 相位跳变的运算符。需要注意的是，式(1-114)无法对相位图边界上的像素计算二阶差分。为了使得边界最后进行解包裹，设置边界像素的二阶差分为无穷大。

在得到所有像素的二阶差分值之后，可靠性 R 定义为：

$$R = \frac{1}{D} \tag{1-116}$$

即二阶差分值越小像素越可靠。在可靠性的基础上，定义横向或纵向连接相邻两像素的边的值为其可靠性之和。边值越大，则相邻两像素的连续性越可靠。因此，若对边值进行排序，按边值从大到小依次将相邻像素连通成区块,同时在连通的过程中消除新加入像素或区块的2π跳变,即可实现对整个包裹相位图的解包裹运算。该方法适用于对计算速度有一定要求且原包裹相位图噪声较大的情况,具体的算法流程如图1-16所示。

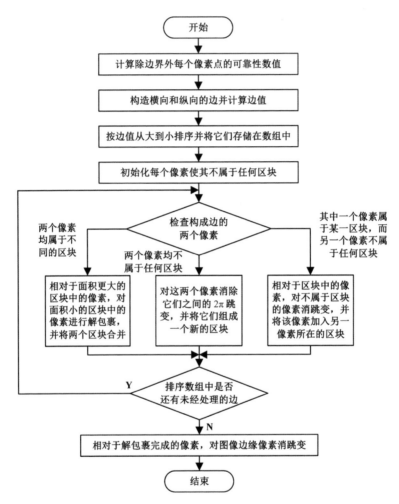

图 1-16 基于可靠性排序的快速相位解包裹算法流程图

1.3.4　差分整平相位解包裹技术

近几年图形处理器通用计算技术(GP-GPU)的发展,使得快速乃至实时的相位计算和显示成为可能,但同时它也对相关的算法提出了并行度上的要求。对于解包裹算法而言，上文中所介绍的路径跟踪算法需要按照给定路径积分获得解包裹结果，在解包裹的过程中属于顺序运算，只能在计算机中央处理器(CPU)上运行，无法通过图形处理器(GPU)并行计算加快运算速度。而对于 1.3.3 小节中的路径无关算法，其排序运算与区块连通运算也无法在 GPU 上运行。即便部分计算如 Goldstein 枝切法中的残差点计算或基于可靠性排序的快速相位解包裹中的可靠性计算可以通过 GPU 加速，CPU 与 GPU 之间传输数据的大量时间开销也将极大地抵消 GPU 在运算吞吐量上的优势。为此，浙江大学杨甬英教授课题组提出了差分整平相位解包裹技术(Differential Leveling Phase Unwrapping，DLPU)来解决这一问题[18]。

如图 1-17 所示，首先分别计算包裹相位图 $\varphi(i,j)$ 在 x 方向和 y 方向的差分相位，其中 (i,j) 为 x 方向和 y 方向的像素坐标。由于包裹相位图中存在 2π 跳变，x 方向与 y 方向的差分相位图中也会存在数值约为 2π 的像素，所以在第二步中需要将这些 2π 跳变去除，也就是将差分相位图整平为连续无跳变的差分图像。整平完成后的 x 方向与 y 方向差分相位图可以写为：

$$\varphi_x(i,j) = \varphi_0(i,j) - \varphi_0(i+1,j) \tag{1-117}$$

$$\varphi_y(i,j) = \varphi_0(i,j) - \varphi_0(i,j+1) \tag{1-118}$$

式中，$\varphi_0(i,j)$ 为解包裹完成后的相位图分布。对上述两式作傅里叶变换，可得：

$$F_x(u,v) = \left(1 - e^{i2\pi u}\right) F(u,v) \tag{1-119}$$

$$F_y(u,v) = \left(1 - e^{i2\pi v}\right) F(u,v) \tag{1-120}$$

构造评价函数 $E(F)$ 如下：

$$E(F) = \left| F_x(u,v) - \left(1 - e^{i2\pi u}\right) F(u,v) \right|^2 + \left| F_y(u,v) - \left(1 - e^{i2\pi v}\right) F(u,v) \right|^2 \tag{1-121}$$

$F(u,v)$ 的最佳近似估计 $\tilde{F}(u,v)$ 应当使得 $E(F)$ 最小，即

$$\frac{\partial E}{\partial \tilde{F}} = 0 \tag{1-122}$$

求解式(1-122)，可得

$$\tilde{F}(u,v) = \frac{(1-e^{i2\pi u})F_x(u,v) + (1-e^{i2\pi v})F_y(u,v)}{(1-e^{i2\pi u})^2 + (1-e^{i2\pi v})^2} \tag{1-123}$$

再对式(1-123)作傅里叶逆变换，即可求得解包裹相位的最佳近似估计
$\tilde{\varphi}_0(i,j)$。

若不希望在相位解包裹的过程中引入拟合误差，则可以进一步根据解包裹相位的最佳近似估计 $\tilde{\varphi}_0(i,j)$ 对包裹相位 $\varphi(i,j)$ 上的每一个像素消除额外的 2π 跳变，得到解包裹相位 $\varphi_0(x,y)$。由于差分整平相位解包裹技术中不涉及路径积分或区域连接，所有操作均可以对图像上的全部像素一起同步进行，并且可以转化为矩阵运算的形式，因此非常适合对实时性或运算速度要求很高的场合。

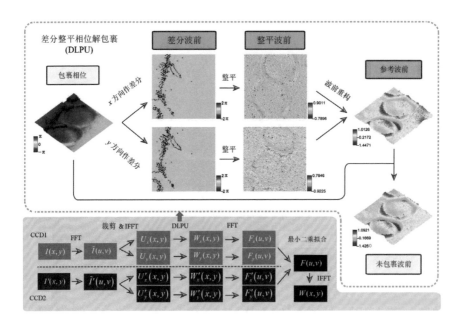

图 1-17 差分整平相位解包裹算法流程图

1.4　波前质量评价

1.4.1　Zernike 多项式

Zernike 多项式是 1934 年泽尼克在研究相衬显微镜时构造的一组单位圆域内的完备正交基。极坐标下，其数学描述主要包括两部分：独立径向多项式 $R_n^m(\rho)$ 和角向的三角函数 $\Theta(m\theta)$。参与定义的还包括 m、n，其中 m 表示三角函数 $\Theta(m\theta)$ 的角频率，n 表示径向多项式阶数[19-21]。完整 Zernike 多项式表达为：

$$Z_n^m(\rho,\theta) = R_n^m(\rho)\Theta(m\theta) \tag{1-124}$$

式中，径向多项式函数为：

$$R_n^m(\rho) = \sum_{s=0}^{(n-|m|)/2} \frac{(-1)^s(n-s)!}{s!\big[(n+|m|)/2-s\big]!\big[(n-|m|)/2-s\big]!}\rho^{n-2s} \tag{1-125}$$

角向函数为：

$$\Theta(m\theta) = \begin{cases} \cos(m\theta), & m \geq 0 \\ \sin(-m\theta), & m < 0 \end{cases} \tag{1-126}$$

以上多项式中的 m、n 需满足：

$$\begin{cases} n \geq 0, \ m \geq 0 \\ m = n - 2t, \ t \in \mathbb{N} \end{cases} \tag{1-127}$$

值得注意的是，以上是 Zernike 多项式的一般性定义，而在实际使用中称为条纹 Zernike 多项式，其属于未经标准化的 Zernike 多项式。标准 Zernike 多项式 $Z_n^m(\rho,\theta)^*$ 还需包括归一化(标准化)系数：

$$N_n^m = \sqrt{\frac{2(n+1)}{1+\delta_{m_0}}}, \quad \delta_{m_0} = \begin{cases} 1, m = 0 \\ 0, m \neq 0 \end{cases} \quad (1\text{-}128)$$

因此标准 Zernike 多项式的完整表述为：

$$Z_n^m(\rho,\theta)^* = N_n^m R_n^m(\rho)\Theta(m\theta) \quad (1\text{-}129)$$

由 Zernike 多项式的数学表达式可以看出，其具有如下重要性质：

(1) Zernike 多项式在单位圆内正交。由于一般被测光学器件或光学系统都具有圆形光瞳或圆形的通光孔，经过归一化后正好为单位圆，因此 Zernike 多项式所具有的这种单位圆上的正交性恰好满足圆形光瞳的特点，而且 Zernike 多项式的正交性使拟合多项式的系数相互独立，从而避免了系数之间的耦合造成其物理意义的混淆不清。

(2) Zernike 多项式具有旋转对称性，即当波面绕圆心旋转时，多项式的数学形式不变，使之对光学问题求解过程中一般具有良好的收敛性。

(3) Zernike 多项式各阶模式与塞德尔像差有着紧密的对应关系，即 Zernike 多项式每一项都对应着一种或几种像差模式，使之与光学应用更加紧密地联系在一起。在实际光学实验中，数据波前往往由多种波像差混合而成，这样通过 Zernike 拟合就可以轻而易举地得出波像差的具体量。

1.4.2　Zernike 多项式波面拟合

被测光学元件面形或光学系统的波面总是光滑和连续的。Zernike 波面拟合是将 Zernike 多项式作为基底函数系来表征被测波面。设被测波面波像差可用 n 阶 Zernike 多项式表示：

$$W(x,y) = \sum_{i=1}^{n} a_i Z_i(x,y) = \boldsymbol{Z}\boldsymbol{A} \quad (1\text{-}130)$$

式中，$Z_i(x,y)$ 为第 i 项 Zernike 多项式，a_i 为第 i 项 Zernike 多项式系数，$\boldsymbol{A} = (a_1, a_2, \cdots, a_n)^\mathrm{T}$，而 $\boldsymbol{Z} = (Z_1, Z_2, \cdots, Z_n)$。

需要注意的是，在实际的测量过程中所得到的多是离散波前数据。设

现有 m 个离散数据点 $W_j(x,y)$，则代入式(1-130)中可得：

$$W_j(x,y) = \sum_{i=1}^{n} a_i Z_{ji}(x,y) = a_1 Z_{j1}(x,y) + a_2 Z_{j2}(x,y) + \cdots + a_n Z_{jn}(x,y)$$

$$j = 1, 2, \cdots, m$$

(1-131)

展开得方程组：

$$\begin{cases} W_1 = a_1 Z_{11}(x,y) + a_2 Z_{12}(x,y) + \cdots + a_n Z_{1n}(x,y) \\ W_2 = a_1 Z_{21}(x,y) + a_2 Z_{22}(x,y) + \cdots + a_n Z_{2n}(x,y) \\ \cdots \\ W_m = a_1 Z_{m1}(x,y) + a_2 Z_{m2}(x,y) + \cdots + a_n Z_{mn}(x,y) \end{cases}$$

(1-132)

记作

$$\boldsymbol{W} = \tilde{\boldsymbol{Z}}\boldsymbol{A}$$

(1-133)

式中，$\boldsymbol{W} = (W_1, W_2, \cdots, W_m)^{\mathrm{T}}$，$\tilde{\boldsymbol{Z}} = (Z_{ji})_{m \times n}$。

所谓 Zernike 波前拟合即求解其拟合系数，也即上述矛盾方程中的系数向量 $\boldsymbol{A} = (a_1, a_2, \cdots, a_m)^{\mathrm{T}}$。然而，由于 Zernike 多项式只在连续的单位圆内是正交的，在圆域内离散点处并不正交，导致上述矛盾方程组一般不存在通常意义上的解，需要以最小二乘法来求解，即由式(1-132)的法方程组(正则方程组)

$$\tilde{\boldsymbol{Z}}^{\mathrm{T}}\boldsymbol{W} = \tilde{\boldsymbol{Z}}^{\mathrm{T}}\tilde{\boldsymbol{Z}}\boldsymbol{A}$$

(1-134)

可求解 $\boldsymbol{A} = (a_1, a_2, \cdots, a_m)^{\mathrm{T}}$。

1.4.3 Zernike 多项式与光学像差的对应关系

由于 Zernike 多项式的正交特性和光学设计者常用的赛德尔像差具有

一定的联系，其常被用来描述光学系统波前像差。表 1-2 和表 1-3 分别列出了条纹 Zernike 多项式和标准 Zernike 多项式前 15 项对应的具体像差形式。

表 1-2　条纹 Zernike 多项式前 15 项对应的具体像差形式

项数	阶数	Zernike 多项式	像差类型
1	$n=0, m=0$	1	常数项
2	$n=1, m=1$	$\rho\cos\theta$	x 方向倾斜
3	$n=1, m=-1$	$\rho\sin\theta$	y 方向倾斜
4	$n=2, m=0$	$2\rho^2-1$	离焦
5	$n=2, m=-2$	$\rho^2\sin 2\theta$	像散($0°/90°$)
6	$n=2, m=2$	$\rho^2\cos 2\theta$	像散(/ $45°/-45°$)
7	$n=3, m=-1$	$\left(3r^3-2r\right)\sin\theta$	x 方向彗差
8	$n=3, m=1$	$\left(3\rho^3-2\rho\right)\cos\theta$	y 方向彗差
9	$n=4, m=0$	$6\rho^4-6\rho^2+1$	球差
10	$n=3, m=3$	$\rho^3\cos 3\theta$	三叶草像差
11	$n=3, m=-3$	$\rho^3\sin 3\theta$	三叶草像差
12	$n=4, m=2$	$\left(4\rho^4-3\rho^2\right)\cos 2\theta$	二阶像散($0°/90°$)
13	$n=4, m=-2$	$\left(4\rho^4-3\rho\right)^2\sin 2\theta$	二阶像散($45°/-45°$)
14	$n=5, m=1$	$\left(10\rho^5-12\rho^4+3\rho\right)\cos\theta$	x 方向二阶彗差
15	$n=5, m=-1$	$\left(10\rho^5-12\rho^4+3\rho\right)\sin\theta$	y 方向二阶彗差

表 1-3　标准 Zernike 多项式前 15 项对应的具体像差形式

项数	阶数	Zernike 多项式	像差类型
1	$n=0, m=0$	1	常数项
2	$n=1, m=1$	$\sqrt{2}\rho\cos\theta$	x 方向倾斜

项数	阶数	Zernike 多项式	像差类型
3	$n=1,m=-1$	$\sqrt{2}\rho\sin\theta$	y 方向倾斜
4	$n=2,m=0$	$\sqrt{3}\left(2\rho^2-1\right)$	离焦
5	$n=2,m=-2$	$\sqrt{6}p^2\sin2\theta$	像散($45°/-45°$)
6	$n=2,m=2$	$\sqrt{6}\rho^2\cos2\theta$	像散($0°/90°$)
7	$n=3,m=-1$	$\sqrt{8}\left(3r^3-2r\right)\sin\theta$	x 方向彗差
8	$n=3,m=1$	$\sqrt{8}\left(3\rho^3-2\rho\right)\cos\theta$	y 方向彗差
9	$n=3,m=-3$	$\sqrt{8}\rho^3\sin3\theta$	y 方向三叶草像差
10	$n=3,m=3$	$\sqrt{8}\rho^3\cos3\theta$	x 方向三叶草像差
11	$n=4,m=0$	$\sqrt{5}\left(6\rho^4-6\rho^2+1\right)$	球差
12	$n=4,m=2$	$\sqrt{10}\left(4\rho^4-3\rho^2\right)\cos2\theta$	二阶像散($0°/90°$)
13	$n=4,m=-2$	$\sqrt{10}\left(4\rho^4-3\rho^2\right)\sin2\theta$	二阶像散($45°/-45°$)
14	$n=4,m=4$	$\sqrt{10}\cos4\theta$	tetrafoil
15	$n=4,m=-4$	$\sqrt{10}\sin4\theta$	tetrafoil

参考文献

[1] 杨甬英. 先进干涉检测技术与应用[M]. 杭州:浙江大学出版社,2017.

[2] 波恩, 沃耳夫. 光学原理[M]. 7 版. 杨葭荪, 译. 北京:电子工业出版社, 2009.

[3] 赫克特, 赞斯. 光学[M]. 秦克诚, 等译. 北京:高等教育出版社, 1979.

[4] 加塔克. 光学[M]. 梁铨廷, 等译. 北京:机械工业出版社, 1984.

[5] 赵凯华, 钟锡华. 光学[M]. 北京:北京大学出版社, 1984.

[6] 梁铨廷. 物理光学[M]. 4 版. 北京:电子工业出版社, 2012.

[7] Sun L, Liu D, Ling T, Yang Y. Mathematical modeling analysis on a small and compact two-dimensional CGLSI interference system[C]. Proc. SPIE, 2013, 8840:88400N-1-88400N-8.

[8] 郭硕鸿. 电动力学[M]. 3 版. 北京:高等教育出版社, 2008.

[9] 龚中麟. 近代电磁理论[M]. 2 版. 北京:北京大学出版社, 2010.

[10] 陈军. 光学电磁理论[M]. 北京:科学出版社, 2005.

[11] 陈琛, 杨甬英, 王道档, 卓永模. 基于时域有限差分方法的点衍射波前误差分析[J]. 中国激光, 2011, 38(9):171.

[12] 陈琛. 基于 FDTD 方法的点衍射理论建模及分析研究[D]. 浙江大学, 硕士学位论文, 2012.

[13] Wolf E. Progress in Optics, Volume 57 (1st Edition) [M]. Elsevier, 2012.

[14] 埃米尔·沃尔夫. 光的相干与偏振理论导论[M]. 蒲继雄, 译. 北京:北京大学出版社, 2014.

[15] Lauterborn W, Kurz T. Coherent Optics: Fundamentals and Applications (2nd Edition)[M]. 北京:科学出版社, 2011.

[16] 朱小强. 基于 CUDA 和 OpenCV 的快速干涉测量[D]. 中国科学院大学(中国科学院光电技术研究所), 硕士学位论文, 2017.

[17] Herráez M A, Burton D R, Lalor M J, Gdeisat M. Fast two-dimensional phase-unwrapping algorithm based on sorting by reliability following a noncontinuous path[J]. Applied Optics, 2002, 41(35):7437.

[18] Ling T, Jiang J, Zhang R, Yang Y. Quadriwave lateral shearing interferometric microscopy with wideband sensitivity enhancement for quantitative phase imaging in real time[J]. Scientific Reports, 2017, 7:9.

[19] Malacara D. Optical Shop Testing (3rd Edition)[M]. Hoboken, New Jersey:John Wiley & Sons, Inc., 2007.

[20] 埃里克·P.古德温, 詹姆士·C.怀亚特. 光学干涉检测[M]. 苏俊宏, 田爱玲, 译. 杭州:浙江大学出版社, 2014.

[21] IO.B.考洛米佐夫. 干涉仪的理论基础及应用[M]. 李承业, 等译. 北京:技术标准出版社, 1982.

2

点衍射干涉仪

2.1　概　述

点衍射干涉仪是林尼克(Linnik)于 1933 年首次提出的一种用于评价光学元件的简单干涉仪。1972 年，斯马特(Smartt)和斯特朗(Strong)重新应用点衍射干涉仪进行光学检测。20 世纪 70—80 年代，Smartt 等开展一系列针对点衍射干涉仪的工作，进一步完善点衍射干涉技术，发展出了基于部分透射针孔板的点衍射干涉仪结构，并成功将点衍射干涉仪用于构建干涉显微镜和大型望远镜镜片的校准和检测。自此，众多科学家们围绕点衍射干涉技术开展了一系列丰富的研究工作。

1978 年，美国亚利桑那大学(Arizona State University)的科里奥普罗斯(Koliopoulos)等研制了一种用于测试高能激光系统的红外点衍射干涉仪。随着移相干涉检测技术的出现，1982 年亚利桑那大学的昂德伍德(Underwood)等引入移相技术，进一步改进了点衍射干涉仪[1]。

1994 年，默瑟(Mercer)等设计了一种液晶点衍射移相干涉仪[2]。该干涉仪使用一个可变形的透明塑料微球作为衍射点，将嵌入了透明微球的液晶元件作为点衍射针孔板；入射到微球上的一部分待测波前经衍射成为参考光束，其余光线穿透液晶元件成为检测光束。

1996 年，麦德克(Medecki)等建立了一种新型的移相点衍射干涉仪。在光路中布局一个透射光栅，应用光栅衍射的方法将入射光束分为具有微小角度差异的两束，并形成两个分离的焦点。焦点平面上放置的针孔板包含一个小针孔和一个口径相对较大的窗口，一束光经小孔衍射形成参考光束，另一束光经窗口透射形成检测光束[3]。

2002 年，托则克(Totzeck)等报道了一种基于偏振方法分离检测和参考光束的移相点衍射干涉仪。将来自待测光学系统的线偏光汇聚于刻蚀在云母半波片上的针孔上，使参考光束的偏振态不变，而检测光束的偏振态旋转 90°，使检测光束和参考光束的偏振方向正交。之后通过液晶移相器对两光束引入可变的相位延迟量，最终经过一偏振片后产生干涉条纹。

随着点衍射干涉技术的发展，点衍射干涉仪由原本的共路结构发展出了一些用于高精度球面面形测量的非共路点衍射干涉结构。另一方面，随着光纤制造工艺及耦合技术的发展，出现了应用柔性光纤的线芯端面获得理想点衍射波前的光纤点衍射干涉技术，进一步扩展了点衍射干涉技术。

随着人类对生物细胞活体研究的需求增大，由于荧光细胞成像会影响细胞活性，而干涉成像可以直接获得细胞的相位信息，所以点衍射技术还可用于生物细胞的定量相位显微成像。2006 年，美国麻省理工学院的波佩斯库(Popescu)等提出了基于点衍射共路干涉的衍射相位显微技术(Diffraction Phase Microscopy)，一度成为生物学研究的国际热点，为点衍射干涉在生物学的研究领域又增添了有效的研究手段。

在点衍射干涉仪中，其点衍射波前的获取结构为整个系统的核心，对系统的检测精度起到决定性的作用。已见报道的点衍射波前的获取结构有很多种，一般可分为针孔型和光纤型两类。表 2-1 列出了几种典型的点衍射结构的材料及其示意图。

本章将通过仿真方法对点衍射结构产生的衍射波前的质量进行探讨，并选择一些有代表性的点衍射干涉仪对其结构和一些能够进一步提高其检测精度的相关技术进行介绍。

2.2　光的衍射

2.2.1　点衍射波前质量的仿真分析

衍射理论相关内容在第 1 章已有交代，此处介绍针孔衍射仿真的建模与计算。

针孔是点衍射干涉系统的核心部件，它是决定衍射波前质量的主要因素，后者又直接限制着系统的测量精度，因而对针孔进行严格的仿真分析有着重要的意义和价值。

表 2-1 各类点衍射结构材料及示意图

材料与结构	示意图	材料与结构	示意图
将吸收性金属膜层镀在透明基底上,在膜层上制作透明针孔或不透明圆盘[4]	金属吸收膜层 透明基底 针孔或不透明圆盘	将铬金属高反射率薄膜镀在玻璃薄板上,并在高反射率金属膜上刻制透明针孔[5]	透明基底 针孔
把氮化硅(Si₃N₄)薄膜表面电镀镍(或金)吸收膜层作为针孔板,并刻制出有一定间距的窗口和针孔[6]	透明基底 窗口 针孔	针孔板的环形区域为线栅结构的偏振片,中心为透明针孔或偏振方向与周围环形区域垂直的线栅结构[7]	纵向线栅 透明基底 水平线栅或针孔
应用透射式液晶空间光调制器,通过调整不同区域的透射率,形成两个不同大小且具有不同相位延迟量的针孔[8]	透射率 $e^{i\theta_1}$ 透射率 $e^{i\theta_2}$ 透射率 c	在内侧沉积有透明电极的两个玻璃平板之间加入向列相液晶,然后在液晶中心加入一可变形透明微球,将交流电施加于电极上[2]	导线 玻璃平板 液晶 透明塑料微球 透明电极 圆柱棒
在半波片的双折射硅晶体薄膜上刻蚀针孔[9]	双折射膜层 透明基底 针孔	端面镀有半透明金属膜的单模光纤,其端面有水平和倾斜两种[10]	单模光纤 包层 纤芯 半透明金属膜
具有尖锐顶点和倾斜抛光端面的锥形光纤[11]	锥形单模光纤 15°	顶端削尖的单模光纤[12]	单模光纤

确定一个特定衍射问题的严格解是光学中最困难的问题之一。在衍射理论中,很少有那种在某种意义上可认为是严格的解。对于许多有实际意义的衍射问题,严格解析解并不存在。利用光的电磁理论求出的第一个衍射问题的真正严格解是索末菲(Sommerfield)在 1896 年发表的一个半无限的理想导电平面屏对平面波的衍射。

衍射可以看成是由于电磁波与障碍物的相互作用引起的。衍射问题就是电磁场的边值问题，其严格求解需要从麦克斯韦方程组和边界条件出发，求出解析解。这种解只在很少的几种特殊情况下才能得到。由于数学上的困难，在大多数有实际意义的情况中，必须采用近似方法。

基于经典波动理论的标量衍射理论提供了一种最简单的表述方法，又称为基尔霍夫理论。基于光的弹性固体理论，基尔霍夫理论从标量波动微分方程出发，在坚实而完善的数学基础之上，成功得出了标量波衍射的精密表述。然而，基尔霍夫理论本身是一个近似，并不严格，它将光作为一种标量波来处理，即只考虑电场或磁场的一个分量的标量振幅，而忽略了电磁场的矢量本性。事实上，光是一种电磁波，是一种矢量场，电、磁场矢量是耦合起来的。

在大多数情况下，标量理论能得出足够精确的结果，但是在某些问题中，要得到有相当精确度的结果，就必须考虑场的矢量本性，把衍射问题作为电磁场的边值问题来处理。对于矢量电磁波的衍射问题，类似于标量基尔霍夫理论，导出了矢量形式的衍射积分，即 Stratton-Chu 公式。但只有准确地知悉障碍物与场的相互作用，即需要准确知道边界上的场分布，才能由矢量衍射理论准确得出衍射场的分布。

20 世纪 60 年代计算机的发明和应用使数值方法蓬勃发展，大量复杂难解的电磁场问题通过数值方法得到解决。解析的数理方法只能处理极少的规则边界问题，而现实中的问题大多数具有不规则的边界，只能借助于数值方法解决，从而发展出计算电磁学这门学科。利用电磁场的数值方法来计算衍射障碍物与场的相互作用将给出足够精确的边界上的场分布。

对于针孔衍射问题，将通过电磁场的数值方法对针孔与入射光的相互作用进行计算分析，并由矢量衍射理论推出衍射场的分布，这样既保证了计算精度，又提高了研究效率。

2.2.2　针孔衍射仿真的建模与计算

对针孔衍射进行三维仿真得到针孔的衍射波，之后分析衍射波的质量，主要工作分为两部分：其一，建立针孔衍射的仿真模型，计算光场的传播及衍射；其二，建立衍射波的评价体系，评价计算得到的衍射波前质量，进而优化之。

　　首先要进行针孔衍射仿真模型的建立，处理入射光入射到针孔上，在针孔中传播，并在针孔后端面出射这一过程。仿真采用电磁场的 FDTD 方法，FDTD 是通过空间和时间中一系列离散点的场量来描述电磁场的。故首先选定空间网格和时间步长，而后设定仿真时间和仿真区域，选择合适的吸收边界。这些参数的选择要考虑数值计算的稳定性和收敛性，也决定着仿真的准确性。然后对光源进行建模，设定光源的相关参数，如光源的类型及其相关参数，光源的位置、方向，偏振特性，频谱特性等。之后对结构进行建模，包括结构的形状、尺寸、位置和材料。这样就完成了针孔衍射仿真模型的建立，通过时域有限差分方法的计算得到空间中的电磁场分布。然而考虑到计算量过大，FDTD 只是计算得到近场的电磁场分布，之后再通过近场远推，得到所需位置的远场衍射波前。针孔仿真区域及边界设置如图 2-1 所示。

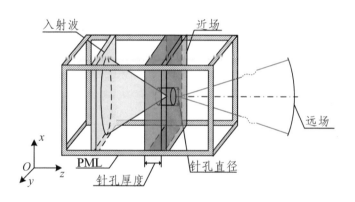

图 2-1　针孔仿真区域及边界设置

　　其次，在得到衍射远场波前之后，需要建立合适的评价体系来评价。评价对象是针孔衍射在远场产生的振幅和位相分布，需要考察针孔衍射波前上的位相与理想球面波位相之间的偏差，以及衍射波面上的光强均匀性和透过率，可采用四个量来表征，即位相的 PV 值和 RMS 值，以及光强透过率和均匀性。

　　针孔仿真的流程如图 2-2 所示，图中清晰地列出了整个仿真的流程步骤。

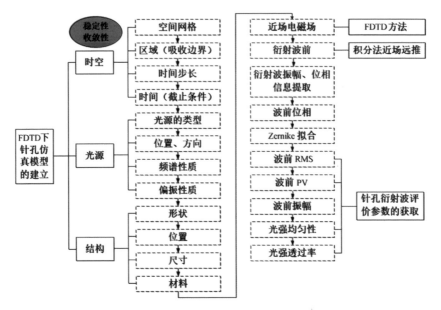

图 2-2 针孔衍射仿真流程示意图

2.2.3 针孔衍射研究进展

针孔的衍射波前质量是决定点衍射干涉仪检测精度的关键，因此对针孔的衍射特性作严格的仿真分析有着重要的意义。目前已有诸多文献对针孔衍射仿真进行了研究。

奥塔基(Otaki)等利用标量衍射理论和严格耦合波理论(RCW)分析了针孔衍射波前误差情况，分析了针孔尺寸、入射的会聚光的误差、入射光与针孔的对准误差、针孔粗糙度、偏振效应等对针孔衍射波前质量的影响。

中国科学院长春光学机械研究所用标量衍射理论研究了针孔衍射误差，并用时域有限差分方法结合矢量衍射理论分析了极紫外光入射下的针孔衍射情况，研究了不同针孔直径和厚度对衍射波前质量的影响，分析了衍射波前误差中的象散和彗差成分以及衍射波面的强度均匀性，之后还分析了微小针孔加工、装调误差及照明会聚物镜的像差对于衍射波前质量的影响。

中国科学院成都光电技术研究所利用时域有限差分方法对针孔衍射进行仿真，比较了标量衍射理论和矢量衍射理论的差别，分析了不同针孔直径和厚度对远场衍射波前误差的影响,发现针孔直径和厚度都是影响衍射波前误差的主要因素,需要综合考虑分析它们对于衍射波前质量的影响。他们也分析了系统误差对于衍射波前的影响,比如入射的会聚光斑与针孔的对准误差,包括平移、倾斜和离焦等情况,还有针孔加工误差对于衍射波前的影响,包括针孔边缘的粗糙度和针孔椭圆度等。

浙江大学光电学院基于时域有限差分方法分析针孔衍射波前误差,研究不同数值孔径下针孔参数对衍射波前质量的影响,综合考虑了衍射波前误差、衍射光强和光强均匀性等对点衍射干涉系统检测精度的影响,分析关键光学参数,如会聚物镜数值孔径、针孔尺寸、待测球面镜的数值孔径等,对三者的相互制约作用进行分析,综合考虑选取合理的光学结构参数,对点衍射干涉系统结构设计的优化和参数选取具有一定的指导意义。

2.3　传统点衍射干涉仪

2.3.1　光栅相移点衍射干涉仪

1996年,为了实现对精度要求极高的极紫外投影光刻系统中的多层镀膜的反射式光学系统的高精度检测,美国劳伦斯–伯克利国家实验室(Lawrence Berkeley National Laboratory,LBNL)的麦德基(H. Medecki)等设计并搭建了一种用于波前位相精确检测的相移点衍射干涉仪(Phase-Shifting Point Diffraction Interferometer,PS/PDI)[3]。这种点衍射干涉仪在保留传统点衍射干涉仪(Smartt点衍射干涉仪)优点的基础上引入了移相技术,从而进一步提高了系统的检测精度;其紧凑的共路结构使其对光源的相干长度要求不高,因此可以在宽光谱范围内(可见光到X射线)实现高精度的波前检测。这些特性和优势使其可以对多种光学系统在相应工作波长下的波像差进行检测。

如图 2-3(a)所示为传统的点衍射干涉仪进行光学系统检测的原理示意图。位于待测光学系统焦面位置的半透明金属吸收膜片上有一微小透明针孔,针孔的直径与原始波前在无像差情况下产生的艾里斑直径大致相同。待测光学系统产生的像差波前的一部分经吸收薄膜衰减后直接透射形成检测波,另一部分经针孔衍射形成近似理想球面的参考球面波,最终形成干涉图并由CCD(Charge-Coupled Device,电荷耦合元件)传感器记录下来,通过分析干涉条纹即可得到待测光学系统的波像差。为了能够对干涉条纹进行准确的分析，需要移动针孔板使针孔与待测系统光束的焦点间存在一定的横向偏移，从而在参考波前和检测波前之间引入一定的倾斜量，以此获得具有相当数量直条纹的干涉图。然而，由于针孔偏离焦点中心会使针孔的衍射波光强减小，因此，在检测中需要不同倾斜量或者针孔尺寸改变时，需要对吸收膜片的透过率进行调整，以保证检测波和参考波的光强相匹配，从而保证干涉条纹的对比度。

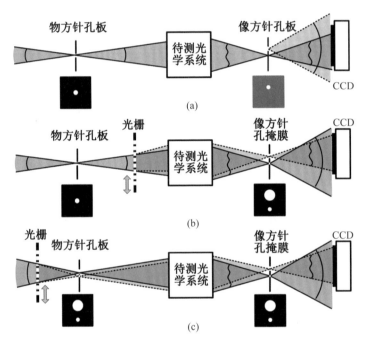

图 2-3　点衍射干涉仪原理示意图。(a)传统点衍射干涉仪；(b)分束光栅在物方针孔后的移相点衍射干涉仪；(c)分束光栅在物方针孔前的移相点衍射干涉仪[13]

　　由于这种传统点衍射干涉系统中的参考波是对检测波的一小部分采样得到的，因此难以在两波面之间引入可变的相位差。图 2-3(b)所示为美国劳伦斯-伯克利国家实验室设计的新型点衍射干涉仪的原理示意图。不同于传统点衍射干涉仪采用带针孔的吸收膜片作为点衍射分束器，新型点衍射干涉仪结合衍射光栅和带有透明针孔及窗口的不透明掩膜板以实现分束目的。会聚的光源光束经起空间滤波器作用的物方小孔后形成一个理想球面波作为系统的照明光束。光束经朗奇光栅(Coarse Ronchi Grating)衍射产生具有一定夹角的零级衍射光和一级衍射光。两光束经待测光学系统会聚后在焦面处形成两个焦点。将一个刻制有两个透明开孔的不透明掩膜板放置在待测系统的焦平面附近，其中位于轴上光束(零级衍射光)焦点处的透明开孔是一个直径为波长量级的针孔，从而使光束通过后产生理想的参考球面波，而另一个透明开孔(窗口)位于一级衍射光的焦点处，它的直径应该足够大，以使带有待测系统像差的离轴检测光可以不受影响地通过。光栅衍射产生的其他级次光被掩膜板的不透光部分拦截，最终从针孔衍射获得的参考光和从窗口通过的检测光发生干涉，产生的干涉图由 CCD 接收。

与传统的点衍射干涉仪相比，这种相移点衍射干涉仪不再需要靠参考针孔与光束焦点间的位置偏差来引入参考波前的倾斜，衍射得到的参考波的光强与传统点衍射干涉仪相比提高了几个数量级，不再需要对检测波进行衰减来达到两干涉波前的光强匹配，从而提高了探测器最终可接收到的光能。另外，由于改变光栅的占空比可以改变光栅不同级次衍射光的光强比，因此两波前光强的最佳匹配可以通过对光栅占空比的调整来实现[14]。

在这种相移点衍射干涉仪中，衍射光栅不仅起到分束作用，还可以在检测波与参考波之间引入可变的相位差。将衍射光栅沿垂直于光栅栅距方向移动一个光栅周期，可以在一级衍射光中引入一个周期的相移而零级衍射光的相位保持不变。根据相移 $\Delta\phi$ 与光栅移动距离 Δx 和光栅周期 p 的关系式 $\Delta\phi = 2\pi \cdot \Delta x / p$ 可知，光栅每移动 $p/4$ 即可产生 $\pi/2$ 的相移，从而实现四步移相检测。

作为检测光的一级衍射光和作为参考光的零级衍射光的焦点的横向间隔要足够大，以避免两光束在掩膜板上发生交叠，否则参考光的一部分将从窗口通过，混入检测光中，产生干扰性的干涉条纹。然而，随着两者间隔距离的增大，引入参考波前和检测波前之间的倾斜量也会增大，从而使得干涉条纹密度增大。当条纹密度超过探测器的空间分辨率时，就会影响系统的检测精度，因此，两焦点的间距不能超过一定范围。这需要尽可能减少两分离焦点之间的光束重叠，即需要相对无像差的焦点，因而要求待测光学系统的像差不能太大。另外，较理想的焦点也能使参考针孔的照明强度增强。因此，该系统最适用于像差较小的精密光学系统。

决定系统检测精度的因素包括参考针孔的加工质量、照明光源的带宽和空间相干性、移相精度和窗口引起的空间滤波。由于参考针孔的直径必须小于检测光束的衍射极限焦点，它的加工在工艺上遇到了极大的挑战(特别是在工作波长较小的情况下)。目前常用的加工方法主要包括电子束曝光和反应离子束刻蚀。系统的照明光源由激光器和针孔空间滤波器组成，从而获得带宽和相干性均符合系统需求的照明光源。在光栅要求方面，由于系统只需要在检测光和参考光之间引入一个很小的分离角，粗光栅即可满足需求，因此也不难实现。检测光路中的窗口所引起的空间滤波效应决定了系统能够测量的最高空间频率。

这种由衍射光栅提供分束和相移的相移点衍射干涉仪可以有两种布局方案。在第一种方案中，光栅分束器位于物方针孔空间滤波器之后(图2-3(b))；在另一种方案中，光栅分束器位于物方针孔板之前(图 2-3(c))。如图 2-3(c)所示的相移点衍射干涉仪的物方针孔板和像方针孔掩膜一样，都具有一个微小针孔和一个窗口。光栅衍射获得的零级衍射光和一级衍射光的焦点分别从物方针孔板的窗口和针孔通过，经过待测系统后形成的两焦点又分别通过像方针孔掩膜上的针孔和窗口。在这种方案中，光栅衍射对检测光束引入的像差可以被物方针孔板上的针孔滤除，因而可以进一步提高系统检测精度。与窗口相比，直径很小的针孔对其入射光束的光强存在较为明显的衰减。在图 2-3(b)给出的方案中，检测光经过一次针孔和一次窗口，而参考光两次经过针孔；在图 2-3(c)给出的方案中，检测光和参考光都是经过一次针孔和一次窗口。在两种方案中，系统对检测光的衰减是一样的，而在前一种方案中，参考光经过了更为严重的衰减，因此其通光效率较后者低。另外，由于在后一种方案中的参考光和检测光同样经过了一次针孔的衰减，因此比较容易获得较好的干涉条纹对比度。然而，后一种方案对系统的照明光束有一定的限制，它只能在为物面掩膜提供照明光束的光束传输系统像面上形成比光栅分束产生的两焦点间距更小的像点时才能被有效使用，因此这种方案不适用于极紫外光刻系统的检测，但是在深紫外 193 nm 的波段是适用的。

美国劳伦斯−伯克利国家实验室已经基于图 2-3(b)所示的系统方案先后研制了用于可见光(波长632.8 nm)和用于极紫外光刻工作波长(13.5 nm)的相移点衍射干涉仪。图 2-4(a)所示为工作波长在 632.8 nm 的相移点衍射干涉仪对显微物镜进行检测时获得的典型干涉图[3]。图 2-4 (b)所示为工作波长在 13.5 nm 的相移点衍射干涉仪对数值孔径 0.3 的极紫外光刻镜头进行检测时获得的典型干涉图[15]。至 1999 年，他们研究的用于极紫外光刻工作波长的相移点衍射干涉仪的参考波前在数值孔径 0.082 内获得了优于

$\lambda_{EUV}/350\,(0.4\,\text{Å},\ 1\,\text{Å}=10^{-1}\,\text{nm})$的准确度[16-17]。至 2005 年，他们研制的用于极紫外光刻光学系统检测的相移点衍射干涉仪已经对数值孔径在 0.08 至 0.30($f/6.25$ 到 $f/1.67$)之间的 9 个全反射极紫外光刻原型光学系统进行了检测，并实现了均方根 (Root-Mean-Square，RMS)为 0.5～1.0 Å 的波前检测精度[15]。另外，在 2000 年，该实验室还基于图 2-3(c)所示的系统方案研制了工作波长在深紫外波段 193.0 nm 的相移点衍射干涉仪，并实现了 RMS 值为 0.004λ 的检测重复性，其获得的一幅对双透镜成像系统进行检测的典型干涉图如图 2-4(c)所示[13]。

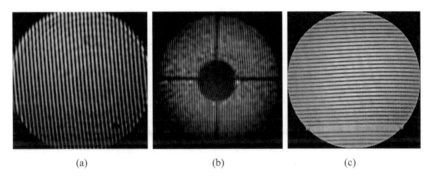

      (a)   (b)   (c)

图 2-4 工作波长 632.8、13.5 和 193.0 nm 的相移点衍射干涉仪分别对显微物镜(a)、数值孔径 0.3 的极紫外光刻镜头(b)和双透镜成像系统(c)进行检测获得的典型干涉图[15]

2.3.2 偏振相移点衍射干涉仪

2003 年，美国亚利桑那大学 Neal 和 Wyant 设计了一种使用双折射针孔板实现的新型偏振相移点衍射干涉仪 (polarization phase-shifting point-diffraction interferometer，PPSPDI) [9]。偏振相移点衍射干涉仪通过偏振方法将检测光束和参考光束分开，使它们处于正交偏振态。这种干涉仪结构简单紧凑，对振动不敏感，其相移的产生并不需要移动系统元件，而是通过简单改变激光器的偏振状态即可实现。

偏振相移点衍射干涉仪是对传统点衍射干涉仪的改良，通过改变入射光束偏振态的方法引入相移技术。由于这种偏振相移点衍射干涉仪保持了传统点衍射干涉仪的共路设计，因此保留了共路干涉系统的优势。同时，新设计的双折射偏振点衍射针孔板分束器实现了参考光和检测光之间的可变相位差，因而可通过移相技术来提高系统的波前位相检测精度。与光栅相移点衍射干涉仪使用的针孔掩膜在非针孔区域是不透光的不同，偏振相移点衍射干涉仪使用的点衍射针孔板分束器与传统点衍射分束器一样在非针孔区域也是透光的。不同的是，传统针孔点衍射分束器的针孔周围区域是半透明的金属膜层，而偏振相移点衍射干涉仪使用的针孔点衍射分束器是一个薄的 $\lambda/2$ 波片。这种双折射偏振点衍射针孔板分束器的结构及工作原理如图 2-5 所示。当一椭圆偏振光入射于该双折射偏振点衍射针孔板时，一部分光直接经针孔衍射形成参考波，其椭圆偏振态保持不变，而其余入射光经 $\lambda/2$ 波片衰减和透射后其波前形状保持不变但偏振态发生翻转，s 光和 p 光均旋转 $90°$，由此即可实现参考波和检测波的分离。

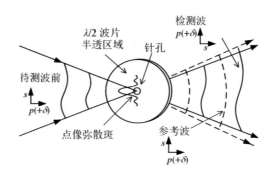

图 2-5 双折射偏振点衍射针孔板[9]

偏振相移点衍射干涉仪的实验系统原理如图 2-6 所示。波长 632.8 nm 的激光光束通过一个偏振片和一个 $\lambda/2$ 波片(HWP)。偏振片(透光轴定位角为 0°)用于产生单一偏振方向的线偏振光，$\lambda/2$ 波片的长轴与入射光束的偏振方向成 22.5°的夹角，这样出射光束的偏振方向就为 45°。通过旋转 $\lambda/2$ 波片，偏振器加 $\lambda/2$ 波片的组合能够获取任意偏振角度的线性偏振光。在偏振片和 $\lambda/2$ 波片 HWP 组合后放置的电光调制器(EOM)的电极位于垂直方向(0°方向)，它在系统中起到移相器的作用。当在电光调制器 EOM 上施加一定电压时，其晶体内部的折射率椭球会发生旋转，使得晶体在垂直于电极的平面内的折射率发生变化。由于晶体的特性，当光束在无外加电场的晶体中传播时，光束的水平分量和垂直分量间会产生一个恒定的相位差；外加电压后，由电场引入的相位差会随着电压的增大而线性增加。因此当线偏光通过电光调制器 EOM 时，其水平分量 p 光将会经历一个较大的光程，并产生一个额外的相位 δ，且 δ 可以通过改变调制器的外加电压来调节。由电光调制器 EOM 出射的 p 光与 s 光结合成为椭圆偏振光。电光调制器 EOM 后面是一个由直径 5 μm 的针孔组成的空间滤波器。空间滤波器相当于一个点光源，放置在被测透镜前两倍焦距处，形成具有-1 的放大倍率的 4f 成像系统。由于空间滤波器的针孔很小，因此由待测透镜形成的焦点光斑的大小是由衍射极限和待测系统波像差决定的。待测透镜在其后两倍焦距处的双折射偏振点衍射针孔板上形成一个有像差的焦点光斑。双折射偏振点衍射针孔板是通过在双折射硅薄膜 $\lambda/2$ 波片上蚀刻针孔形成的，其快轴方向应布局于与入射光束的两正交分量(s 光和 p 光)成 45°角的方向。

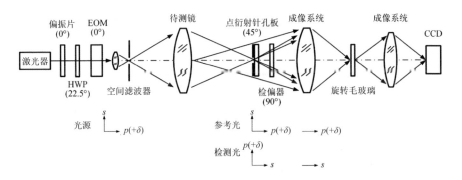

图 2-6 偏振相移点衍射干涉仪原理示意图[9]

系统中，应保证针孔与待测镜形成的焦点光斑的中心一致。入射于针孔的一部分光不经过薄膜 $\lambda/2$ 波片，而是经针孔衍射后形成球面参考波前并保持入射光束的椭圆偏振态。其余部分的光线经 $\lambda/2$ 波片透射和衰减后，其 s 光和 p 光的偏振方向均旋转 90°，两者仍保持正交但方向发生了翻转。这一部分波前保留了入射波前的波像差，因此可作为检测波。一透光轴位于水平方向的检偏器放置在双折射偏振点衍射针孔板后，它将检测光束和参考光束的正交分量中的水平分量分离出来，形成两个线偏振干涉波前，即参考波和检测波。改变施加到电光调制器 EOM 上的电压可以改变检测波和参考波之间的相位差，从而产生相移。检测波和参考波通过成像系统成像，在旋转毛玻璃板的表面形成干涉条纹。旋转毛玻璃板降低了系统的相干性，从而减少相机中由 CCD 芯片前的保护玻璃产生的杂散条纹。最终成像系统将毛玻璃板上形成的干涉图样成像于 CCD 上进行采集。

2.3.3 传统相移光纤点衍射干涉仪

1. 系统布局及原理

利用光纤点衍射干涉仪实现高精度球面检测的方案，最早是由美国劳伦斯–利物摩尔国家实验室(Lawrence Livermore National Laboratory)的索马格伦(Sommargren)于 1996 年提出和实现的[10]，进而于 2002 年研制出工作波长为 532 nm 的实验装置，并开始用于极紫外光学元件的高精度检测中[18]。光纤型移相点衍射干涉仪已成功用于极紫外光刻、激光核聚变装置中球面和非球面镜面形以及极紫外光刻投影物镜的测量，且其检测的不确定度已经达到 89 pm[19]。这种光纤点衍射干涉仪利用单模光纤(纤芯直径为 4~5 μm)得到理想的点衍射球面波前，其系统原理如图 2-7 所示。

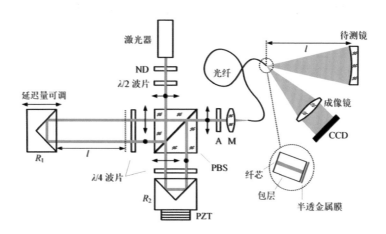

图 2-7 相移光纤点衍射干涉仪测量球面镜原理示意图

从具有短相干长度的激光器(相干长度约为 2 mm)出射的线偏振光经可调中性密度滤光片 ND 调整光强后，再经过 λ/2 波片对其偏振方向进行调整。调整后的光束入射到偏振分光棱镜(polarization beam splitter，PBS)，并被分解成偏振方向相互垂直的两束线偏振光，其中透射的 p 线偏振光作为检测光，而被反射的 s 线偏振光作为参考光。两束线偏光分别被后向反射镜(如角锥棱镜等)R_1、R_2 再次反射到偏振分束镜前都两次通过了 λ/4 波片，这使其偏振方向各自改变了 90°。检测路光束将变为 s 偏振光并被偏振分光棱镜 PBS 反射，而参考光路光束将变为 p 偏振光并透射偏振分光棱镜 PBS。从偏振分束镜出射的两束正交偏振光通过偏振片 A 后由显微物镜 M 耦合入同一根单模光纤中，光纤的另一端面(衍射端面)位于待测球面的球心处。检测光束经待测球面反射后，又原路返回会聚于光纤端面。由于光纤的出射端面镀有半透半反膜，携带待测球面信息的检测波前会在光纤端面再次反射，并与直接从光纤端面衍射的延迟的参考波前干涉。为了使参考光获得精确的延迟量，参考路的后向反射镜 R_1 被安装于可调延迟线上，移动 R_1 使参考光束的延迟量等于被测球面到光纤出射端面的往返光程。检测路的后向反射镜 R_2 连接在 PZT 上，通过 PZT 对 R_2 进行微位移移相，即可实现多步移相检测。移相干涉条纹经成像镜成像后被 CCD 接收，通过计算机对干涉图进行分析处理就可以得到待测球面的面形误差。

由图 2-7 所示的光路布局可以看出，最终进入 CCD 的光束包含四路，分别为待测镜反射的检测光束、待测镜反射的参考光束、直接到达 CCD 的检测光束和直接到达 CCD 的参考光束，其相干性如图 2-8 所示。因为光源有低的时间相干性，因此最终发生干涉的只有待测镜反射的检测光束和光纤衍射后直接到达 CCD 的延迟参考光束，而待测镜反射的参考光束与直接到达 CCD 的检测光束不干涉，仅增加一个恒定的光强信号[20]。

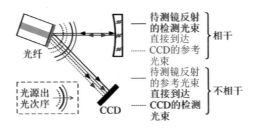

图 2-8 光纤点衍射干涉仪的相干原理[20]

由于光纤的纤芯直径在波长量级，相当于一个空间滤波器，因此耦合进入光纤的波前质量并不是非常重要，光束进入光纤前所经过的一系列光学元件的面形误差等并不会影响光纤端面衍射的波前质量。光纤的引入还减少了空气扰动对光路的影响，提高了信噪比。在光纤后的光路部分，除了要求光纤的端面必须具有可与期望测量精度相比拟的平面度(在纤芯周围很小的区域内)之外，检测波前和参考波前发生干涉前不应遇到其他可能会影响波前精度的光学元件。

由于检测光束需要经过待测镜和光纤端面的两次反射，其在与光纤衍射直接获得的参考光束发生干涉时不可避免地出现了一定的衰减。为获得最佳的干涉条纹对比度，要求参考光束和检测光束的光强近似相等。由于光路采用偏振光，因此可以通过调整 λ/2 波片和偏振片 A 来达到两路光强的匹配。干涉图的总体亮度可用可调中性密度滤光片 ND 进行调整。

除了测量高精度球面镜，该系统也适用于高精度非球面镜的测量，如极紫外光刻系统中的离轴非球面反射镜[19]。同时，对该系统进行简单调整即可用于测量光学系统波像差，如图 2-9 所示，通过使用两根光纤即可实现光学系统波像差的高精度测量。与检测元件面形不同，参考光束和检测光束被耦合进入分离的等长度单模光纤中。两根光纤的端面布局于待测光学系统的两个共轭面上。参考光束的延迟量应与两光纤端面之间的光程相等。从第一根光纤端面衍射的检测光束经待测光学系统会聚于第二根光纤的端面，被光纤端面反射后与第二根光纤衍射的延迟参考波前发生干涉，得到的干涉图成像于 CCD 上。

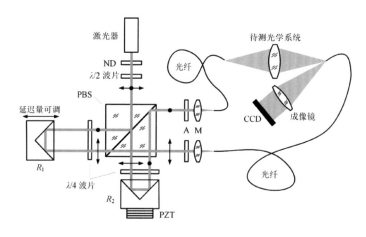

图 2-9 相移光纤点衍射干涉仪用于测量光学系统波像差的原理示意图

由光纤产生的衍射球面波的质量主要取决于光纤纤芯直径，芯径的大小决定了衍射光的数值孔径以及与理想球面波的偏离。通常芯径越小，衍射光的数值孔径越大，可检测的待测元件的数值孔径也就越大。因光纤芯径的限制，用此方案对大数值孔径光学元件进行测量尚有困难。

2. 结合针孔技术改进点衍射源

传统的相移光纤点衍射干涉仪在 0.1 的数值孔径下显示出了 RMS 值 0.1 nm 的波前检测精度和 RMS 值 0.5 nm 的准确度。由于受到光纤纤芯尺寸的限制以及光纤端面加工制作难度高等原因，使用光纤端面作为点衍射源的传统光纤点衍射干涉检测技术难以实现大数值孔径检测范围的突破。因此，美国劳伦斯–利物摩尔国家实验室和日本佳能公司(Canon Inc.)合作发明了一种新型的点衍射源(wavefront reference source，WRS)。这种将光纤技术和针孔衍射技术结合起来的新型点衍射源产生的球面衍射波前在 0.3 的数值孔径范围内与理想球面的偏差的 RMS 值小于 0.2 nm，且其标定的重复性优于 RMS 值 0.05 nm[21-22]。图 2-10 为这种新型点衍射源的结构示意图。固定于 XY 位移平台的光纤的衍射光经准直透镜准直后，由固定在转轮上的偏振片调整至所需偏振态。偏振光束经成像镜会聚于针孔反射镜的针孔上，经针孔衍射得到理想球面参考波前。

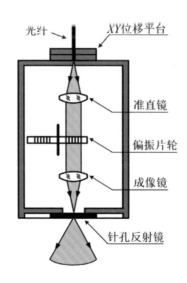

图 2-10 新型点衍射源的结构示意图[21-22]

建立这套方案的主要目的是实现对极紫外光刻元件及系统的高精度检测，图 2-11 给出了一个典型应用。将一个点衍射源 WRS 放在极紫外光刻投影光学系统的一个场点上，其发出的衍射波作为检测光穿过待测光学系统。位于其共轭像点处的第二个点衍射源 WRS 起到两个作用：一是由针孔衍射提供参考波；二是使检测波在其针孔附近的反射镜面上反射。两束波干涉产生的干涉图由 CCD 采集。决定该系统能否满足极紫外光刻系统的高精度检测需求的关键在于点衍射源 WRS 的出射波前的质量和稳定性，而该出射波前的质量主要是由其中的针孔反射镜决定的。其中，针孔的尺寸及加工质量(边界圆度偏差)决定了衍射光束的球面度和数值孔径，而提供参考光的针孔附近的反射面的平面度则决定了反射检测波的精确度[21-22]。除了系统硬件方面的改进，该课题组还提出了一系列标定方法对点衍射源 WRS 的衍射波前进行标定[21-22]。

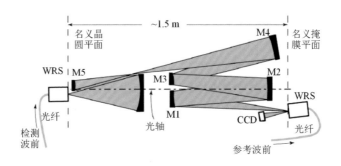

图2-11 新型点衍射源在检测极紫外光刻系统中的典型应用[21-22]

除了检测极紫外光刻系统，这项技术在其他超高精度光学系统的检测中也有广泛的适用性，例如实验室应用或天文仪器中的 X 射线成像光学系统，以及大口径可见光波段的望远镜系统。

2.3.4 斜面光纤点衍射干涉仪

为了进一步提高传统光纤点衍射干涉仪的检测数值孔径范围，韩国先进科学技术研究院(Korea Advanced Institute of Science and Technology，KAIST)的 Kihm 和 Kim[23-25]提出了一种斜面光纤点衍射源。这种斜面光纤点衍射源的光纤端面法线与光轴成一定的夹角。和传统的具有水平端面的光纤一样，斜面光纤的端面也能形成高质量的点衍射球面波前，但其衍射波的传播方向将不再与其端面法线方向一致，而是成一定的夹角。图 2-12 所示为其结构及衍射光传播角示意图。切割单模光纤，使其端面法线与光纤光轴成 θ_i 的夹角，其衍射波的传播方向与其端面法线的夹角为 θ_o。在使用弱导光纤(纤芯折射率与包层折射率差异很小)的前提下，可以简单假设衍射波的传播方向遵循斯涅尔定律，即有 $n\sin\theta_i = \sin\theta_o$。对于波长为 633 nm 的氦氖(He-Ne)激光器，光纤的折射率 n 为 1.47，则当光纤端面的切割角 θ_i 为 28.8°时，其衍射波的传播角 θ_o 为 45°。这个特定的倾斜切割角使得光纤的原始衍射光波的返回光可以在光纤端面以直角反射，从而使光纤端面的衍射波和反射波相垂直。为了使光纤端面成为一个高反射率的表面，需要将斜面光纤嵌入陶瓷(或玻璃)套管中，并对其表面进行抛光和镀膜。

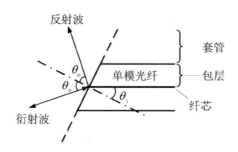

图 2-12 斜面光纤点衍射源示意图

使用这种斜面光纤点衍射源不仅可以提高光纤点衍射干涉检测系统的可测数值孔径，同时也能有效分离检测光路与成像光路，以便系统布局。如图 2-13(a)所示，在图 2-9 中描述的传统相移光纤点衍射干涉仪中，从一根单模光纤中发射的球面波需要分为参考波和检测波两部分。由于单模光纤的数值孔径很小，并且只有约一半的球面衍射波可以作为检测波，因此这种系统无法对大数值孔径(小 F 数)的光学系统进行检测。另外，参考波与检测波的传播方向十分接近，仅成一个锐角，这给成像系统和 CCD 的布局带来了一定的困难。如图 2-13(b)所示，改用衍射波与反射波成直角的斜面光纤作为点衍射源则可以避免参考波与检测波发生不必要的重叠，使单模光纤的衍射波在全数值孔径范围内均可作为检测波，从而使其可测光学系统的数值孔径增大一倍(F 数减小一半)，同时也可以使系统的布局容易很多。这种改进中起关键作用的是提供参考波的斜面光纤点衍射源，而提供球面检测波的一个点衍射源则可以仅使用普通的水平端面光纤。

图 2-14 为应用斜面光纤点衍射源构建的用于检测球面镜面形的干涉仪示意图[23-24]。以 He-Ne 激光器为光源，光源光束经分束器 BS1 分为两束

后分别由透镜耦合进入其相应的单模光纤中。两根单模光纤的入射端面都是平切的，但在出射端则不同，其中光纤 F1 是正常切割的，光纤 F2 是倾斜切割的。光纤 F2 的球面衍射波作为检测波入射于待测镜表面，将光纤 F2 的倾斜端面放置在待测镜的焦点处，使检测光经待测镜反射后又会聚于光纤 F2 的斜端面上，并被经过抛光的光纤端面反射。检测波和由光纤 F1 端面衍射得到的参考波分别经立方分束器 BS2 透射和反射后干涉，产生的干涉图经中继镜、空间滤波器及成像系统后由 CCD 采集。

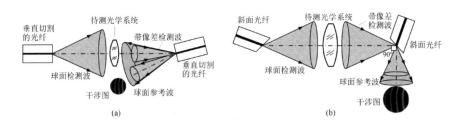

图 2-13 (a)传统的相移光纤点衍射干涉仪；(b)将光纤端面改进为倾斜面的优势[25]

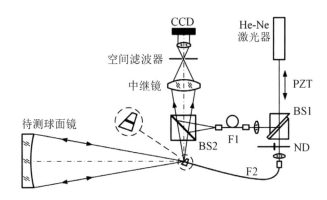

图 2-14 斜面光纤点衍射干涉仪球面面形检测原理示意图[23-24]

系统的移相模块是由 PZT 和分束器 BS1 组成的。分束器 BS1 由中间夹有一玻璃平板的两个棱镜组成，其中玻璃平板的主要作用在于保护下层棱镜斜面上起分束作用的电介质膜层。用 PZT 控制上层棱镜(折射率为 n)沿位置固定的下层棱镜的保护玻璃平板表面滑动，当 PZT 有 Δ 的长度变化时，参考光与检测光间的光程差将变化 $\Delta \cdot (n-1)$。另外，通过旋转检测路中的可调中性滤光片 ND 即可对干涉条纹的对比度进行调整。

对该系统进行一定调整即可适用于平面镜及非球面镜的面形检测。与传统相移光纤点衍射干涉仪相比，斜面光纤点衍射干涉仪可测元件的数值孔径更大，且系统简单，使用的光学元件较少，特别适用于抛光过程中的被加工件的面形在线检测。

2.3.5　双光纤点衍射干涉仪

日本大阪大学的 Matsuura 等[26-27]基于光纤点衍射干涉仪的基本原理，对传统的相移光纤点衍射干涉仪进行了各种改进，并提出了双光纤点衍射干涉球面面形检测方法。其基本思想是将一根单模光纤的点衍射波前作为参考波前，而另一根单模光纤的点衍射波前经待测球面反射后作为检测波前。

图 2-15(a)所示为用于球面(凹面)反射镜测量的双光纤移相点衍射干涉仪的光路布局示意图[26-27]。为了减少机械震动的影响，系统所有的光学元件都应固定在隔振平台上。同时，除激光器以外的光学器件都被放置于一个可调温房间里的隔热箱中，以抑制气流的影响。系统使用光源为波长 632.8 nm 的线偏振 He-Ne 激光器。为了获得稳定的激光输出功率，使用光学隔离器对该偏振光进行耦合并利用中性密度滤光片 ND 进行适当的衰减。经 $\lambda/2$ 波片 HWP1 调整偏振方向后的光束被偏振分光棱镜 PBS 分为两束，其中被 PBS 反射的 s 光在经过一个 $\lambda/2$ 波片 HWP2 后，被物镜 L1 耦合进入单模光纤 F1(纤芯尺寸为 4 μm)。在该光纤另一端面处产生的点衍射球面波将作为参考波。而经 PBS 透射的 p 光通过一个 $\lambda/4$ 波片 QWP 后，被固定在 PZT 上的铝制反射镜 M2 反射，再次通过 $\lambda/4$ 波片 QWP 后变成 s 光。该光束由物镜 L2 耦合进入单模光纤 F2 后产生的点衍射球面波将作为检测波入射于待测镜表面，经待测镜反射后与参考光束一同传播至 CCD 传感器表面产生干涉图。需要注意的是，为了不阻挡光路，光纤 F2 的衍射端需布局于与待测镜曲率中心略有偏移的位置。利用 PZT 移动反射镜 M2 来改变两路光束进入光纤之前的相对光程差即可实现移相检测，而通过旋转 $\lambda/2$ 波片 HWP2 改变进入光纤 F1 的光束的偏振态，则可对干涉图的对比度进行调整。

图 2-15(b)为系统采集的一幅典型干涉图。为了获得真实的待测镜面形分布图，在 CCD 采集到干涉图后，还需要辅以一系列处理过程来抑制随机误差和系统误差。首先通过对干涉图的连续多次采集并取平均的方法减

少 CCD 中随机噪声的影响，利用七步移相算法从干涉图中提取出初步相位分布图。为了减少机械震动和气流对检测结果的影响，将多幅初始相位分布图进行均值化处理，得到一个原始相位分布。这个原始相位分布图表示了 CCD 上检测波前与参考波前的偏差程度。利用一种迭代算法从原始相位分布中计算出光纤纤芯和 CCD 的位置(如果要取得 RMS 值为 0.1 nm 的测量精度，则它们的位置计算偏差必须小于 5 μm)。最后利用测得的数据对待测表面面形进行重构。

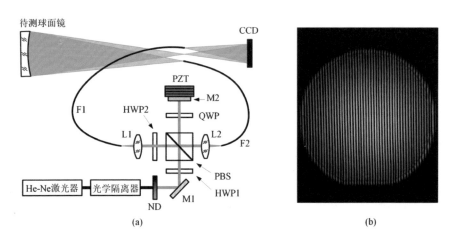

图 2-15 双光纤点衍射干涉仪球面镜面形检测。(a)系统原理图；(b)典型干涉图

利用该系统对200 mm口径、1500 mm曲率半径的凹球面镜面形进行检测，可以实现RMS值0.15 nm(= $\lambda/4000$)的面形检测精度。该系统同样可以对非球面镜面形进行检测，并且可以获得和球面镜一样的检测精度。以抛物面镜为例。由于抛物面镜无法像球面镜那样对光纤端面的出射光进行会聚，因此需要对图2-15(a)所示的光路进行一定的调整。图2-16(a)为利用该系统检测离轴抛物面镜的原理图。将光纤F2的衍射端面定位于待测离轴抛物面镜的焦点处，从而使光纤F2衍射得到的球面检测波前经待测镜反射后转化为平面波。将光纤F1的衍射端面定位在距离CCD较远的位置，其衍射波前在传播了一段相对较远的距离后可以转化为近似的平面波，并与检测波干涉，在CCD表面形成条纹密度适当的干涉图。图 2-16 (b)所示为该系统采集到的一幅典型干涉图。

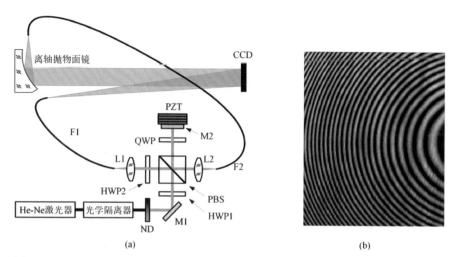

图 2-16 双光纤点衍射干涉仪离轴抛物面镜面形检测。(a)系统原理图；(b)典型干涉图

这种双光纤点衍射干涉检测方法充分利用了光纤的数值孔径，从而能够进一步提高可测球面或非球面反射镜的数值孔径。由于两光纤可同时分别耦合传输不同性质的光束，因而易于实现干涉条纹对比度的调节。尽管科研人员已经开展了众多关于改进光纤点衍射源的研究，但由于受光纤纤芯尺寸的限制以及光纤端面加工制作难度高等原因，与针孔点衍射技术相比，光纤点衍射球面干涉检测法一般难以实现对大数值孔径光学元件面形的高精度检测。

2.4 针孔点衍射干涉面形检测系统

针孔点衍射干涉检测法的优点是结构简单，移相精度高，容易获得微米量级、亚微米量级(甚至更小)尺寸的衍射针孔，进而可以实现大数值孔径待测球面的高精度面形检测。随着电子束曝光、聚焦离子束刻蚀(focused ion-beam etching，FIBE)等微细加工技术的不断发展，目前已能加工尺寸达亚微米量级(甚至更小)的理想圆形针孔，并在点衍射干涉中得到了很好的应用[16]。用于实现高精度球面检测的针孔点衍射干涉仪最早是由日本Nikon 公司的 Otaki 等[28]于 1999 年所设计,随后该公司和超尖端电子技术开发机构(Association of Super-Advanced Electronics Technologies，ASET)

等单位和组织对该针孔点衍射干涉仪的相关理论和装置等进行了深入研究，并于 2002 年开始投入到极紫外光刻机元件的高精度检测，对 NA=0.15 的球面实现了 RMS 值 0.16 nm ($=\lambda/4000$)的面形检测精度[29]。图 2-17 所示为 ASET 设计的针孔点衍射干涉仪的原理示意图。针孔点衍射干涉仪利用加工在镀有金属反射膜层的点衍射掩膜板上的、直径为微米甚至亚微米量级的圆形针孔得到理想点衍射球面波前，并利用点衍射掩膜板上的金属反射面来反射经待测球面反射回的检测波，进而与针孔衍射得到的参考波会合，再经成像系统成像于 CCD 上而得到干涉条纹。旋转散射器可以消除检测结果中的散斑噪声。图 2-18 所示为 ASET 所搭建的针孔点衍射干涉仪的结构示意图及装置实物图。由于该系统是非共路结构，因此空气扰动对其再现性会有明显影响。为了尽可能消除这一影响，可在仪器的非共路部分设置风箱，并在风箱中泵入氦气(He)。由于氦气的折射率 n_{He} 为 1.000035，而空气折射率 n_{Air} 为 1.000292，则有 $(n_{\text{Air}}-1)/(n_{\text{He}}-1)=8.3$。因此，空气引入的扰动约为氦气的 8 倍。

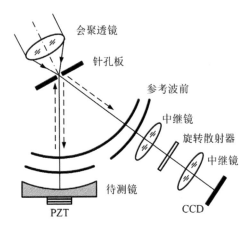

图 2-17 针孔点衍射干涉仪原理示意图[30]

从 20 世纪 90 年代开始，国外相关科研机构和企业就已经对点衍射干涉检测技术开展了广泛的研究。随着我国工业技术的发展和对高科技领域投入的提高，面形检测技术在精密光学加工等方面的重要性日益凸显，对其的重视度也大大提高。2001 年起，国内如中科院长春光机所、中科院成都光电所、浙江大学、北京理工大学等科研院校相继开展了点衍射干涉仪技术在高精度面形检测中的应用研究工作[33]，并已实现了 RMS $\lambda/500$ 值的检测精度[38]。下面将重点对浙江大学光电学院现代光学仪器国家重点实验室搭建的高精度点衍射球面干涉检测系统及其相关技术进行介绍。

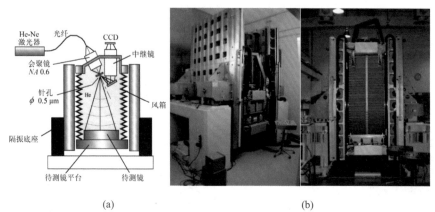

图 2-18 ASET 搭建的针孔点衍射干涉仪。(a)结构示意图；(b)装置实物图

2.4.1 高精度点衍射球面干涉检测系统布局

1. 光路布局

图2-19所示为浙江大学光电学院现代光学仪器国家重点实验室搭建的高精度点衍射球面干涉检测系统的光路布局[39]。来自偏振稳频激光器的线偏振光束经可调衰减器调节，得到所需的光束能量。细光束经 1/2 波片 HWP 和 1/4 波片 QWP1 组合(简称 HWP-QWP1)调节，可以得到不同光束偏振态，并经准直扩束器扩束后由显微物镜会聚到衍射掩膜板的衍射针孔上。入射光经针孔衍射可得到理想球面点衍射球面波，并且通过波片元件组合 HWP-QWP1 可将其调节为不同的偏振态。

针孔点衍射波前可分为两部分：一部分波前 W_1 作为参考波前，另一部分波前 W_2 作为检测波前，经待测球面反射后含有待测面形信息。衍射针孔位于待测球面的球心位置处，反射回的检测光 W_2' 会聚于衍射掩膜板的针孔反射镜上，再经其反射后得到检测光 W_2''，并与参考光 W_1 会合。检测光 W_2'' 和参考光 W_1 经过准直透镜准直后变为平面波，二者经过成像系统后可在 CCD 探测器上得到干涉条纹。通过精密 PZT 移相器对待测球面进行微位移移相，即可实现待测球面面形的高精度移相检测。无需加入图 2-19 中虚线所示的三个元件即可构成完整的高精度点衍射球面干涉检测系统，加入虚线所示的三个元件后则可实现干涉条纹对比的可调。这一对比度可调系统将在 2.4.2 小节中进行详细介绍。

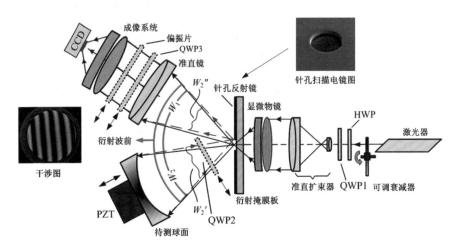

图 2-19 高精度点衍射球面面形干涉检测系统原理图(加入虚线标识的元件后可构成对比度可调系统)

2. 光源要求

在点衍射干涉检测系统中，由于衍射针孔的尺寸通常仅为微米量级，甚至仅有亚微米量级，得到的点衍射光强相对于入射光的光强通过率非常小。如果采用普通的小功率激光器则会使得衍射光强非常弱，这不仅会导致实际检测过程中的光学元件调整困难，甚至会导致 CCD 探测器无法感应干涉光信号。因此，衍射针孔的微小尺寸要求点衍射干涉检测中激光器光源具有较高的输出功率，进而可以得到强度较为理想的点衍射光斑。在点衍射球面干涉检测系统中，考虑到检测实验过程中通常存在来自显微物镜的会聚光斑长时间照射衍射针孔的情况，而过高的输入光强可能会导致衍射针孔被"烧毁"。出于对实验过程中衍射针孔保护的需要，要求激光器输出光束强度不能过高。为了获得较为合适的衍射针孔输入光强度，图 2-19 中的高精度点衍射球面干涉检测系统中所采用激光器的输出功率可达上百毫瓦。针对实验过程中可能采用不同尺寸衍射针孔的情况，在激光器的出光口前放置了一个可调衰减器。旋转该衰减器，可方便地调整激光束强度衰减值，进而可根据检测实验的实际情况得到合适的光束强度。

从图 2-19 中的光路布局可知，点衍射球面干涉检测系统属于非完全共路系统，使得参考光和检测光之间存在着较大的光程差，该光程差与待测球面的曲率半径有关。为了实现对不同曲率半径待测球面的干涉检测，要求激光器具有较长的相干长度。为此，检测系统中所采用的是单纵模稳频激光器($\lambda = 532\ nm$)，其相干长度可达数米，甚至上千米，进而可满足不同长度曲率半径球面镜的检测需求。

3. 针孔设计与制造

点衍射掩膜板作为点衍射球面干涉检测系统中至关重要的一个器件，利用其所得到的衍射参考波前直接决定了系统所能达到的检测精度。点衍射掩膜板的主要结构应包括衍射针孔、反射镜以及用于承载整个结构的玻璃基底三部分。

玻璃基底是整个点衍射掩膜板结构的承载体。为了最大程度降低衍射掩膜板的玻璃基底给针孔入射波前引入的像差，需最大程度上减小其厚度，可选择石英玻璃作为其材料。石英玻璃具有硬度大、耐高温、膨胀系数低以及化学稳定性良好等诸多优点，易于加工成较薄的玻璃基底。检测系统中衍射掩膜板玻璃基底采用石英玻璃平行平板，并且取其厚度约为0.5 mm。

针孔反射镜的主要作用包括两部分：一是作为衍射针孔的边界材料，吸收衍射针孔边界之外的入射光能量；二是用于反射检测光，使其与参考光会合。针孔反射镜可通过在石英玻璃基底上镀金属反射介质膜层而得到，需考虑的重要设计指标主要包含金属膜层材料、厚度以及表面粗糙度。通过比较不同金属材料对光波的复折射率及其对光波的吸收系数，选用 Cr 作为金属反射膜层的镀膜材料，并取其厚度约为 380 nm。在厚度方面，若金属反射介质膜层过薄，会导致衍射针孔入射波有部分会透过针孔反射镜，并与针孔点衍射球面波混合叠加，进而影响参考波的质量；若金属反射介质膜层过厚，则会影响衍射针孔的加工质量，进而导致增大其圆度误差等，因而必须合理选择金属介质膜层的厚度。由于经待测球面反射回的检测光需会聚到针孔反射镜上，并经其反射后与参考光会合成共光路，因而针孔反射镜的表面粗糙度(尤其是衍射针孔附近区域)会给检测光引入一定像差,进而影响最后的面形检测结果。针孔反射镜表面粗糙度的控制主要是通过镀膜加工工艺实现的,因而必须严格控制点衍射掩膜板加工过程中的镀膜工艺。

衍射针孔的主要作用是利用针孔点衍射原理得到理想的球面参考波前,其最重要的加工设计参数是针孔尺寸和圆度误差。目前利用聚焦离子束(Focused Ion Beam,FIB)工艺已能加工尺寸为亚微米量级(甚至更小)的理想圆形针孔,并在点衍射干涉中得到了很好的应用。

2.4.2　对比度可调的点衍射球面面形检测系统

由于如图2-19所示的点衍射球面面形检测系统的检测光是由针孔衍射光在待测镜表面上反射后形成的,因此检测光的光强与待测镜表面的反射率有关。当待测镜表面反射率较高时,检测光和参考光光强接近,因此可以得到对比度比较理想的干涉条纹。然而当待测镜表面反射率较低时,检测光光强会远低于参考光,因此难以得到对比度理想的干涉条纹,进而增大由于 CCD 量化误差所引入的波面误差,最终对系统的检测精度造成影响。为了保证系统对低反射率待测镜的检测精度,可以在原有的点衍射球面面形检测系统中引入偏振元件,应用偏振技术对参考光束和检测光束的光强进行调整,继而实现对系统干涉条纹对比度的调整。

1. 光路布局及原理

对比度可调的高精度点衍射球面面形检测系统的光路布局如图2-19所示。系统通过 1/4 波片和检偏器等偏振元件实现了检测路和参考路光强的调整,以及系统的干涉图对比度可调。入射针孔的光束偏振态经半波片 HWP 和 1/4 波片 QWP1 调整为圆偏光。在检测路加入特殊设计的真零级 1/4 波片 QWP2,在成像镜前加入 1/4 波片 QWP3 和偏振片,通过对 1/4 波片的合理布局和偏振片的旋转,即可实现对干涉图对比度的调整。

使用琼斯矩阵对图2-19所示的点衍射干涉系统中光束的传播以及偏振态的变化进行描述。光束在入射针孔板前,其偏振态经半波片 HWP 和 1/4 波片 QWP1 调整为右旋圆偏光,则检测路入射波前 W_2 和标准参考波 W_1 的初始复振幅琼斯矩阵 $\boldsymbol{E}_{\mathrm{T}}$ 和 $\boldsymbol{E}_{\mathrm{R}}$ 为:

$$\boldsymbol{E}_{\mathrm{T}} = \boldsymbol{E}_{\mathrm{R}} = \frac{1}{\sqrt{2}}\begin{bmatrix} 1 \\ -\mathrm{i} \end{bmatrix} \tag{2-1}$$

其中, W_2 在经待测球面镜反射前后, 两次通过轴方向与 x 轴夹角为-45°的真零级 1/4 波片后, 光束的复振幅琼斯矩阵 $\boldsymbol{E}_{\mathrm{T}}'$ 可以表示为:

$$
\begin{aligned}
\boldsymbol{E}_{\mathrm{T}}' &= \boldsymbol{E}_{\mathrm{pin}} \cdot \boldsymbol{E}_{Q2}^{(2)} \cdot \boldsymbol{E}_{\mathrm{ps}} \cdot \boldsymbol{E}_{\varDelta} \cdot \boldsymbol{E}_{Q2}^{(1)} \cdot \boldsymbol{E}_{\mathrm{T}} \\
&= \underbrace{\begin{bmatrix} -1 & 0 \\ 0 & 1 \end{bmatrix}}_{\boldsymbol{E}_{\mathrm{pin}}} \cdot \underbrace{\frac{1}{\sqrt{2}}\begin{bmatrix} 1 & \mathrm{i} \\ \mathrm{i} & 1 \end{bmatrix}}_{\boldsymbol{E}_{Q2}^{(2)}} \cdot \underbrace{\begin{bmatrix} \mathrm{e}^{\mathrm{i}\omega} & 0 \\ 0 & \mathrm{e}^{\mathrm{i}\omega} \end{bmatrix}}_{\boldsymbol{E}_{\mathrm{ps}}} \cdot \underbrace{\begin{bmatrix} -r\mathrm{e}^{\mathrm{i}\varDelta} & 0 \\ 0 & r\mathrm{e}^{\mathrm{i}\varDelta} \end{bmatrix}}_{\boldsymbol{E}_{\varDelta}} \cdot \underbrace{\frac{1}{\sqrt{2}}\begin{bmatrix} 1 & \mathrm{i} \\ \mathrm{i} & 1 \end{bmatrix}}_{\boldsymbol{E}_{Q2}^{(1)}} \cdot \underbrace{\frac{1}{\sqrt{2}}\begin{bmatrix} 1 \\ -\mathrm{i} \end{bmatrix}}_{\boldsymbol{E}_{\mathrm{T}}} \\
&= \frac{-r\mathrm{e}^{\mathrm{i}(\omega+\varDelta)}}{\sqrt{2}}\begin{bmatrix} 1 \\ \mathrm{i} \end{bmatrix}
\end{aligned}
\tag{2-2}
$$

式中, $\boldsymbol{E}_{Q2}^{(1)}$ 和 $\boldsymbol{E}_{Q2}^{(2)}$ 分别代表 W_2 两次通过真零级 1/4 波片时波片的琼斯矩阵; $\boldsymbol{E}_{\varDelta}$ 为待测球面镜面形误差对应的琼斯矩阵, 其中 $\varDelta$ 为待测镜面形误差, r 为待测镜反射率; $\boldsymbol{E}_{\mathrm{ps}}$ 为移相方法中压电陶瓷微位移器引入的相移量对应的琼斯矩阵; $\boldsymbol{E}_{\mathrm{pin}}$ 为针孔板高反射膜层的琼斯矩阵。

检测波 W_2'' 和参考波 W_1 在成像光路会合后, 先后经过 1/4 波片(波片快轴方向与 x 轴夹角为 −45°)和检偏器(透光轴与 x 轴夹角为 ψ), 可以得到在 CCD 像面上产生干涉的检测波和参考波的复振幅琼斯矩阵 $\boldsymbol{E}_{\mathrm{T}}''$ 和 $\boldsymbol{E}_{\mathrm{R}}'$ 分别为:

$$
\begin{cases}
\boldsymbol{E}_{\mathrm{T}}'' = \boldsymbol{E}_{\mathrm{A}} \cdot \boldsymbol{E}_{Q3} \cdot \boldsymbol{E}_{\mathrm{T}}' = \begin{bmatrix} \cos^2\psi & \sin\psi\cos\psi \\ \sin\psi\cos\psi & \sin^2\psi \end{bmatrix} \cdot \frac{1}{\sqrt{2}}\begin{bmatrix} 1 & \mathrm{i} \\ \mathrm{i} & 1 \end{bmatrix} \cdot \frac{-r\mathrm{e}^{\mathrm{i}(\omega+\varDelta)}}{\sqrt{2}}\begin{bmatrix} 1 \\ \mathrm{i} \end{bmatrix} \\
\boldsymbol{E}_{\mathrm{R}}' = \boldsymbol{E}_{\mathrm{A}} \cdot \boldsymbol{E}_{Q3} \cdot \boldsymbol{E}_{\mathrm{R}} = \begin{bmatrix} \cos^2\psi & \sin\psi\cos\psi \\ \sin\psi\cos\psi & \sin^2\psi \end{bmatrix} \cdot \frac{1}{\sqrt{2}}\begin{bmatrix} 1 & \mathrm{i} \\ \mathrm{i} & 1 \end{bmatrix} \cdot \frac{1}{\sqrt{2}}\begin{bmatrix} 1 \\ -\mathrm{i} \end{bmatrix}
\end{cases}
\tag{2-3}
$$

式中，E_A 为检偏器对应的琼斯矩阵，E_{Q3} 为 1/4 波片 QWP3 对应的琼斯矩阵。由式(2-3)可知，通过旋转检偏器可以对检测光束和参考光束的相对光强进行调整，从而实现对干涉条纹对比度的调整。

2. 波片在发散光束中引入的误差分析[41]

真零级 1/4 波片的偏振膜层一般很薄，因此通常需要附着在玻璃基底上。普通真零级波片采用的一般是平板玻璃基底，但在应用于发散球面波的场合时，平板玻璃基底会引入较大的波前畸变量，进而会引入较大的系统误差，难以满足高精度检测的需要。针对系统中真零级 1/4 波片应用于发散球面波前的情况，将其玻璃基底设计成平凸玻璃基底形式，并对波片基底参数进行优化，可有效降低波片玻璃基底引入的系统误差。

另外，对于不同方向的入射光，真零级 1/4 波片的偏振膜层所引入的相位延迟量也不同，因此会在检测波前中引入一定的偏振像差。用于三维偏振像差分析的模型如图 2-20 所示，以光线在波片上表面的入射点为坐标系原点 O，令波片光轴为 z 轴，波片法线方向为 y 轴。波片厚度为 d_p，入射光线 S_i 的入射角为 θ_i，入射面 I 相对于波片主截面 M 的方位角为 φ，波片中 o 光与 e 光的波法线的折射角分别为 θ_o 和 θ_e，出射 o 光波法线(同时也是 o 光光线方向)与波片下表面交点为 A，e 光波法线和 e 光光线方向与波片下表面的交点分别为 B' 和 B。过 A 点作 e 光光线的垂线，垂足为 C。波片对 o 光和 e 光引入的相对相位延迟量取决于两者波法线的程差，因此可得 1/4 波片的偏振膜层对于入射光 S_i 所引入的相位延迟量 $\delta(\theta,\varphi)$ 为：

$$
\begin{aligned}
\delta(\theta,\varphi) &= \frac{2\pi}{\lambda}\left| \overline{B'O} \cdot n''_e(\theta,\varphi) + \overline{BC} - \overline{AO} \cdot n_o \right| \\
&= \frac{2\pi d}{\lambda}\left[\frac{n''_e(\theta,\varphi)}{\cos\theta_e} - \frac{n_o}{\cos\theta_o} + \sin\theta\sin^2\varphi\left(\tan\theta_o - \tan\theta_e\right) \right. \\
&\quad \left. + \sin\theta\cos^2\varphi\left(\tan\theta_o - \frac{n_e^2}{n_o^2}\tan\theta_e\right) \right]
\end{aligned}
\tag{2-4}
$$

其中，$n''_e(\theta,\varphi)$ 与入射光的入射角 θ 以及方位角 φ 有关。

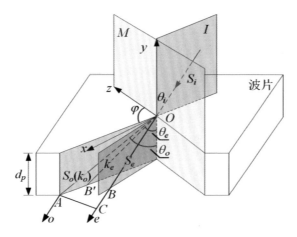

图 2-20　用于偏振像差分析的三维模型

根据折射定律，入射角 θ 与波片中 o 光与 e 光的波法线的折射角 θ_o 和 θ_e 有如下关系：

$$\sin\theta = n'_o \sin\theta_o = n''_e \sin\theta_e \tag{2-5}$$

式中，n'_o 和 n''_e 分别为晶体中 o 光和 e 光的折射率。采用石英晶体(单轴晶体)制作波片，其相应的菲涅尔波法线方程为：

$$\frac{K_x^2}{\dfrac{1}{n_o^2}-\dfrac{1}{n^2}} + \frac{K_y^2}{\dfrac{1}{n_o^2}-\dfrac{1}{n^2}} + \frac{K_z^2}{\dfrac{1}{n_e^2}-\dfrac{1}{n^2}} = 0 \tag{2-6}$$

式中，n_o 和 n_e 分别为单轴晶体的 o 光主折射率和 e 光主折射率，n 为给定波法线方向 $\boldsymbol{K}(K_x, K_y, K_z)$ 时，光波在该方向上的折射率。根据式(2-5)和(2-6)可求得波片中的 o 光和 e 光对应折射角 θ_o 和 θ_e 及 e 光的折射率 $n''_e(\theta, \varphi)$。将其代入式(2-4)即可求得波片对于入射光 S_i 所引入的相位延迟量。在入射 1/4 波片(波片快轴方向与 x 轴夹角为$-45°$)的光束为发散波的情况下，其对应的琼斯矩阵为：

$$E_{Q2} = \cos\frac{\delta(\theta,\varphi)}{2}\begin{bmatrix} 1 & i\tan\frac{\delta(\theta,\varphi)}{2} \\ i\tan\frac{\delta(\theta,\varphi)}{2} & 1 \end{bmatrix} \tag{2-7}$$

相应的式(2-2)所示的检测光束 E_T' 的复振幅琼斯矩阵改写为：

$$\begin{aligned} E_T' &= E_{Q2} \cdot E_{ps} \cdot E_\Delta \cdot E_{Q2} \cdot E_T \\ &= \underbrace{\begin{bmatrix} \cos\frac{\delta(\theta,\varphi)}{2} & -i\sin\frac{\delta(\theta,\varphi)}{2} \\ -i\sin\frac{\delta(\theta,\varphi)}{2} & \cos\frac{\delta(\theta,\varphi)}{2} \end{bmatrix}}_{E_{Q2}} \cdot \underbrace{\begin{bmatrix} e^{i\omega} & 0 \\ 0 & e^{i\omega} \end{bmatrix}}_{E_{ps}} \\ &\quad \cdot \underbrace{\begin{bmatrix} -re^{i\Delta} & 0 \\ 0 & re^{i\Delta} \end{bmatrix}}_{E_\Delta} \cdot \underbrace{\begin{bmatrix} \cos\frac{\delta(\theta,\varphi)}{2} & i\sin\frac{\delta(\theta,\varphi)}{2} \\ i\sin\frac{\delta(\theta,\varphi)}{2} & \cos\frac{\delta(\theta,\varphi)}{2} \end{bmatrix}}_{E_{Q2}} \cdot \underbrace{\frac{1}{\sqrt{2}}\begin{bmatrix} 1 \\ -i \end{bmatrix}}_{E_T} \end{aligned} \tag{2-8}$$

为了实现对偏振像差的有效校正，可将根据上式求得的误差作为一个系统误差存储起来，并在实际测量数据中将其消去。

2.4.3 系统误差分析及消除方法

1. 斜反射误差的消除[43]

在一般的光学系统设计中，通常认为光的传播遵循几何光学规律，并且光束的偏振态也会被均匀地传播。因此，在不考虑反射元件表面面形误差影响的前提下，可以认为光束在反射元件上的反射不会引入额外的像差。这一假设在光束的两个正交的偏振分量复振幅变化很小时是成立的。而对于如图 2-19 所示的点衍射球面面形干涉检测系统中发散检测光束以一定角度斜入射到针孔板反射镜上的情况，上述假设不再成立，此时必须考虑金属反射介质的偏振效应对检测波前引入的斜反射波前像差的影响。

对于斜入射的发散光束，金属反射介质可以等效为一个二向色性线偏振器和一个相位延迟器。假设反射光中 p 波和 s 波的复反射系数分别为 $r_p = |r_p|e^{i\delta_p}$ 和 $r_s = |r_s|e^{i\delta_s}$，且有 $r_p \neq r_s$（即振幅反射系数 $|r_p| \neq |r_s|$ 或幅角跃变 $\delta_p \neq \delta_s$）。对于以入射角 θ_1 斜入射到金属反射介质的光束，其反射光的

偏振态会发生变化，其 p 波和 s 波的复反射系数分别为：

$$\begin{cases} r_p = |r_p| e^{i\delta_p} = \dfrac{\tilde{n}_2 \cos\theta_1 - n_1 \cos\tilde{\theta}_2}{\tilde{n}_2 \cos\theta_1 + n_1 \cos\tilde{\theta}_2} \\[3mm] r_s = |r_s| e^{i\delta_s} = \dfrac{n_1 \cos\theta_1 - \tilde{n}_2 \cos\tilde{\theta}_2}{n_1 \cos\theta_1 + \tilde{n}_2 \cos\tilde{\theta}_2} \end{cases} \tag{2-9}$$

式中，n_1 为入射方介质(即空气)的折射率；$\tilde{n}_2$ 为金属反射介质的复折射率，并且有 $\tilde{n}_2 = n - \mathrm{i}n\kappa$；$n$ 和 κ 分别为金属的折射率和衰减系数。根据折射定律 $\tilde{n}_2 \sin\tilde{\theta}_2 = n_1 \sin\theta_1$，可得：

$$\begin{aligned} \cos\tilde{\theta}_2 &= \sqrt{1 - \sin^2\tilde{\theta}_2} \\ &= \sqrt{\dfrac{n^2\left(1+\kappa^2\right)^2 - \left(1-\kappa^2+2\mathrm{i}\kappa\right)\sin^2\theta_1}{n^2\left(1+\kappa^2\right)^2}} \end{aligned} \tag{2-10}$$

金属反射介质的琼斯矩阵 J_r 可以表示为：

$$J_r = A_r P_r = \underbrace{\begin{bmatrix} e^{-\mathrm{i}\delta_d} & 0 \\ 0 & e^{\mathrm{i}\delta_d} \end{bmatrix}}_{A_r} \underbrace{\begin{bmatrix} |r_p| & 0 \\ 0 & |r_s| \end{bmatrix}}_{P_r} \tag{2-11}$$

式中，A_r 表示二向色性线偏振器，P_r 表示相位延迟器；δ_d 为 p 波和 s 波之间的相位延迟量(或相位跃变差)，即 $\delta_d = \delta_p - \delta_s$。对于不同入射角的光线，金属反射介质对于其 p 波和 s 波的振幅反射系数以及相位延迟量 δ_d 都是不同的，因此会在斜入射的球面发散光中引入额外的斜反射波前像差。在高精度的球面检测系统中，金属反射介质的偏振效应也是影响干涉系统检测精度的重要因素之一。根据式(2-11)分析金属反射介质(Cr)的偏振特性，即可得到图 2-19 中所示针孔反射镜对斜入射到其表面放大的检测光束 W_2' 所引入的斜反射波前像差。Cr 对于波长为 532 nm 的入射光的复折射率 $\tilde{n}_2 = 3.11 + 3.33\mathrm{i}$，根据式(2-9)～(2-11)即可得到不同入射角光线所对应的 Cr 金属反射介质的反射率及引入的相位延迟量(如图 2-21 所示)。

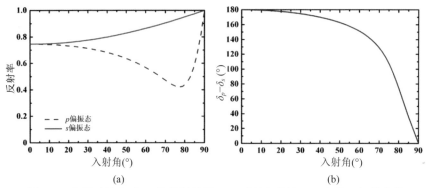

图 2-21 金属反射介质 Cr 的偏振特性。(a)反射率曲线；(b)相位延迟量曲线

为了分析点衍射板上 Cr 金属反射介质的偏振效应对于检测光 W_2' 的影响，分别取检测光的偏振态为 p 线偏振光 (E_1，$\varepsilon_1 = 0$)、s 线偏振光(E_2，$\varepsilon_2 = \infty$)、左旋圆偏振光(E_3，$\varepsilon_3 = 1$)、左旋椭圆偏振光(E_4 和 E_5，分别对应 $\varepsilon_4 = 0.5$ 和 $\varepsilon_5 = 2$)，其中 E_i 和 ε_i ($i = 1, 2, \cdots, 5$)分别为不同偏振光的琼斯矩阵及其椭偏度：

$$E_1 = \begin{bmatrix} 1 \\ 0 \end{bmatrix}, E_2 = \begin{bmatrix} 0 \\ 1 \end{bmatrix}, E_3 = \frac{1}{\sqrt{2}} \begin{bmatrix} 1 \\ i \end{bmatrix}, E_4 = \frac{1}{\sqrt{5}} \begin{bmatrix} 2 \\ i \end{bmatrix}, E_5 = \frac{1}{\sqrt{5}} \begin{bmatrix} 1 \\ 2i \end{bmatrix} \quad (2\text{-}12)$$

根据式(2-9)～(2-11)可得 Cr 金属反射介质对不同入射偏振光所引入的斜反射波前像差如图 2-22 所示。从图 2-22 中可以发现，不论对于何种偏振态的入射光，金属反射介质所引入的斜反射波前像差均会随光线入射角范围增大而增大。对于不同偏振态的斜入射光，金属反射介质所引入的斜反射波前像差大小也不同。其中，线偏振光引入的斜反射波前像差最大，而圆偏振光最小。对于最大入射角范围为 40°的发散入射光，Cr 金属反射介质对不同入射偏振光所引入的斜反射波前像差 PV 值和 RMS 值如表 2-2 所示。由表 2-2 可知，Cr 金属反射介质对 p 线偏振光所引入的斜反射波前像差的 PV 值和 RMS 值分别为 0.0124λ 和 0.0054λ；而对应于圆偏振光的斜反射波前像差的 PV 值和 RMS 值则分别仅为 0.0009λ 和 0.0002λ。显然，如果检测系统中检测光束采用线偏振光，很难满足高精度球面面形的检测要求，而采用圆偏振光时，点衍射板上 Cr 金属反射介质对检测光束所引入的斜反射波前像差的影响可以忽略不计。

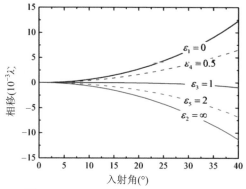

图 2-22 Cr 对不同偏振光引入的相移曲线

表 2-2 Cr 对不同偏振光引入斜反射波前像差

入射光束偏振态	斜反射波前像差	
	PV 值(λ)	RMS 值(λ)
p 线偏振光 ε_1	0.0124	0.0054
s 线偏振光 ε_2	0.0113	0.0050
圆偏振光 ε_3	0.0009	0.0002
椭圆偏振光 ε_4	0.0065	0.0029
椭圆偏振光 ε_5	0.0068	0.0030

由此可见，光束偏振态的选择对于系统的检测精度具有很大的影响，尤其是对于大数值孔径的待测球面(对应大入射角范围的情况)，该影响就越发明显。可以通过调节图 2-19 所示检测系统中的波片元件组合 HWP-QWP，将光源调整为圆偏光，此时点衍射板上的金属反射介质对检测光 W_2' 引入的斜反射波前像差最小，其影响可以忽略不计。

由于实际测量中并非都能将光束调整至所需的理想圆偏振光，一种利用波片旋转补偿法对斜反射波前像差进行校正的方法被提出，该方法可应用于任意偏振态的情况。由图 2-22 可知，对于椭偏度互为倒数的两偏振光(如椭偏度分别为 0 和∞的线偏振光 ε_1 和 ε_2，以及椭偏度分别为 0.5 和 2.0 的椭圆偏振光 ε_4 和 ε_5)，其所对应斜反射相移曲线关于零相移曲线存在一定对称性(非严格对称)，即二者相移符号相反、相移量相近。若利用该对称性对二者进行叠加,则可在很大程度上抵消非圆偏振光情况下金属反射介质所引入的斜反射像差,从而实现对斜反射波前像差的有效校正。该方法的具体步骤如下:

(1)将图 2-19 所示检测系统光路中偏振元件组合 HWP-QWP 调节至某一位置,使检测光束调整至接近圆偏振光的状态,进行一次波面测量,得到第一组面形数据 $W_S^{(1)}$;

(2)将 1/2 波片 HWP 的光轴旋转 45°,使得检测光束的椭偏度为原偏振态椭偏度的倒数,此时再进行一次波面测量,得到第二组面形数据 $W_S^{(2)}$;

(3)将两组面形数据进行叠加即可得到经斜反射像差校正后的实际待测面形数据为 $W = (W_S^{(1)} + W_S^{(2)})/2$。

将光源调整为圆偏振光的方法在波面测量中仅需单次测量即可实现对检测光束斜反射波前像差的有效校正。利用波片旋转补偿校正法同样可以实现很好的校正效果,相对于直接应用圆偏振光,它的优势在于可适用于任意偏振态的偏振光,同时它是通过对两次测得的波面数据进行叠加来实现校正的,而多次测量并叠加的过程对于检测中的随机噪声也有一定的抑制作用;它的缺点在于处理效率低一些。两种方法虽各有利弊,但对实现斜反射波前像差的有效校正都是可行的。

2. 高阶球差的消除[39,44]

图 2-23 所示为待测球面曲率中心 O' 与参考球面波中心 O 间存在一轴向偏移量 d 的情况,即波前离焦情况。待测球面上一点 $P(x, y, z)$ 由于波前离焦而引入的光程差 OPD 为:

$$\begin{aligned}
OPD &= 2\left[\sqrt{x^2 + y^2 + (z-d)^2} - (R-d)\right] \\
&= 2R\left[\sqrt{1 - 2\delta v + \delta^2} - (1-\delta)\right] \\
&= 2d(1-v)
\end{aligned} \tag{2-13}$$

式中,$v = \cos\varphi = \sqrt{1 - \rho^2 NA^2}$,$\delta = d/R$。由式(2-13)可知,波前离焦所引入的光程差不但与轴向偏移量 d 有关,还取决于待测球面的数值孔径 NA。可对式(2-13)作进一步简化,得到:

$$OPD = \frac{1}{2}\rho^2 NA^2 + \frac{1}{8}\rho^4 NA^4 + \frac{1}{16}\rho^6 NA^6 + \frac{5}{128}\rho^8 NA^8 \qquad (2\text{-}14)$$

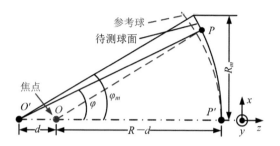

图 2-23 波前离焦分析几何模型

在 Zernike 多项式中，有以下关系式：

$$
\left.
\begin{aligned}
Z_3 &= 2\rho^2 - 1 \\
Z_{10} &= 6\rho^4 - 6\rho^2 + 1 \\
Z_{21} &= 20\rho^6 - 30\rho^4 + 12\rho^2 - 1 \\
Z_{36} &= 70\rho^8 - 140\rho^6 + 90\rho^4 - 20\rho^2 + 1
\end{aligned}
\right\} \qquad (2\text{-}15)
$$

式中，Z_3、Z_{10}、Z_{21} 和 Z_{36} 分别为 Zernike 多项式的离焦项、主球差项、二阶球差项和三阶球差项。由式(2-15)可得：

$$
\left.
\begin{aligned}
\rho^2 &= Z_5/2 + 1/2 \\
\rho^4 &= Z_{13}/6 + Z_5/2 + 1/3 \\
\rho^6 &= Z_{25}/20 + Z_{13}/4 + 9Z_5/20 + 1/4 \\
\rho^8 &= Z_{37}/70 + Z_{25}/10 + 2Z_{13}/7 + 2Z_5/5 + 1/5
\end{aligned}
\right\} \qquad (2\text{-}16)
$$

将式(2-16)代入式(2-14)，并消去直流项，可得：

$$OPD = a_3 Z_3 + a_{10} Z_{10} + a_{21} Z_{21} + a_{36} Z_{36} \qquad (2\text{-}17)$$

式中，a_3、a_{10}、a_{21} 和 a_{36} 分别为 Z_3、Z_{10}、Z_{21} 和 Z_{36} 项对应的系数，有：

$$
\left.
\begin{aligned}
a_3 &= d \cdot \left(NA^2/2 + NA^4/8 + 9NA^6/160 + NA^8/32 \right) \\
a_{10} &= d \cdot \left(NA^4/24 + NA^6/32 + 5NA^8/224 \right) \\
a_{21} &= d \cdot \left(NA^6/160 + NA^8/128 \right) \\
a_{36} &= d \cdot \left(NA^8/896 \right)
\end{aligned}
\right\}
\tag{2-18}
$$

由式(2-18)可知，离焦项和各阶球差项系数的大小都会随着离焦量 d 的增加而线性增加。当待测球面的数值孔径 NA 较小时，式(2-17)中的光程差 OPD 可二次近似为：

$$
OPD = \left(d \cdot NA^2/2 \right) \cdot Z_3 = a_3' Z_3
\tag{2-19}
$$

式中，$a_3' = d \cdot NA^2/2$。

由此可知，对于数值孔径 NA 较小的待测球面，波前离焦所引入的波像差主要是 Zernike 离焦项 Z_3。但对于大数值孔径的待测球面，波前离焦不仅会引入 Zernike 离焦项 Z_3，还会引入主球差项 Z_{10}、二阶球差项 Z_{21} 和三阶球差项 Z_{36}。

在传统球面调整误差校正方法中，调整误差是通过消去测得面形数据 W_m 中的 Zernike 多项式中的直流项、倾斜项以及离焦项得以实现的，即：

$$
W_0 = W_m - a_0 Z_0 - (a_1, a_2) \cdot (Z_1, Z_2) - a_3' Z_3
\tag{2-20}
$$

式中，W_0 为实际的待测球面面形误差，Z_0 为 Zernike 多项式的直流项；a_0、(a_1, a_2) 和 a_3' 分别为 Zernike 多项式中直流项、倾斜项以及离焦项的系数，这些系数都可以通过对测得的离散面形数据 W_m 进行 Zernike 多项式拟合得到[45-46]。这种传统球面调整误差校正方法的特点是算法简单，容易实现，在校正过程中无需精确了解待测球面的口径、曲率半径及数值孔径等先验信息，在待测球面的数值孔径较小或者面形检测精度要求不高的情况下能满足应用要求。

随着对球面面形检测精度要求的不断提高以及待测球面 NA 的不断增大，式(2-17)~(2-19)的近似推导条件已不再成立。虽然可通过将干涉图调节至零条纹状态以消除球面调整误差的影响，但对于非理想的待测球面面形，其干涉图中总会存在一定量的干涉条纹，进而导致难以判断真正的零调整误差状态。此外，不但整个调节过程需要大量的时间、耐性以及丰富的经验，而且对调节机构提出了很高的精度要求。目前已提出的可实现调整误差有效校正的诸多方法，基本都需要借助一些复杂的辅助工具和手段来获得关于干涉检测系统的特性(如调整误差灵敏度矩阵)或者待测球面曲率半径、口径以及数值孔径等先验信息，使得整个校正过程变得十分烦琐复杂，难以应用到现有相关检测系统中。下面介绍的一种通用化、高效的、基于波前差分的高精度球面调整误差校正方法，可以真正实现对调整误差所引入低阶和高阶像差项的精确校正。

根据前面的分析可知，待测球面波前离焦所对应的主要几何像差同时包括了离焦项和各阶球差项。由式(2-18)可知，波前离焦所引入各阶球差项系数值 a_k ($k=10$, 21, 36)与对应的离焦项系数 a_3 的比值 r_k 只取决于数值孔径 NA 的大小，而与实际轴向偏移量 d 无关，进而有：

$$\left.\begin{aligned}
r_{10} &= a_{10}/a_3 = \frac{NA^2/12 + NA^4/16 + 5NA^6/112}{1 + NA^2/4 + 9NA^4/80 + NA^6/16} \\[2mm]
r_{21} &= a_{21}/a_3 = \frac{NA^4/80 + NA^6/64}{1 + NA^2/4 + 9NA^4/80 + NA^6/16} \\[2mm]
r_{36} &= a_{36}/a_3 = \frac{NA^6/448}{1 + NA^2/4 + 9NA^4/80 + NA^6/16}
\end{aligned}\right\} \tag{2-21}$$

在对球面的全口径进行检测时，可以直接将待测球面的名义数值孔径作为式(2-21)中的实测数值孔径 NA，或者可借助一定的辅助工具分别测量得到待测球面的口径及曲率半径，进而推得实测数值孔径 NA。将数值孔径 NA 代入式(2-21)即可得到比值 r_k ($k=10$, 21, 36)。然而多数情况下实测数值孔径 NA 不等同于待测球面的名义数值孔径，因此实际检测中的 Zernike 系数比 r_k 的精确值通常难以直接根据数值孔径计算得到。一种更实用的方法是采用波前差分的方法来得到比值 r_k，具体步骤为：将待测球面调整至两个不同离焦位置处，分别进行波面数据测量，并将两次测量得到的面形数据记为 $W_{m,i}$ ($i=1,2$)，且每次测量中由于波前离焦而引入的波前误差记为 $W_{D,i}$ ($i=1,2$)，则有：

$$W_{m,i} = W_0 + W_{D,i} \tag{2-22}$$

式中，W_0 为待测球面的实际面形。由于波前倾斜误差通过消除 Zernike 多项式中倾斜项的方式即可得到有效校正，因此在式(2-22)中忽略了波前倾斜引入的调整误差。由此可根据待测球面位于两个不同离焦位置时测得的两组波面数据 W_0，对得到的差分波前 ΔW 进行 37 项 Zernike 多项式波面拟合：

$$\Delta W = W_{m,1} - W_{m,2} = W_{D,1} - W_{D,2} = a_3^\Delta \cdot Z_3 + \sum_k a_k^\Delta \cdot Z_k \tag{2-23}$$

得到离焦项系数 a_3^Δ、一阶球差项系数 a_{10}^Δ、二阶球差项系数 a_{21}^Δ 和三阶球差项系数 a_{36}^Δ，进而得到差分波前 ΔW 的各阶球差项系数 a_k^Δ (k=10, 21, 36) 与对应离焦项系数 a_3^Δ 的比值 r_k 为：

$$r_k = a_k^\Delta / a_3^\Delta \tag{2-24}$$

对两组波面数据中离焦量较小的一组原始波面数据 $W_{m,1}$ 进行均值滤波以及 37 项 Zernike 多项式波面拟合，得到直流项系数 a_0、x 方向的倾斜项系数 a_1、y 方向的倾斜项系数 a_2 和离焦项系数 a_3。根据已经求得的 Zernike 系数比值 r_k 以及原始波面数据 $W_{m,1}$ 的离焦项系数 a_3，计算得到由于调整误差(主要是波前离焦)所引入的各阶球差项系数，其中一阶、二阶和三阶球差项系数分别为 $r_{10}a_3$、$r_{21}a_3$ 和 $r_{36}a_3$，由此可将调整误差所引入的球差项分量与待测波面数据本身所包含的球差项分量分离开来。

根据前面已经得到的由调整误差所引入的直流项系数 a_0、x 方向倾斜项系数 a_1、y 方向倾斜项系数 a_2、离焦项系数 a_3 以及各阶球差项系数 $r_k a_3$，即可对测得的波面数据进行高精度的调整误差校正，得到待测球面的实际面形 W_0：

$$W_0 = W_{m,1} - a_0 Z_0 - (a_1, a_2) \cdot (Z_1, Z_2) - a_3 Z_3 - \sum_k r_k a_3 Z_k \tag{2-25}$$

式中，k=10, 21, 36。在该调整误差消除方法中需要注意，在调整待测球面的离焦量进行两次波面数据检测时，其离焦量应限制在几个波长量级范围内。在对两次测得的原始波面数据 $W_{m,i}$ 进行差分前可以先对其进行均值滤波，从而抑制干涉检测系统中随机噪声的影响。

3. 畸变及慧差的消除[47]

理想情况下，针孔衍射的理想球面波前的球心及携带有待测面形信息的检测波前的球心是重合的，即针孔中心点 P 与球面待测镜球心 O 以及检测波前在针孔板上的反射点 P' 三者应该是重合的。然而，在实际实验系统中，由于针孔是透光的，因此携带有待测镜面形信息的检测波前在针孔板上的反射点 P' 位于针孔周边的高反区域，即待测镜的球心 O 与针孔中心点 P 之间存在一定的水平偏离 d_{OP}。

检测光在针孔面上的反射点与针孔位置间存在的偏离引入了系统误差。为了简化模型并便于计算，将图 2-24 所示的光路图中针孔板的反射面略去，改在待测镜的像空间对参考波与检测波的光程差进行推导，推导所用的光路几何结构如图 2-24 所示。其中，图 2-24(a)为总体几何结构图，图 2-24(b)为(a)中主要光线三角形的二维放大图。

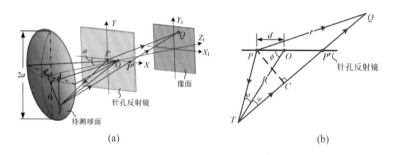

(a)   (b)

图 2-24 用于推导系统误差的光路几何图。(a)用于推导系统误差的光路几何；(b)从(a)中提取的用于计算光程的光路三角

令待测球面镜的口径为 $2a$，球面的曲率半径为 R，其球心 O 位于针孔板上，并与针孔中心点 P 间存在一定的横向偏移量 d。干涉像面上任意一点 Q 到针孔中心的距离表示为 r。经待测镜上任意一点 T 反射的检测光同与之相干的参考光之间的光程差可以表示为：

$$
\begin{aligned}
OPD &= |PT| + |TQ| - |PQ| \\
&= |PT| + |TC| + |CQ| - |PQ| \\
&= |PT| + \cos 2\psi \cdot |PT| + \sqrt{r^2 - |PC|^2} - r \\
&= (1 + \cos 2\psi) \cdot \sqrt{d^2 + R^2 - 2dR\cos\phi} \\
&\quad + \sqrt{r^2 - (1 - \cos^2 2\psi) \cdot (d^2 + R^2 - 2dR\cos\phi)} - r
\end{aligned}
\tag{2-26}
$$

式中，

$$
\cos\psi = \frac{R^2 + |PT|^2 - d^2}{2R \cdot |PT|} = \frac{R - d \cdot \cos\phi}{\sqrt{d^2 + R^2 - 2dR\cos\phi}}
\tag{2-27}
$$

由于 $d \ll R$，则有 $\delta = d/R \to 0$。由此可得：

$$
\begin{aligned}
OPD &= R\left(\frac{2 + \delta^2 + \delta^2 \cos 2\phi - 4\delta\cos\phi}{\sqrt{1 + \delta^2 - 2\delta\cos\phi}} \right) \\
&\quad + R\left\{ \left(\frac{r}{R}\right)^2 + \left(\frac{r}{R}\right)^2 \delta^2 - 4\delta^2 + \cos\phi\left[8\delta^3 - 2\delta\left(\frac{r}{R}\right)^2 \right] \right. \\
&\quad \left. + 4\cos^2\phi\left(\delta^2 - \delta^4\right) - 4\delta^3\cos^3\phi + 4\delta^4\cos^4\phi \right\}^{\frac{1}{2}} \\
&\quad \cdot \left(1 + \delta^2 - 2\delta\cos\phi\right)^{-\frac{1}{2}} - r
\end{aligned}
\tag{2-28}
$$

根据泰勒展开，将二阶以上小量略去，可得：

$$
OPD \cong 2R - 2d \cdot \cos\phi
\tag{2-29}
$$

由于公式中的常数项 $2R$ 对系统检测结果没有影响，因此只考虑其中的非常数项：

$$
\Delta = 2d \cdot \cos\phi
\tag{2-30}
$$

式中，ϕ 是由其对应的待测镜上的 T 点位置决定的，而待测镜上的任意一

点 T 的位置可由其到待测镜轴心的归一化距离 $\rho = |A'T|/a$ 及其与水平方向的夹角 θ 以及待测镜的数值孔径 NA 表示，因此，ϕ 与系统参数中的待测镜数值孔径 NA 有关。

由式(2-29)可知，本实验系统存在一定的系统误差，有必要借助一定的实验方法对该误差进行消除，并且该系统误差与针孔和待测镜球心的偏移量 d 以及待测镜的数值孔径 NA 有关。

通过 ZEMAX 仿真的方法对待测镜球心的偏离量 d 和待测镜的数值孔径 NA 对于本实验系统系统误差的影响分别进行分析。以待测镜偏移量为 $\pm4\ \mu m$ 为例，从 Zernike 系数的角度分析，如图 2-25 所示，当待测镜的球心位置位于针孔的对称两侧时，包括象散量和慧差在内的各项波前像差 Zernike 系数都是数值相近、符号相反的。再从波前图中观察，图 2-26(a) 和(c)分别为待测镜偏移量为 $\pm4\ \mu m$ 时对应的仿真波前图。由于待测镜球心与针孔中心之间有一定的偏移量，因此直接解析出的波前中存在较大的倾斜量。由于倾斜量可以用常规的方法很方便地消除，因此本书不对此进行特别讨论。在对图 2-26(a)和(c)所示波前进行去除平移、倾斜和离焦项处理后得到的波前数据在 0.1λ 量级，且波前中主要包含的像差项为象散

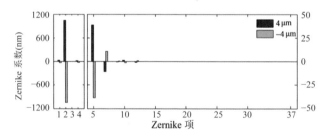

图 2-25 待测镜偏移量为±4 μm 的波前 Zernike 系数

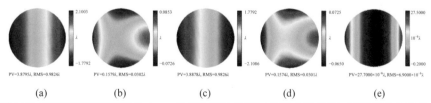

图 2-26 理想待测镜偏移量为 4 μm 时的仿真波前图(a)以及去除平移、倾斜和离焦后的波前图(b)；待测镜偏移量为−4 μm 时的仿真波前图(c)以及去除平移、倾斜和离焦后的波前图(d)；(e)为(a)和(c)所示波前的平均值

和慧差，如图 2-26(b)和(d)所示。进一步将在待测镜处于对称侧偏移位置分别测得的两个波前，即对图 2-26(a)和(c)所示的两个波前进行求均值后，两个仿真位置对应的波前误差很好地实现了相消，其剩余残差 PV 值在 $10^{-5}\lambda$ 量级，可以忽略不计，如图 2-26(e)所示。

当待测镜并非理想镜，而存在面形误差 W_S 时，系统测得的波前数据 W_T 可以表示为：

$$W_T = W_S + W_\Delta \tag{2-31}$$

式中，W_Δ 为系统误差。根据前面的分析仿真结果可知，待测镜偏移量为 d 时对应的系统误差 $W_\Delta^{(d)}$ 与待测镜偏移量为 $-d$ 时对应的系统误差 $W_\Delta^{(-d)}$ 间存在如下关系：

$$W_\Delta^{(d)} + W_\Delta^{(-d)} \cong 0 \tag{2-32}$$

则有：

$$W_T^{(d)} + W_T^{(-d)} = 2W_S + W_\Delta^{(d)} + W_\Delta^{(-d)} \cong 2W_S \tag{2-33}$$

即：

$$W_S \cong \frac{W_T^{(d)} + W_T^{(-d)}}{2} \tag{2-34}$$

由此推知，如式(2-34)所示，使待测镜偏移量处于针孔两侧的对称位置 d 和 $-d$ 处进行两次测量，并对两次测得的波前 $W_T^{(d)}$ 和 $W_T^{(-d)}$ 求取平均值，即可消除系统布局引入的像差，获得待测镜的实际面形。

2.5   点衍射定量相位成像技术

除了光学元件的高精度面形检测之外，点衍射技术还可用于生物细胞的定量相位显微成像。2006 年，美国麻省理工学院的 Popescu 等提出了基于点衍射共路干涉的衍射相位显微技术(Diffraction Phase Microscopy)[48-49]，它在保持 Hilbert 相位显微技术基于单幅干涉图瞬态检测特性的基础上，实现了与傅里叶相位显微技术类似的共路结构，从而极大地提高了相位显微成像的稳定性。下面对衍射相位显微镜的系统布局和定量相位成像技术的相关应用进行介绍。

2.5.1 衍射相位显微镜系统布局

最初的衍射相位显微镜以商用倒置显微镜为基础，采用的是离轴式的光路设计，如图 2-27 所示，其中 VPS 为虚点光源，RL 为中继透镜，G 为光栅，IP 为成像平面，SF 为空间滤波器，L_1 与 L_2 组成 4f 系统，在 4f 系统的傅里叶平面上放置有一大一小的窗口和针孔。其原理为显微镜虚点光源发出的光经过中继透镜准直后入射到光栅上，经光栅衍射分为不同级次的衍射光，其中的 0 级和+1 级经过透镜 L_1 会聚到其傅里叶平面上；+1 级对应的窗口很大，使得其频谱分量可以完全通过，而 0 级对应的针孔尺寸很小，相当于对待测波前进行低通滤波，使得由针孔衍射出的光波接近于理想球面波；最后 0 级和+1 级两列光波再经过透镜 L_2 会聚到 CCD 上，形成空间位相调制后带有倾斜分量的干涉条纹。

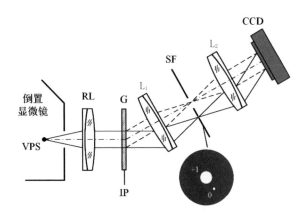

图 2-27 离轴式衍射相位显微镜系统布局

干涉条纹的对比度与参与干涉的两列光波的光强有关，只有当两列光波的光强一致，干涉条纹才能达到最大的对比度。因此，光学元件的选择(特别是光栅衍射效率的选择)以及对相应的衍射级次加以通过或滤波使得两列光波到达 CCD 上的光强彼此接近，对提高干涉条纹的对比度至关重要。对于+1 级衍射效率较高的闪耀光栅而言，采用如图 2-28 所示的共轴式衍射相位显微镜系统更加适合。与离轴式衍射相位显微镜不同，由于闪耀光栅的 0 级衍射效率较低，共轴式衍射相位显微镜的 0 级光将完全通过窗口而不是被针孔滤波，相反其+1 级则会被针孔衍射形成参考波前。最后 0 级的待测光与+1 级的参考光在 CCD 上干涉形成干涉条纹。

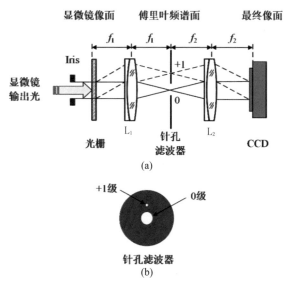

图 2-28 共轴式衍射相位显微镜系统布局。(a)共轴式衍射相位显微镜系统布局；(b)针孔滤波器结构示意图

由于衍射相位显微镜的干涉图为待测光与参考光以一定夹角在 CCD 像面上相互干涉得到，其本质上为含有倾斜载波的空间位相调制，故其待测样品的相位也可以通过基于傅里叶变换的空间位相解调技术加以解调，如图 2-29 所示，包括傅里叶变换、移频、滤波、傅里叶逆变换、相位解包裹以及消倾斜等步骤，具体内容可以参见文献[50]。

事实上，如果感兴趣的是相位随时间的变化而不是绝对相位本身，则可以在前后两幅干涉图的快速相位差重构方法的基础上直接利用频谱相除，从而对生物细胞或待测样品的相位变化加以计算。

假设参考光场为 U_r，待测光场为 U_i，则初始干涉图 $I_0(x, y)$ 可以写为：

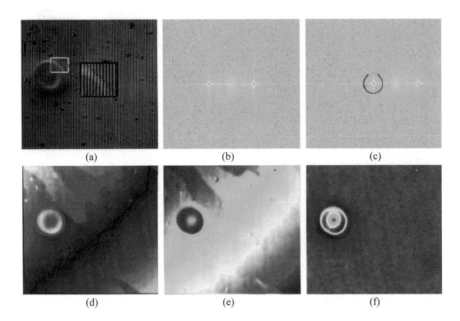

图 2-29 衍射相位显微镜对单个红细胞检测的相位重构。(a)CCD 采集的含有单个红细胞的干涉图；(b)对干涉图进行快速傅里叶变换后得到的频谱；(c)将频谱的+1 级次移到中心；(d)傅里叶逆变换解调出的包裹相位图；(e)解包裹后带有倾斜的相位图；(f)消倾斜后得到的单个红细胞相位图[51]

$$I_0\left(x,y\right)=\left|U_i\left(x,y\right)\right|^2+\left|U_r\right|^2+2\left|U_r\right|\cdot\left|U_i\left(x,y\right)\right|$$
$$\cdot\cos\left[kx+\varphi_{\mathrm{bg}}\left(x,y\right)+\varphi_n\left(x,y\right)\right] \tag{2-35}$$

式中，$\varphi_{\mathrm{bg}}(x,y)$ 为背景相位，$\varphi_n(x,y)$ 为空间噪声。引入相位差 $\phi(x,y)$ 后的干涉图 $I_1(x,y)$ 可以写为：

$$I_1\left(x,y\right)=\left|U_i\left(x,y\right)\right|^2+\left|U_r\right|^2+2\left|U_r\right|\cdot\left|U_i\left(x,y\right)\right|$$
$$\cdot\cos\left[kx+\phi\left(x,y\right)+\varphi_{\mathrm{bg}}\left(x,y\right)+\varphi_n\left(x,y\right)\right] \tag{2-36}$$

采用与空间位相解调技术同样的方法,对上面两式分别作傅里叶变换,并将+1 级谱移动到中心后再作傅里叶逆变换，可以得到：

$$E_0(x,y) = 2|U_r| \cdot |U_i(x,y)| \cdot \exp\left[i\left(\varphi_{\text{bg}}(x,y) + \varphi_n(x,y)\right)\right]$$
$$E_1(x,y) = 2|U_r| \cdot |U_i(x,y)| \cdot \exp\left[i\left(\phi(x,y) + \varphi_{\text{bg}}(x,y) + \varphi_n(x,y)\right)\right] \right\} \tag{2-37}$$

将上述两式相除并求幅角，即可得两幅干涉图之间的相位差为：

$$\Delta\phi(x,y) = \arg\left\{ \frac{E_1(x,y)}{E_0(x,y)} \right\} \tag{2-38}$$

该方法可以在只关心相位变化而不是绝对相位本身的时候加快相位解调的计算速度，同时它还可以减小因为引入额外的相位解包裹和消倾斜过程所带来的计算误差。

2.5.2　点衍射定量相位成像技术的应用

对于衍射相位显微技术而言，点衍射针孔是其最为关键的技术特点之一，但是针孔的引入也带来了一定的问题。衍射相位显微镜中的针孔一方面需要衍射理想球面波，另一方面又要保证足够的衍射效率来匹配干涉图的对比度，其衍射出的球面波在到达成像面时还需要覆盖整个视场，所以针孔的尺寸既不能太大也不能太小，一般为 50～150 μm。但是这样的尺寸没有办法完全滤除待测波前中的高频成分，在相位变化较为剧烈的物体边缘也会有一定的频率分量残留，从而使得相位物体的边缘产生一定的失真，称为晕轮效应(Halo Effect)，因此其检测得到的绝对相位中往往含有一部分系统误差。相比于其他定量相位显微技术，衍射相位显微镜的优点在于其在光路设计上为共路结构，具有很强的抗环境干扰的能力。另外它采用了空间位相调制技术，可以对单幅干涉图的相位加以解调，非常适合对采样速度要求较高的瞬态检测。

基于衍射相位显微镜可用于高速相位成像的特点，美国斯坦福大学 Palanker 研究组的戈茨(Goetz)博士和凌瞳博士共同提出了采用衍射相位显微技术对材料进行实时定量相位成像从而检测材料吸收热能分布的方法[52]。传统的量热计大多需要接触式的检测，无法对样品内部的热量吸收分布加以测量，而如果用一束探测光经过待测样品，样品内部热量吸收导致的折射率变化便会在探测光的相位中体现出来。以水样品为例，水的折射率随温度的升高而降低，如果采用激光加热水底的吸收层或者在充满电解液的微管中通过一定的电流，再利用配备有高速相机(采集帧率可达50 kHz)的衍射相位显微镜对样品加以检测，就可以观察到相应的相位变化(图 2-30)，进一步通过实验结果拟合有限元分析的物理模型就可以计算出当前的温度分布和热量吸收分布。

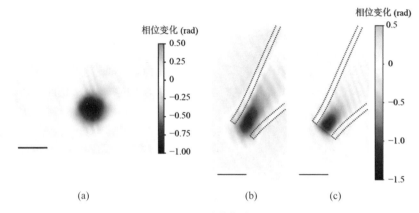

(a) (b) (c)

图 2-30 利用衍射相位显微镜测量水中热量吸收分布的定量相位成像。(a)在经激光加热的圆形区域可以观察到近 1 rad 的相位减少，图中比例尺为 25 μm；(b)充满电解液的微管中通过 0.9 mA 的电流后在其尖端观察到近 1.5 rad 的相位减少，图中比例尺为10 μm；(c)利用有限元分析模型可以重建微管中的相位分布，进而可求得电流所产生的热量，并进一步重构出电流密度分布

点衍射定量相位显微成像技术在生物学研究中也有着非常广泛的应用，包括检测红细胞的形态学变化、分析心肌细胞的跳动频率以及研究细胞较长时间的生长过程。2015 年，美国伊利诺伊大学香槟分校(UIUC)Popescu 研究组的斯里达兰(Sridharan)提出采用定量相位成像对前列腺切除组织芯片中癌变腺体附近基质散射的各向异性加以检测，可以预测前列腺癌复发的概率[53]。2018 年，美国斯坦福大学帕兰克(Palanker)研究组的凌瞳博士利用点衍射定量相位成像对神经细胞动作电位的光学本征信号加以研究[54]。由于神经细胞产生动作电位时细胞膜内外的离子浓度会发生改变，进而导致离子间的排斥力减小而细胞膜的张力增大，会在细胞的表面产生微小的形变。对于经过基因编辑可产生动作电位的人胚肾细胞(HEK293)而言，幅度为 100 mV 的动作电位最多只能在细胞膜上产生 3 nm左右的形变。通过对光学相位信号相对于电信号作锋电位触发平均(spike-Triggered Average，STA)，之后再对整个视场加以空间平均，就可

以得到信噪比非常高的光学相位信号，如图 2-31 所示。

可以发现，光学相位信号的形态与膜片钳测得的细胞膜电压变化形态非常接近。进一步将此平均信号作为模板，在 50 kHz 高速采样并对每 50 帧加以合并来提高相位灵敏度的基础上，即可通过计算模板和信号之间的互相关函数对动作电位发生的时间加以检测。

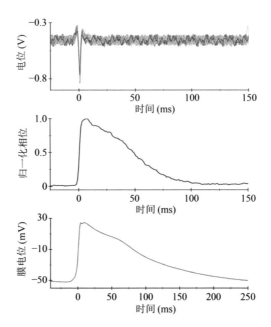

图 2-31 神经动作电位的定量相位成像检测。(a) 因编辑后能够表达 Na$_v$ 1.3 和 K$_{ir}$ 2.1 离子通道的 HEK 细胞产生的动作电位在多电极阵列上测得的结果；(b)经过锋电位触发平均和空间平均后的光学相位信号；(c)经过膜片钳技术测得的细胞动作电位期间的膜电压变化(需要注意的是，此处记录温度为 25℃，相较于光学检测时的 29℃ 更低，其动作电位的持续时间也可能因此会更长)

本章主要介绍了点衍射干涉仪的发展进程，论述了针孔衍射仿真模型的建立与计算，讨论了几种典型的传统点衍射干涉仪的原理及特点，提出了高精度对比度可调的点衍射球面干涉检测系统以及基于点衍射的定量相位成像技术的原理及应用。可见，点衍射干涉系统在国防工业、生物细胞显微成像等领域具有广阔的应用前景。

参考文献

[1] Neal R M. Polarization Phase-Shifting Point-Diffraction Interferometer[D]. Ph.D Thesis, University of Arizona, 2003.

[2] Mercer C R, Creath K. Liquid crystal point diffraction interferometer[J]. Optics Letters, 1994, 19(12):916-918.

[3] Medecki H, Tejnil E, Goldberg K A, et al. Phase-shifting point diffraction interferometer[J]. Optics Letters, 1996, 21(19):1526-1528.

[4] Smartt R, Steel W. Theory and application of point-diffraction interfero-meters[J]. Japanese Journal of Applied Physics, 1975, 14(S1):351-356.

[5] Wang D, Yang Y, Chen C, et al. Point diffraction interferometer with adjustable fringe contrast for testing spherical surfaces[J]. Applied Optics, 2011, 50(16):2342-2348.

[6] Naulleau P P, Goldberg K A, Lee S H, et al. Extreme-ultraviolet phase-shifting point-diffraction interferometer: A wave-front metrology tool with subangstrom reference-wave accuracy[J]. Applied Optics, 1999, 38(35): 7252-7263.

[7] Milleid J E, Brock N J, Hayes J B, et al. Instantaneous phase-shift point-diffraction interferometer[C]. Interferometry XII: Techniques and Analysis. International Society for Optics and Photonics, Denver (United States), 2004, 5531:264-272.

[8] Akondi V, Jewel A R, Vohnsen B. Digital phase-shifting point diffraction interferometer[J]. Optics Letters, 2014, 39(6):1641-1644.

[9] Neal R M, Wyant J C. Polarization phase-shifting point-diffraction interferometer[J]. Applied Optics, 2006, 45(15):3463-3476.

[10] Sommargren G E. Phase shifting diffraction interferometry for measuring extreme ultraviolet optics[R]. Lawrence Berkeley National Lab., Berkeley, CA (United States), 1996.

[11] Oshikane Yasushi N M, Haruyuki I. Phase-shifting point diffraction interferometer having two point light sources of single-mode optical fibers[C]. In: Yasin D M, Harun S W, Arof H (eds.), Selected Topics on Optical Fiber Technology. InTech, 2012.

[12] Chkhalo N I, Klimov A Y, Rogov V V, et al. A source of a reference spherical wave based on a single mode optical fiber with a narrowed exit aperture[J]. Review of Scientific Instruments, 2008, 79(3):033107.

[13] Lee S H, Naulleau P, Goldberg K A, et al. Phase-shifting point-diffraction interferometry at 193 nm[J]. Applied Optics, 2000, 39(31):5768-5772.

[14] Goldberg K A, Naulleau P, Rekawa S, et al. At-wavelength interferometry of

high-NA diffraction-limited EUV optics[R]. Lawrence Berkeley National Lab., Berkeley, CA (United States), 2003.

[15] Goldberg K A, Naulleau P P, Rekawa S B, et al. Ultra-high-accuracy optical testing: creating diffraction-limited short-wavelength optical systems[C]. Optics for EUV, X-Ray, and Gamma-Ray Astronomy II. Bellingham, WA: International Society for Optics and Photonics, 2005, 5900:59000G.

[16] Naulleau P P, Goldberg K A, Lee S H, et al. Extreme-ultraviolet phase-shifting point-diffraction interferometer: A wave-front metrology tool with subangstrom reference-wave accuracy[J]. Applied Optics, 1999, 38(35): 7252.

[17] Naulleau P, Goldberg K A, Anderson E H, et al. At-wavelength characterization of the extreme ultraviolet Engineering Test Stand Set-2 optic[J]. Journal of Vacuum Science & Technology B (Microelectronics and, Nanometer Structures), 2001, 19(6):2396-2400.

[18] Sommargren G E, Phillion D W, Johnson M A, et al. 100-picometer interferometry for EUVL[C]. Emerging Lithographic Technologies VI. Bellingham, WA: International Society for Optics and Photonics, 2002, 4688:316-328.

[19] 沙定国. 光学测试技术[M]. 2 版. 北京:北京工业大学出版社, 2010.

[20] 埃里克·P.古德温, 詹姆士·C.怀亚特. 光学干涉检测[M]. 苏俊宏, 田爱玲, 译. 杭州:浙江大学出版社, 2014.

[21] Takeuchi S, Kakuchi O, Yamazoe K, et al. Visible light point-diffraction interferometer for testing of EUVL optics[C]. Emerging Lithographic Technologies X. Bellingham, WA: International Society for Optics and Photonics, 2006, 6151:61510E.

[22] Johnson M A, Phillion D W, Sommargren G E, et al. Construction and testing of wavefront reference sources for interferometry of ultra-precise imaging systems[C]. Optical Manufacturing and Testing VI. Bellingham, WA: International Society for Optics and Photonics, 2005, 5869:58690P.

[23] Kihm H, Kim S W. Fiber optic diffraction interferometer for testing spherical mirrors[C]. Interferometry XI: Techniques and Analysis. Bellingham, WA: International Society for Optics and Photonics, 2002, 4777:394-400.

[24] Kihm, H Y. Oblique fiber optic diffraction interferometer for testing spherical mirrors[J]. Optical Engineering, 2005, 44(12):125601.

[25] Kihm H, Kim S W. Oblique point-diffraction source for interferometer design[C]. Optical Measurement Systems for Industrial Inspection III. Bellingham, WA: International Society for Optics and Photonics, 2003,

5144:240-249.

[26] Matsuura T, Okagaki S, Nakamura T, et al. Measurement accuracy in phase-shifting point diffraction interferometer with two optical fibers[J]. Optical Review, 2007, 14(6):401-405.

[27] Matsuura T, Udaka K, Oshikane Y, et al. Spherical concave mirror measurement by phase-shifting point diffraction interferometer with two optical fibers[J]. Nuclear Instruments & Methods in Physics Research, Section A (Accelerators, Spectrometers, Detectors and Associated Equipment), 2010, 616(2-3):233-236.

[28] Otaki K, Bonneau F, Ichihara Y. Absolute measurement of a spherical surface using a point diffraction interferometer[C]. Optical Engineering for Sensing and Nanotechnology (ICOSN'99). Bellingham, WA: International Society for Optics and Photonics, 1999, 3740:602-605.

[29] Otaki K, Yamamoto T, Fukuda Y, et al. Accuracy evaluation of the point diffraction interferometer for extreme ultraviolet lithography aspheric mirror[J]. Journal of Vacuum Science & Technology B (Microelectronics and, Nanometer Structures), 2002, 20(1):295-300.

[30] Otaki K, Ota K, Nishiyama I, et al. Development of the point diffraction interferometer for extreme ultraviolet lithography: Design, fabrication, and evaluation[J]. Journal of Vacuum Science & Technology B (Microelectronics and, Nanometer Structures), 2002, 20(6):2449-2458.

[31] Otaki K, Zhu Y, Ishii M, et al. Rigorous wavefront analysis of the visible-light point diffraction interferometer for EUVL[C]. Advances in Mirror Technology for X-Ray, EUV Lithography, Laser, and Other Applications. Bellingham, WA: International Society for Optics and Photonics, 2004, 5193:182-190.

[32] Ota K, Yamamoto T, Fukuda Y, et al. Advanced point diffraction interferometer for EUV aspherical mirrors[C]. Emerging Lithographic Technologies V. Bellingham, WA: International Society for Optics and Photonics, 2001, 4343:543-550.

[33] 刘国淦, 张学军, 王权陡, 等. 光纤点衍射干涉仪的技术研究[J]. 光学精密工程, 2001, 9(2):142-145.

[34] 曹晓君, 张学军, 李艳红. 光纤点衍射干涉仪调整方法与条纹分析[J]. 光机电信息, 2003(3):28-30.

[35] Chen L, Nie L, Zhou T, et al. The comparison of two kinds of fiber phase shifting point-diffraction interferometer[C]. 27th International Congress on High-Speed Photography and Photonics. Bellingham, WA: International Society for Optics and Photonics, 2007, 6279:627974.

[36] Wu S, Zhou T, Lin J, et al. Fiber point diffraction interferometer in measurement of spherical lens[C]. International Symposium on Photoelectronic Detection and Imaging 2007: Optoelectronic System Design, Manufacturing, and Testing. Bellingham WA: International Society for Optics and Photonics, 2008, 6624:662415.

[37] Chen L F, Ren Y, Li J. Flat surface measurements on fiber point diffraction interferometer[J]. Optical Engineering, 2010, 49(5):050503.

[38] Wu S, Zhou T, Sha D, et al. Key techniques in an absolute measurement method of spherical lens[C]. Optical Design and Testing III. Bellingham WA: International Society for Optics and Photonics, 2007, 6834:683435.

[39] 王道档. 高精度点衍射球面干涉检测技术及系统研究[D]. 浙江大学, 博士学位论文, 2012.

[40] Wang D, Yang Y, Chen C, et al. Polarization point-diffraction interferometer for high-precision testing of spherical surface[C]. 5th International Symposium on Advanced Optical Manufacturing and Testing Technologies: Optical Test and Measurement Technology and Equipment. Bellingham, WA: International Society for Optics and Photonics, 2010, 7656:76560F.

[41] Zhang W Q. New phase shift formulas and stability of waveplate in oblique incident beam[J]. Optics Communications, 2000, 176(1-3):9-15.

[42] 张为权. 斜入射时波片相位延迟和偏振像差的精确公式[J]. 光学学报, 1997, 17(8):162-164.

[43] 王道档. 点衍射球面检测中的斜反射波前像差校正[J]. 光学学报, 2011, 31(6):100-105.

[44] Wang D, Yang Y, Chen C, et al. Misalignment aberrations calibration in testing of high-numerical-aperture spherical surfaces[J]. Applied Optics, 2011, 50(14):2024.

[45] Wang J Y, Silva D E. Wave-front interpretation with Zernike polynomials[J]. Applied Optics, 1980, 19(9):1510-1518.

[46] Malacara D, Servin M, Malacara Z. Interferogram analysis for optical testing[J]. Optical Engineering, 2005(5):462.

[47] Chen X, Yang Y, Wang C, et al. Aberration calibration in high-NA spherical surfaces measurement on point diffraction interferometry[J]. Applied Optics, 2015, 54(13):3877.

[48] Popescu G, Ikeda T, Dasari R R, Feld M S. Diffraction phase microscopy for quantifying cell structure and dynamics[J]. Optics Letters, 2006, 31(6): 775-777.

[49] Bhaduri B, Edwards C, Pham H, et al. Diffraction phase microscopy: principles and applications in materials and life sciences[J]. Advances in

Optics and Photonics, 2014, 6(1):57-119.

[50] 杨甬英. 先进干涉检测技术与应用[M]. 杭州:浙江大学出版社, 2017.

[51] Pham H, Edwards C, Goddard L, et al. Fast phase reconstruction in white light diffraction phase microscopy[J]. Applied Optics, 2013, 52(1): A97-A101.

[52] Goetz G, Ling T, Gupta T, et al. Interferometric mapping of material properties using thermal perturbation[J]. Proceedings of the National Academy of Sciences of the United States of America, 2018, 115(11): E2499-E2508.

[53] Sridharan S, Macias V, Tangella K, et al. Prediction of prostate cancer recurrence using quantitative phase imaging[J]. Scientific Reports, 2015, 5:9976.

[54] Ling T, Boyle K C, Goetz G, et al. Full-field interferometric imaging of propagating action potentials[J]. Light: Science & Applications, 2018, 7: 107.

3

横向剪切干涉测试技术

横向剪切干涉技术[1]是一种利用两个形状完全一致、仅有微量横向偏移的波前使其在相互重叠区域发生干涉的高精度光学测量技术。横向剪切干涉仪与传统的泰曼–格林(Twyman-Green)干涉仪或菲索(Fizeau)干涉仪相比，最显著的特点是没有参考光路，因而也不需要参考镜。横向剪切干涉仪的优点在于：其一是简化了系统结构，极大地降低了成本，尤其在一些复杂面形表面的测量上更为显著；其二是消除了由参考镜面形所引入的系统误差；其三很容易就能实现完全共光路，消除了测量过程中由环境因素带来的干扰。

基于以上这些特点，在应用方面，横向剪切干涉除了在传统的光学检测领域例如(非)球面面形测量[2]、角位移测量[3]等有着广泛的应用，在光谱成像或是偏振光谱成像方面也是傅里叶变换光谱仪的主要实现手段。除此之外，它在定量相位显微(DPM)、光学相干层析(OCT)、光学衍射层析(ODT)等新兴领域[4]也有十分广泛的应用。

横向剪切干涉按照剪切原理的不同可以分为衍射方式和非衍射方式，两者在设计思路、光路结构上有着较大的差异。其中，衍射方式一般利用光栅产生多个方向不同、形状与待测光波相同的衍射光波，目前研究的方向主要是采用复合光栅的多波前剪切干涉，即一幅干涉图是由多组剪切波前叠加产生的；非衍射方式一般采用平行平板、棱镜、偏振器件或者是一些特殊的光路结构产生横向剪切，这种方式一般只能产生一组一个方向的剪切波前，这导致与该方向正交方向的相位偏差无法反映到干涉图中，因而常常需要两组干涉系统(剪切方向相互正交)。衍射方式最大的优点是能实现一组正交方向的横向剪切，从而避免了采用两组光路，但它受限于加工工艺，光栅的实际衍射光波相比于理论设计，存在难以避免的系统误差(包括波前形状误差、衍射方向偏差以及杂散衍射级次等方面的误差)；为了尽量减小这个系统误差，光栅加工的精度要求很高，导致了高成本。本章主要关注的是非衍射方式的双波前横向剪切干涉，而第 4 章将介绍基于衍射方式的多波前横向剪切干涉。

3.1 横向剪切干涉的基本概念

3.1.1 横向剪切干涉的理论基础

横向剪切干涉不同于其他干涉系统，并没有所谓"参考波"与"测试波"，参与干涉的两束光波均是携带待测物信息的原始光波的一种"复制"，即波前形状完全一样，仅存在横向平移的两个波前。从硬件上讲，剪切干涉的关键点就是生成这样两个波前，产生这两个波前的结构叫作剪切装置，两个波前之间的横向偏移叫作剪切量。横向剪切干涉系统的结构比传统干涉系统简单，一般而言它只有一条光路。若不考虑前置光源、光束整形装置以及后置成像、采集装置，其主体结构可以表示为：待测波前 W_0 通过剪切装置后产生两个具有一定横向偏移的剪切波前(W_1 和 W_2)，两者在重叠区域发生干涉，如图 3-1 所示。

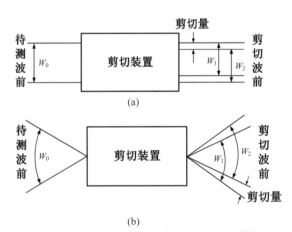

图 3-1 横向剪切干涉系统原理示意图。(a)待测波前以平面波为模板；(b)待测波前以球面波为模板

    常见的待测波前有两种形式，即如图 3-1(a)所示以平面波为模板的波前和图 3-1(b)所示以球面波为模板的波前，其中前者以平面波为参考标准，待测信息反映在待测波前相对干标准平面波的偏差，一般用于光学元件面形的检测；后者以球面波为参考标准，待测信息反映在待测波前和参考球面波之间的偏差，一般用于光学系统出射波前的检测(常以会聚光波入射到剪切装置)。

    参与剪切的两波前由剪切装置产生，理论上应该具有相同的强度和相位分布，仅存在一定的横向平移，因而在其重叠区域将会发生干涉。值得注意的是，横向剪切干涉的干涉图对应的相位分布是两个剪切波前的差分(称差分波前)而不是待测波前自身，所以，和传统干涉系统不同，横向剪切干涉图并不直接反映待测物的信息。此外，由于干涉只在两波前重叠的范围内发生，横向剪切干涉图的有效区域的大小和轮廓也同传统干涉仪的干涉图不同。图 3-2 对横向剪切干涉和传统干涉(迈克尔逊式)的系统结构和干涉图样进行了比较。

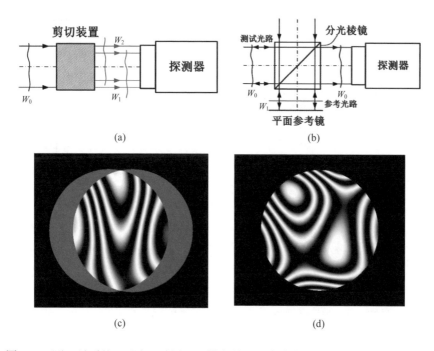

图 3-2 两种干涉系统及对应干涉图。(a)横向剪切干涉系统(W_0 为待测波前，W_1 和 W_2 为剪切波前)；(b)传统干涉系统(W_0 为待测波前，W_1 为参考波前)；(c)横向剪切干涉图；(d)传统干涉图(其中图(c)和(d)对应同一待测波前)

3.1.2 *横向剪切干涉的数学模型*

1. 剪切量与剪切率

在对横向剪切干涉中的一些数学关系进行定量说明之前，首先要对该领域涉及的两个重要概念即剪切量和剪切率进行定义。

首先是剪切量。对于待测波前为近似平面波的系统而言，剪切量是参与剪切干涉的两波前的横向偏移。需要注意的是，这里的"横向"可以是与系统光轴正交的观察面内的任意方向。如图 3-3(a)所示，宽度为 D 的待测波前 W_0 用虚线表示，由其横向偏移产生的两个波前(称为剪切波前)W_1'、W_2' 用实线表示，偏移方向设为与 x 轴夹角为 θ，剪切量 S 则为偏移量的大小。为了后续计算时方便，一般会选择剪切方向为所建坐标系的坐标轴方向，这里以 x 轴为例，如图 3-3(b)所示。同一待测波前采用不同的剪切方向得到的干涉条纹通常是不同的。

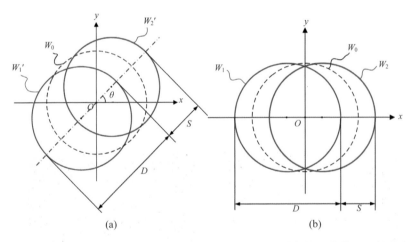

(a)　　　　　　　　　　　(b)

图 3-3 剪切量定义示意图。(a)沿任意方向剪切；(b)沿坐标轴方向剪切(x 轴方向)

在实际测试中，光束孔径的大小会发生变化。为了更合理地描述两波前在观察面上重叠区域的相对大小，剪切率的概念就被定义了。这里给出剪切率 β 的定义式，为剪切量 S 与孔径 D 之比：

$$\beta = \frac{S}{D} \tag{3-1}$$

需要说明的是，式(3-1)仅仅是剪切率的定义式，在实际计算剪切率的时候，一般运用的是它与系统各光学、结构参数之间的数学关系，这些数学关系是搭建一个横向剪切干涉系统之前必须要确定的。剪切率在横向剪切干涉测量中是一个关键参数，它与系统的灵敏度、动态范围等性能指标都有密切的关系。灵敏度σ(定义为差分波前与待测波前之比，它会影响干涉图对比度)与β的数学关系并非线性，但当β很小时，可以认为σ与β近似成正比。过低的σ会导致干涉条纹对比度的下降，故而σ一般决定了β的下限。动态范围DNR(通常认为是能测量的最大波前斜率)主要受探测器香农采样定理限制(探测器理论上需要至少2个像素采样一个条纹，实际上需要4~8个像素)，它与β的关系比较复杂。可以得出的一点规律是，当待测波前及差分波前的大小均单调变化且β较小时，DNR与β成反比，决定了β的上限。σ、DNR与β的关系可以用一组函数曲线图来形象地模拟。

图 3-4 中用一维余弦函数来模拟待测波前。其中两条实曲线为相互错位的剪切波前，虚线所绘曲线为剪切波前；横轴为坐标，纵轴为相位大小(即函数值的大小)。从图 3-4(a)到(d)，随着剪切率β(反映在两条实曲线相互错位的程度)不断增大(从 0.05 增大到 0.20)，表示差分波前的虚曲线其

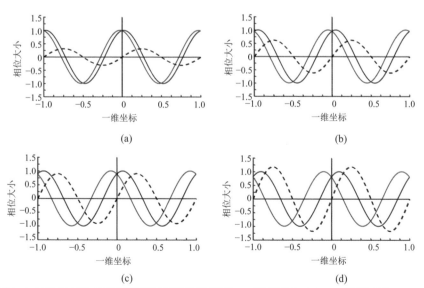

图 3-4 灵敏度与动态范围随剪切率变化示意图。(a)剪切率为 0.05；(b)剪切率为 0.10；(c)剪切率为 0.15；(d)剪切率为 0.20

峰-谷(PV)值不断增加、曲线斜率不断增大(选用坐标原点为参考点)。根据此前对 σ 和 DNR 的分析,在此过程中,灵敏度 σ 逐渐变大而动态范围 DNR 逐渐变小。

2. 横向剪切干涉的数学表示

记待测波前为 $W(x, y)$,其中 (x, y) 为归一化的孔径坐标。若将剪切方向设为 x 轴方向,剪切率设为 β ,则剪切装置产生的两个相互错位的剪切波前 W_1 、 W_2 可以表示为:

$$\left.\begin{aligned}W_1(x, y) &= W\left(x + \frac{\beta}{2}, y\right)\\W_2(x, y) &= W\left(x - \frac{\beta}{2}, y\right)\end{aligned}\right\} \tag{3-2}$$

假设待测波前为带有畸变的平面波,则重叠区域的干涉场 $\boldsymbol{E}$ (复振幅)可以表示为:

$$\boldsymbol{E} = \boldsymbol{E}_1 + \boldsymbol{E}_2 = A\left(\mathrm{e}^{2\mathrm{i}\pi W_1/\lambda} + \mathrm{e}^{2\mathrm{i}\pi W_2/\lambda}\right) \tag{3-3}$$

式中, A 为待测波前振幅。对应的干涉图样为:

$$I = \boldsymbol{E} \cdot \boldsymbol{E}^* = 2A^2 + 2A^2\cos\left[\frac{2\pi\left(W_1 - W_2\right)}{\lambda}\right] \tag{3-4}$$

由式(3-4)中可见,两剪切波前之差(定义为差分波前,记为 ΔW)决定了干涉面上的条纹分布,可以表示为:

$$\Delta W(x, y) = W\left(x + \frac{\beta}{2}, y\right) - W\left(x - \frac{\beta}{2}, y\right) = n\lambda \tag{3-5}$$

式中, n 为条纹序数。当剪切率 β 很小时,式(3-5)可以改写成微分的形式:

$$\Delta W(x,y)=\frac{W\left(x+\dfrac{\beta}{2},y\right)-W\left(x-\dfrac{\beta}{2},y\right)}{\beta}\beta\approx\frac{\partial W(x,y)}{\partial x}\beta=n\lambda \tag{3-6}$$

式(3-6)说明了剪切率 β 与系统灵敏度 σ、动态范围 DNR 的定量关系。首先，根据此前定义 σ 可以表示为：

$$\sigma=\frac{\Delta W(x,y)}{W(x,y)} \tag{3-7}$$

当 β 很小时，将式(3-6)代入式(3-7)可得此时 σ 正比于 β：

$$\sigma=\frac{\Delta W(x,y)}{W(x,y)}\approx\frac{\partial W(x,y)}{W(x,y)\partial x}\beta \tag{3-8}$$

对于 DNR，讨论变得复杂一些。首先，对于横向剪切干涉而言，香农采样定理作用于差分波前的斜率上。这里以实际中常要求的 8 像素采样一个波长条纹为例，差分波前的斜率需要满足如下条件：

$$\left|\frac{\partial\Delta W(x,y)}{\partial x}\right|\le\frac{\lambda}{8N}=\rho_0 \tag{3-9}$$

式中，N 为像素坐标归一化时引入的常系数。因而，不等式右边为一常数，记为 ρ_0。当式(3-6)的条件满足时，式(3-9)可以改写为：

$$\left|\frac{\partial^2 W(x,y)}{\partial x^2}\right|\beta\le\rho_0 \tag{3-10}$$

式中，待测波前梯度($\partial W(x,y)/\partial x$)的最大倾斜(即二阶导数的最大值)与 β 成反比。若在发生剪切的一个小区域内 W 与 $\partial W(x,y)/\partial x$ 均为单调函数(这在 β 较小时往往成立)，则待测波前梯度自身的最大值也与 β 成反比，即动态范围：

$$DNR = \max\left\{\left|\frac{\partial W(x,y)}{\partial x}\right|\right\} \propto \frac{1}{\beta} \tag{3-11}$$

3.1.3 波前畸变与干涉图样

实际的待测波前通常是带有波前畸变(或理解为几何光学中的像差)的近似平面波或球面波,为了评价待测波前的质量,需要对波前畸变进行定量描述。

泽尼克多项式[5](Zernike Polynomials,又称 Zernike 方程 ZF)是一种常用的方法。其主要有两种常见的形式,一种为标准 Zernike 多项式,一种为条纹 Zernike 多项式,两者的表达式有所不同。它的基底在单位圆上正交,且与几何像差有着对应关系,非常适合像质评价。采用 Zernike 多项式,待测波前可以表示为:

$$W(x,y) = \sum_{i=1}^{N} a_i Z_i(x,y) \tag{3-12}$$

式中,$Z_i|i\in[1,N]$ 为 Zernike 多项式的基底,$a_i|i\in[1,N]$ 为多项式系数,N 为多项式项数。关于 Zernike 多项式的细节本书 1.4 节已经详细介绍过,这里不再重复。而对于横向剪切干涉而言,差分波前的描述更为重要。在式(3-12)的基础上可以得出差分波前的 Zernike 多项式表示形式,称为差分 Zernike 多项式(Difference Zernike Polynomials):

$$\Delta W(x,y) = W\left(x+\frac{\beta}{2}\right) - W\left(x-\frac{\beta}{2}\right) = \sum_{j=1}^{N} a_j Z_j\left(x+\frac{\beta}{2},y\right) - \sum_{j=1}^{N} a_j Z_j\left(x-\frac{\beta}{2},y\right)$$

$$= \sum_{j=1}^{N} a_j \Delta Z_j(x,y;\beta) \tag{3-13}$$

式中,$\Delta Z_j(x,y;\beta)$ 为差分 Zernike 多项式的基底,是两剪切波前 Zernike 多项式的基底之差。剪切率是差分 Zernike 多项式中一个重要参数,决定了实际得到的干涉图样形状。这里采用条纹 Zernike 多项式,在表 3-1 中给出了剪切率为 0.2 时差分多项式前 16 项单独对应的干涉图样。

表 3-1 条纹 Zernike 多项式前 16 项对应像差剪切干涉图样

项数和像差类型	剪切干涉图样	项数和像差类型	剪切干涉图样
1.平移		2. x 轴倾斜	
3. y 轴倾斜		4. 离焦	
5. 0°像散及离焦		6. 45°像散及离焦	
7. 慧差及 x 倾斜		8. 慧差及 y 倾斜	
9. 球差及离焦		10. x 轴三叶像差	

项数和像差类型	剪切干涉图样	项数和像差类型	剪切干涉图样
11. y 轴三叶像差		12. x 轴 2 级像散	
13. y 轴 2 级像散		14. x 轴 2 级慧差	
15. y 轴 2 级慧差		16. 2 级球差	

3.2　玻璃平板横向剪切干涉法

　　玻璃平板是一类常见的用于产生横向剪切的装置。如图 3-5 所示，由于平板具有一定的厚度，所以平板前后两个面的反射光会产生一定的横向

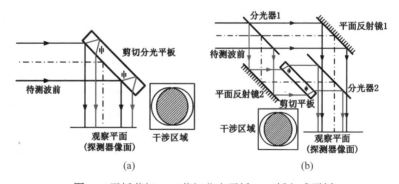

图 3-5　平板剪切。(a)剪切分光平板；(b)插入式平板

偏移。根据平板所起的作用，又可分为剪切分光平板法[6-7](图 3-5(a))和插入式平板法(图 3-5(b))。剪切分光平板既是分光器件，又是剪切装置，发生干涉的是平板前后两个表面的反射光，能够产生一个较大的剪切率；插入式平板仅起到剪切作用，分光由另外的分光板或分光棱镜完成。此外，平板的种类也是十分多样的，既有平行平板，也有楔形平板；既有单块平板，也有多块平板组合。基于平板的方法是横向剪切干涉中最常见、应用最为广泛的方法。

3.2.1 平板剪切分光法

平板剪切分光法是把平板既用作剪切装置又用作分光装置的横向剪切干涉方法，只需单块平板即可实现，其原理是平板的前后两个表面对待测波前进行了振幅分割并产生了横向偏移(图 3-5(a))。系统的剪切率大小受平板厚度 d 和入射角度 θ 影响，为了光路调整的方便，θ 一般为45°。需要注意的是，平板的厚度在产生横向剪切的同时也使得两个剪切波前之间具有一个较大的光程差，若不对其进行白光补偿，就必须采用激光光源。1964 年，美国罗切斯特大学(University of Rochester)的默蒂(Murty)[8-9]第一次引入 He-Ne 激光器，搭建了这种只有一块平板的简易装置(整体光路如图 3-6 所示)，并用它检测了透镜的出射波前(带有不同光束像差的波前，如图 3-7 所示，与表 3-1 中仿真结果一致)。故而，这种装置有时又称为 Murty 平板剪切干涉装置。

此类横向剪切装置虽然结构简单，但是有着广泛的应用，例如可以用来进行非球面面形的检测，光路示意图如图 3-8(a)所示；还可以用来进行透明物体内部均匀性(折射率分布)检测，如图 3-8(b)所示。

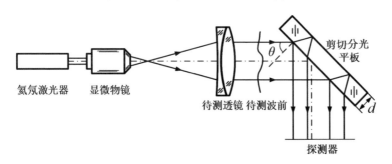

图 3-6 单块平行平板横向剪切干涉测量透镜出射波前示意图

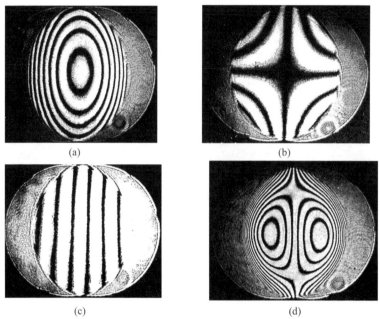

图 3-7 Murty 实验测得各波前剪切干涉图样。(a) 初级慧差(与剪切方向一致)；(b) 初级慧差(正交于剪切方向)；(c) 离焦；(d) 初级球差

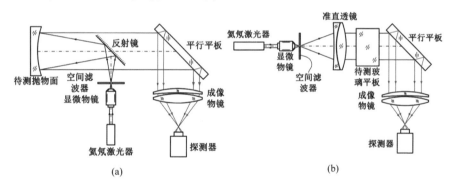

图 3-8 Murty 平板横向剪切干涉仪应用光路。(a)抛物面反射镜面形测量；(b)玻璃平板内部折射率分布测量

　　当然，Murty 平板横向剪切干涉系统作为一种原型结构，存在一些缺点和问题，其中一个显著的问题是它一般只能测量图 3-1(a)所对应的近似平面波前而无法进行会聚波前的检测，原因在于平行平板并非完善的成像器件，平板后表面的反射光会发生形变。对应的波前畸变被称为剪切畸变，这在数学上是非线性的，很难标定。

剪切畸变的存在不仅使得平板后表面反射波前发生严重变形，也让干涉场内剪切率不再是一个常数。如图 3-6 所示，若设干涉场口径为 D，平板厚度为 d，折射率为 n，入射角为 θ，则剪切率 β 可以表示为：

$$\beta = \frac{d}{D}\frac{\sin 2\theta}{\sqrt{n^2 - \sin^2\theta}} \tag{3-14}$$

对于会聚光束，不同空间高度的光线其 θ 是不同的。若取 $d/D = 1/5$，即平板厚度为 1 mm，干涉场直径为 5 mm，平板折射率 $n=1.41$，则 β 与 θ 的关系如图 3-9 所示。剪切率随入射角剧烈变化，这导致即使能够标定剪切畸变也难以进行波前重构。

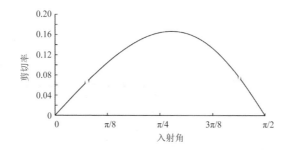

图 3-9 Murty 平板对不同入射角光线的剪切率

这也反映出，包括 Murty 平板在内的采用平板进行分光的剪切干涉系统不适宜会聚波前的检测，这点尚未有很好的解决方案。此外，早期的 Murty 平板存在的很多问题随着后续研究者不断完善而得以解决，不断有新系统被提出，下面对此进行梳理。

首先，早期采用平行平板的剪切装置不便于光路的调整。以图 3-6 所示光路为例，开始测量前，需要调整显微物镜使经过待测物镜的光束为近似平行，即把显微物镜的出射光束会聚到待测透镜的理论焦点附近。然而在调整过程中，并不能确定焦前焦后，因为干涉条纹是一样的(如图 3-10 所示)。因此，有人便提出将平行平板改为楔形平板(楔角方向与剪切方向正交)，这会在干涉条纹中引入一个倾斜量 E，产生一个背景条纹：

$$\Delta W(x, y) = \frac{\partial W(x, y)}{\partial x}S + Ey \tag{3-15}$$

这样的好处是不但在任何情况下都能看到干涉条纹(即使几乎没有像差)，也能解决调整的问题，因为此时焦前焦后的干涉条纹不再一致，可以确定调校的方向(如图 3-11 所示)。目前常用剪切干涉仪原理来判断光束准直性和离焦位置。

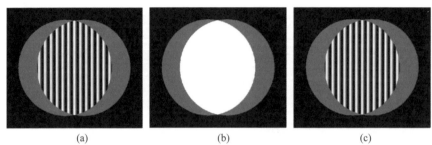

(a)   (b)   (c)

图 3-10 没有引入倾斜时的离焦干涉条纹。(a)焦前；(b)焦点处；(c)焦后

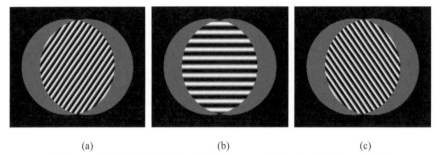

(a)   (b)   (c)

图 3-11 引入倾斜后的离焦干涉条纹。(a)焦前；(b)焦点处；(c)焦后

需要注意的是，这里所说的"倾斜载波"和表 3-1 中所列 x 或 y 轴方向的倾斜并不是一个概念。前者是待测波前携带的一种光束像差，它的差分是一个常数，反映到干涉图上为背景光；后者是在分光时改变了剪切波前的传播方向，即使得两剪切波前不再沿同一方向传播，此时差分波前会引入一个线性函数。

关于楔板引入倾斜载波，这里进一步讨论。如图 3-12 所示，对于一个楔角为 α、折射率为 n 的楔板(此处为了方便作图，楔角画得非常大，实际一般只有 $1' \sim 2'$)，前后两表面的反射光束存在一个倾斜角 γ(图中以其中一条光线为例)。经过推导，当 α 很小时，γ 可以认为与其成线性关系：

$$\gamma = \frac{2\alpha\sqrt{n^2 - \sin^2\theta}}{\cos\theta} \tag{3-16}$$

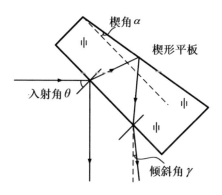

图 3-12 楔板引入倾斜示意图

通过式(3-16)可以根据所需倾斜量 γ 的大小选择不同楔角的楔形平板。倾斜量 γ 的选取一般遵循以下原则：下限需要大于待测波前的最大倾斜，上限受传感器 Nyquist 采样定律的限制。在横向剪切干涉中人为引入倾斜不仅仅是此前所述为了获得条纹或是方便调校，例如从傅里叶光学的角度上说，相当于施加了一个空间载频，有利于之后采用空间相位解调技术进行干涉图解调。

但是，使用楔形平板引入倾斜存在两个注意点需要考虑。第一，式(3-16)表明了 γ 和入射角 θ 相关，即不同入射角的入射光线获得的倾斜量是不同的。所以对于会聚光波而言，这种通过换用楔形平板的方式引入的倾斜在整个孔径内往往是变化的，给后续消除倾斜带来了麻烦。这其实也从另一方面印证了平板剪切不适合会聚光波的检测。第二，楔角的引入会让待测波前为近似平面波时，剪切率也在干涉场内变化的情况出现，只是当楔角 α 不大时(一般小于 $1'$)，这个影响是可以忽略的。这部分内容详见本章 3.5 节的移相技术部分。

其次，早期 Murty 平板系统不方便调节剪切率。在实际测量过程中，根据待测波前的特点通常需要选择一个合适的剪切率大小，虽然根据式(3-14)，Murty 平板通过旋转可以调节剪切率以获得不同的测量分辨率、动态范围。然而相比于平移而言，旋转调节的精度较低，且最大调节范围有限(受平板厚度限制)。更重要的是式(3-14)所表示的是一种非线性关系，因而标定起来比较困难。因此，有人提出一种改进方式[10]，即增加一块平板(或反射镜)，通过改变两块平板间的距离来调节剪切量，如图 3-13 所示。其中，平板 1 固定不动，平板 2 安装在沿光轴方向的滑动导轨上，两者相互平行并与系统光轴成 45°。当沿着系统光轴方向的平行光入射时，令平板 1 后表面到平板 2 前表面的轴向距离为 t，则剪切率 β 可以表示为：

$$\beta = \left(t + \frac{\sqrt{2}d}{\sqrt{2n^2-1}} \right) \Big/ D \tag{3-17}$$

式中，D、d 分别是探测器上光斑直径和平板厚度。如此，通过将平板 2 在导轨上移动来改变 t 的大小就可以线性地调节剪切量，而且这种方法的调节范围比较大。当然，与单平板一样，双平板装置也可以改进为楔形。

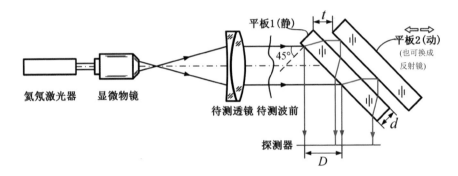

图 3-13 双平行平板横向剪切干涉测量透镜面形偏差

3.2.2 平板插入剪切法

另外一类实现横向剪切干涉的方式是在传统干涉光路中插入平板，常见于马赫–曾德(Mach-Zehnder)干涉仪以及萨尼亚克(Sagnac)干涉仪中，此时的平板一般不起分光作用，而仅起到剪切作用。在激光发明以前，插入平板的方法采用较多，因为它一般满足等光程条件，不需要额外的白光补偿。

图 3-14 为 Mach-Zehnder 横向剪切干涉仪测量透镜出射波前的光路，原光路中的两个分光器分别用于分光和合束，插入的两块平板产生横向剪切，当插入的两平板厚度相同、与光轴夹角相反(即图中的情况)，系统实现了等光程干涉，且两干涉光束的强度基本相同，因而有利于获得较好的条纹对比度。

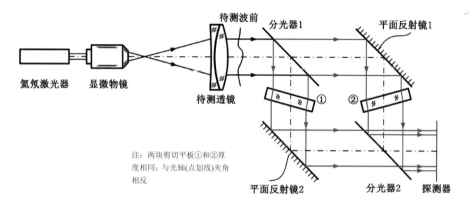

注：两块剪切平板①和②厚度相同；与光轴(点划线)夹角相反

图 3-14 Mach-Zehnder 平板横向剪切干涉系统示意图

  Mach-Zehnder 平板横向剪切干涉仪的主要问题有两方面：其一是干涉光束非共路，其二是元件数量较多(仅考虑干涉部分就有 2 个分光器、2 面反射镜以及 2 块平板)导致的位姿调节困难。因此，在实际应用中并不常见。

  Sagnac 干涉仪很好地解决了 Mach-Zehnder 干涉仪中非共光路的问题。它的结构来源于径向剪切干涉仪中常见的环形结构，由分光器件(分光板或分光棱镜)和两面反射镜(夹角为 45°)来搭建一个循环光路，将反射镜之间的伽利略望远镜换成平板即可将其改造为横向剪切干涉仪。同样以测量透镜出射波前为例，Sagnac 平板横向剪切干涉仪的光路如图 3-15 所示。待测波前经分光板分为两路，一路经反射镜 1 反射后通过剪切平板被反射

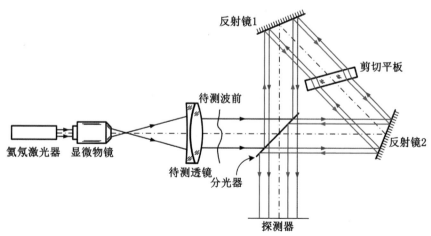

图 3-15 Sagnac 平板横向剪切干涉系统

镜 2 反射，另一路则相反。平板对两路光产生的横向偏移也是相反的，引入的剪切率大小相当于非环形光路的两倍，可以通过旋转平板进行调节。

从图 3-15 可以知道，发生干涉的两路光在系统中的路径完全一致，只是方向相反，所以此系统能够实现共路的等光程干涉。此外，在旋转平板调节剪切率的过程中，干涉场的中心位置并不会发生移动，这一点相对于剪切分光平板以及 Mach-Zehnder 横向剪切干涉也是一个优势。目前，Sagnac 平板横向剪切干涉仪在干涉光谱成像领域有一定的应用[11]。

3.3   平移横向剪切干涉法

平移横向剪切法的原理是：采用几块反射镜(或棱镜)构成折叠形式的光路结构，使经过分光器件的两束光最终沿同一方向出射，然后移动其中一块反射镜让两光束产生一定量的横向偏移，从而实现横向剪切干涉。平移剪切按光路结构分可以分为共光路和非共光路，其中前者一般为 Sagnac 型光路，如图 3-16(a)所示，分光器产生的两个剪切波前在光路中沿相反方向传播，通过平移其中一块反射镜，即可实现横向剪切；后者可以为迈克尔逊(Michelson)型或 Mach-Zehnder 型，只作简要介绍。平移剪切法的剪切率不再受平板厚度限制，因而能够实现大口径待测波前的剪切。

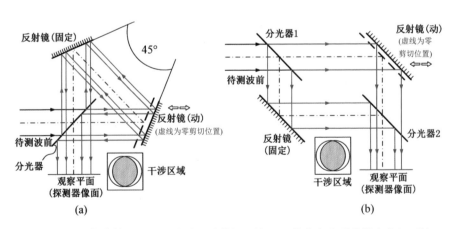

图 3-16 平移横向剪切。(a)共光路平移剪切干涉；(b)非共光路平移横向剪切干涉

3.3.1 环形共光路平移剪切法

环形 Sagnac 干涉仪[12]具有共光路、元件数较少、结构紧凑[13-14]等优点。基于此的平移剪切的实现方式有很多种，图 3-17 给出了其中两种光路(仅剪切–分光部分)，而此前图 3-16(a)也是一种 Sagnac 型的光路结构。其中，图 3-17(a)中的光路采用两块半五角棱镜(顶面和底面镀有反射膜)代替了图 3-17(b)及此前图 3-16 (a)中的平面反射镜作为剪切方式，同时省去了额外的分光器件(两块半五角棱镜的贴合面实现分光)，这样减少了元件位姿调整的烦琐过程；图 3-17(b)的光路和图 3-16(a)的光路类似，通过平移反射镜 1 实现剪切(其他反射镜固定)。

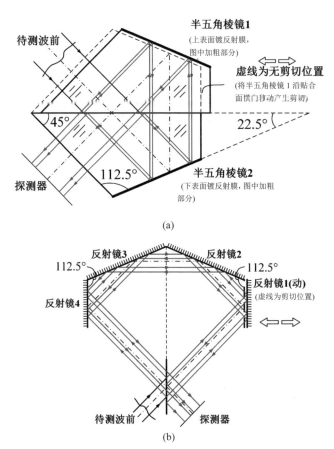

图 3-17 Sagnac 平移横向剪切干涉实现方式。(a)采用两块半五角棱镜；(b)采用反射镜

Sagnac 平移横向剪切干涉广泛应用于诸多测量领域[15-18]，如平板厚度的测量[19]、透镜焦距的测量[20]等，参考光路如图 3-18 所示。

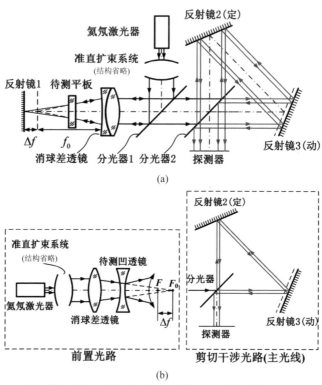

(a)

(b)

图 3-18 Sagnac 平移横向剪切干涉仪的研究与应用。(a)测量平板厚度； (b)测量透镜焦距(凹透镜)

图 3-18(a)为测量平板厚度的光路，其原理是测量放入待测平板前后两个猫眼位置的距离(图中 Δf)来获得待测平板的厚度。而当移动反射镜 1 到猫眼位置时，剪切干涉场内条纹消失，因而实际是找到干涉场中条纹消失的两个位置。当然，根据此前的分析，消球差透镜需要较小的数值孔径(NA)，以减轻由待测平板导致的散焦现象。若设待测平板折射率为 n，则厚度可以表示为：

$$t = \frac{n\Delta f}{2(n-1)} \tag{3-18}$$

图 3-18(b)为测量凹透镜焦距的光路,其原理是测量消球差透镜(标准镜)

和待测镜焦点之间的距离来获得待测镜的焦距。测量过程为：首先记录待测镜的初始位置，此时干涉场内主要是离焦带来的直条纹；移动待测镜直到干涉场内条纹消失(此时两透镜焦点重合)，记下此时待测镜的位置，其与初始位置之差即为初始时两焦点距离 Δf；最后由标准镜焦距减去两镜之间距离以及 Δf 即为待测镜焦距。

3.3.2　传统非共光路平移剪切法

传统的非共光路干涉仪也可用平移法进行横向剪切，比如 Michelson 干涉仪(图 3-19(a))和 Mach-Zehnder 干涉仪(图 3-19(b))。

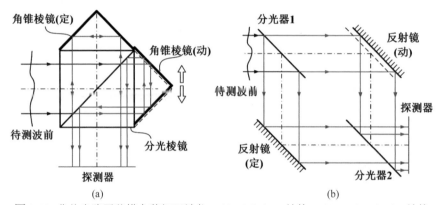

图 3-19 非共光路平移横向剪切干涉仪。(a)Michelson 结构；(b)Mach-Zehnder 结构

图 3-19(a)为利用角锥棱镜构建的 Michelson 干涉仪，通过平移其中一臂上的角锥棱镜来实现横向剪切干涉，图中给出了剪切—分光部分的光路。这种结构因为十分紧凑，常见于便携式干涉成像光谱仪中[21]。

图 3-19(b)为利用分光器—反射镜构建的 Mach-Zehnder 干涉仪，除去此前介绍的插入平板的方法，它也可以利用平移反射镜的方式实现剪切。这种结构可以随意引入倾斜载波并调节其大小(只需旋转其中一块反射镜)，但由于是非共光路，光源需要采用相干光源，抗干扰性较差，因而一般在实验室测量某个物理量而临时搭建，很少用于工业界。可以用它来测量空间中两点的相关函数[22]以及激光脉冲中的高次谐波[23]等。

由于本书主要介绍共路干涉检测技术，故而此类结构不作过多介绍。

3.4   偏振横向剪切干涉法

偏振横向剪切干涉利用的是晶体平板的双折射效应产生两束相互交叠的光束,目前主要有单块晶体平板以及两块光轴方向正交的平板组成的萨瓦(Savart)偏振镜这两种具体方案,分别如图 3-20(a)和(b)所示。其中晶体平板一般采用单轴晶体(如方解石晶体),由于这类晶体寻常光和非寻常光的折射角(分别为 θ_o 和 θ_e)一般不会相差太大,可用于剪切率较小的情况; Savart 偏振镜则可根据两块晶体的光轴方向选取不同的剪切方向。偏振剪切的共同特点是杂散光的影响较小,但无法实现较大的剪切量。

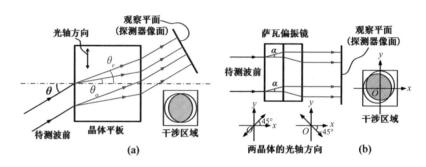

图 3-20 偏振剪切。(a)单块晶体平板; (b)Savart 偏振器

3.4.1   晶体平板双折射剪切分光法

偏振器件产生横向剪切利用的是晶体的双折射现象,即在晶体中一个特定的波法线方向,可以对应两束振动方向不同的线偏振光,它们的光波折射率、光线速度和光线方向都是不同的。从另一个方面说,如果将一束线偏振光入射到晶体中,那么在界面上就会产生两束折射光,对应不同的折射率、传播与偏振方向,它们之间会产生一个与晶体厚度、折射率、光轴方向和入射方向相关的横向偏移,从而实现横向剪切,因此晶体平板同时实现了剪切和分光。下面首先以方解石(CaCO$_3$, n_o=1.65578, n_e=1.48535)晶体平板为例,介绍偏振横向剪切干涉的原理。

根据光轴与入射面的关系,晶体平板剪切—分光装置主要有两种工作模式:一种是晶体光轴在入射面内,另一种则是晶体光轴垂直于入射面。如图 3-21 所示,设入射角为 θ,入射光矢量为 **k**,o 光折射角(o 光波法线

k_o与界面法线的夹角)为θ_o，e光折射角为θ_e，离散角(e光波法线方向k_e与光线方向S_e的夹角，o光离散角为0°)为α，剪切量为S(这里暂不讨论待测光口径，故采用剪切量而非剪切率来描述)。

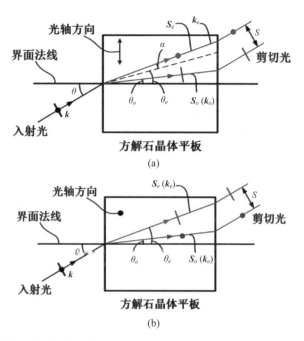

(a)

(b)

图 3-21 双折射晶体横向剪切原理示意图。(a)光轴位于入射面内；(b)光轴垂直于入射面

图 3-21(a)所示为光轴在入射面内的情况，这里令光轴方向与界面法线相垂直，定义此时 e 光光线方向 S_e 与界面法线夹角为$\theta' = \theta_e + \alpha$，则剪切量 S 可以表示为：

$$S = d(\tan\theta' - \tan\theta_o)\cos\theta \tag{3-19}$$

根据菲涅尔定律，o 光与 e 光折射角满足以下关系：

$$\begin{cases} n_o \sin\theta_o = \sin\theta \\ n_e(\theta_e)\sin\theta_e = \sin\theta \end{cases} \tag{3-20}$$

式中，o 光折射率 n_o 为常数（$n_o = 1.65578$）。e 光折射率与 θ_e 有关，根据（波法线）菲涅尔方程，可以表示为：

$$n_e^2(\theta_e) = \frac{n_o n_e^2}{n_o^2 \cos^2 \theta_e + n_e^2 \sin^2 \theta_e} \tag{3-21}$$

将式(3-21)代入式(3-20)可得：

$$\tan \theta_e = \frac{n_o \sin \theta}{n_e \sqrt{n_o^2 - \sin^2 \theta}} \tag{3-22}$$

同样根据菲涅尔方程，θ' 与 e 光折射角 θ_e 存在以下关系：

$$\cot \theta_e = \frac{n_o^2}{n_e^2} \cot \theta' \tag{3-23}$$

将式(3-20)、(3-22)、(3-23)代入式(3-19)，可以得到剪切量与入射角 θ 的关系为：

$$S = d \sin \theta \cos \theta \left[\frac{1}{\sqrt{n_o^2 - \sin^2 \theta}} \left(1 - \frac{n_e}{n_o} \right) \right], \quad \theta \in \left[-\frac{\pi}{2}, \frac{\pi}{2} \right] \tag{3-24}$$

显然，S 是关于 θ 的变量，因而旋转晶体平板可以调节剪切量。需要说明的是，此前推导时为了方便，默认了光轴的位置，晶体平板旋转过程中光轴的方向也发生了变化，式(3-24)只是一种近似情况。

另一种特殊情况如图 3-21(b)所示，晶体光轴垂直于入射面，此时 o 光和 e 光的波矢方向均和光轴正交，所以对于 e 光而言，其波矢方向与光线方向相同(即离散角 α 为 0°)。此时的分析更加简单，由式(3-20)、(3-21)、(3-22)即可推得剪切量 S 与入射角 θ 的关系（$n_e(\theta) = n_e$，为常数）：

$$S = d \sin \theta \cos \theta \left(\frac{1}{\sqrt{n_e - \sin^2 \theta}} - \frac{1}{\sqrt{n_o^2 - \sin^2 \theta}} \right) \tag{3-25}$$

由式(3-24)和式(3-25)可得不同入射角下剪切量 S 的调节范围(相对于晶体平板厚度 d),如图 3-22 所示。

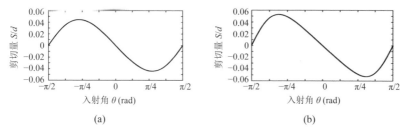

(a)   (b)

图 3-22 两种情况下剪切量 S 的调节范围(相对于晶体平板厚度 d)。(a)晶体光轴在入射面内;(b)晶体光轴垂直于入射面

从图 3-22 可以看出,无论在哪种情况下,S 的变化都有以下两个特点:第一是非线性非单调变化,标定难度大;第二是其最大能实现的 S 比较有限,约为晶体平板自身厚度的 5%,因而并不适用于测试宽光束。

在应用方面,偏振横向剪切干涉集中于小口径待测波前或小尺寸待测物的检测,例如细光束波前畸变的检测[24]、衍射元件表面形貌检测[25]等。

3.4.2 Savart 偏振镜二次剪切法

单块晶体平板的横向剪切干涉主要问题有以下两方面:第一,剪切率太小,尤其对于大口径待测波前(图 3-22);第二,并非等光程干涉,o 光和 e 光之间存在光程差。采用两块晶体平板的 Savart 偏振镜能够解决这些问题[25]。

Savart 偏振镜的研究开始于 20 世纪 50 年代,它的结构包含两块完全一样的单轴晶体,旋转(或翻转)其中一块晶体可以改变两晶体光轴的相对位置。根据光轴的相对位置,Savart 偏振镜主要有两种形式,如图 3-23 所示。

图 3-23(a)中两晶体的光轴不共面,因而在第一块晶体中的 e 光(非寻常光)入射到第二块晶体时就变成了 o 光(寻常光),在图中记作"eo"光;对于第一块晶体中的 o 光同理,记作"oe"光。由于双折射现象,这两束光在出射时会在 x 和 y 方向都产生一个偏移(即产生两次剪切),当两块平板完全一样时其偏移大小是相同的,因而剪切方向在 xOy 平面内与两坐标轴正向成 45°。此时两束光在 Savart 偏振器内走过的路程也是一致的,因而也满足等光程条件。这种结构的 Savart 偏振镜较为常见。

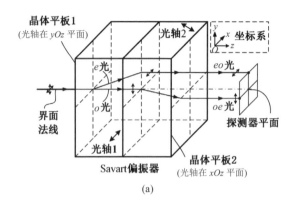

(a)

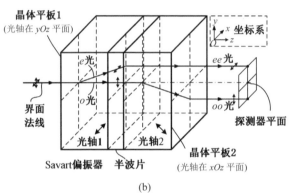

(b)

图 3-23 Savat 平板结构及剪切示意图。(a)两晶体光轴不共面；(b)两晶体光轴共面

图 3-23(b)中两晶体的光轴共面，这样一来如果直接入射，第一块晶体中的 o (e)光到了第二块晶体中依然是 o (e)光，这样两光束出射时虽然产生了横向偏移但也带上了一个很大的倾斜，导致干涉条纹密度超过探测器采样限制。因此，需要在两块晶体中间插入一块半波片，令半波片的快轴方向与 o 光和 e 光的偏振方向均成 45°，那么 o (e)光经过半波片后偏振方向就会转动 90°，从而变成了 e (o)光，这样一来便可以获得同图 3-23(a)中结构类似的效果，只是最终的 eo 光与 oe 光的偏振方向相反并且剪切方向沿图中的 y 轴。与前一种结构相比，这种结构能够获得的剪切量 S 更大，但增加的半波片也带来了很多问题，比如破坏了等光程特性，因为两束光在半波片内部会产生光程差。然而更重要的是，在多光谱系统中，半波片不可能在多个波段同时正常工作，所以该结构一般不用于干涉成像光谱仪之类的系统中。

此外还有很多可以用于横向剪切干涉的偏振器件，比如沃拉斯顿 (Wallaston)棱镜。不过 Wallaston 棱镜的结构和产生横向剪切的原理同 Savart 偏振镜的第一种结构类似，且应用较少，这里也就不再赘述。需要 注意的是，在图 3-21 和 3-23 中，我们可以发现出射光束的偏振方向是相 互正交的，实际并不满足干涉条件，因而需要通过一个检偏器，检偏器的 透光轴方向一般要求位于两光束偏振方向的角平分线上。同时，为了保证 干涉条纹的可见度，两光束的强度大小要尽量一致，这要求入射光的偏振 方向也要满足一定条件，故在偏振剪切器件前还需要放一个起偏器[26]， 其偏振方向一般与检偏器的一致。起(检)偏器一般用廉价的薄膜偏振片， 在性能要求较高的情况下可使用起偏棱镜，如格兰–泰勒(Glen-Taylor)棱 镜，消光比可以达到 10^{-5} 数量级。加入起偏器、检偏器的偏振横向剪切 干涉示意图如图 3-24 所示。

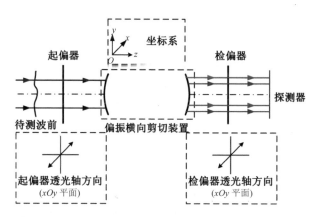

图 3-24 基于偏振器件的(透射式)横向剪切干涉系统示意图

3.5 横向剪切干涉中的移相技术

与传统干涉类似，横向剪切干涉中探测器直接采集到的是光强条纹， 而我们需要得到的是待测波前的位相分布。所以，从反映强度信息的干涉 图中提取相位(差分波前)，是实现横向剪切干涉数字化解调的第一步。干 涉相位的调制与解调技术是提取相位的最常用方法，主要分为三类：(时 域)机械移相法、空间频域解调法(傅里叶变换法)与偏振移相法。其中基于 傅里叶变换的空间频域解调法由于不需要改变光路结构，所以在剪切干涉和传统干涉中的实现方式是一致的(参见第 5 章)。由于剪切干涉系统结构的特殊性，另外两种移相的方法，即时域移相法和偏振移相法，在实现方式上与传统干涉系统有所不同，而不同之处主要在光路结构上。下面将对此进行介绍。

3.5.1 传统机械移相法

时域移相干涉技术是一种通过多幅连续记录的干涉图提取位相信息的方法[27]，具体的实现过程为：在一段连续的时间内，改变两干涉光束的光程差(改变量的大小是已知的)，获取多幅干涉图并通过移相算法求出波前信息。在传统干涉仪中，最常用的时域移相法是利用压电陶瓷(PZT)的机械移相法，其原理是 PZT 会随外加电场大小的改变而发生形变，因此将 PZT 固定在干涉仪参考镜上即可人为改变参考臂的长度，实现移相干涉。图 3-25 即为泰曼–格林(Twyman-Green)干涉仪采用 PZT 移相干涉检测平面面形的光路。

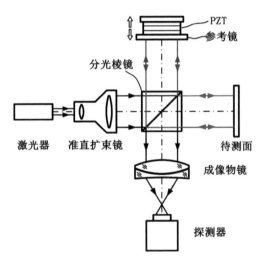

图 3-25 PZT 移相泰曼–格林(Twyman-Green)干涉仪检测平面光路

对于横向剪切干涉而言，实现移相干涉除了需要能够定量改变光程差 δ ，还需要在此过程中保持剪切率 β 不变。这是因为剪切率 β 一旦改变，相当于干涉波前本身发生了变化，即引入了新的变量，那么通过提取多幅干涉图建立更多数学方程也就没有了意义。

这个问题主要体现在基于剪切分光平板的系统中。这里以 Murty 平板为例，这种系统中参与干涉的两光束之间的光程差只与平板厚度和入射角有关，而唯一改变光程差的途径只有旋转平板(改变入射角)，但这样做的话会改变剪切率。因此，一般的 Murty 平板横向剪切干涉仪无法实现传统的时域机械移相，需要对其进行一些改进。

一个可能的方案是利用楔形平板代替平行平板[28-29]，沿切向平移的方式进行移相，其原理如图 3-26 所示。在楔板平移的过程中，由于楔面的反射光在平板中经过的路程不同，因此会产生一个光程差$\delta\Delta$，达到移相的目的。若平移量为δL(图中虚线位置为平板原始位置，实线位置为平移后位置，考察入射点为 A 的一条光线)，由此导致的光程差变化量$\delta\Delta$在图中可以表示为(其中 n 为平板折射率)：

$$\delta\Delta = n\left(CF - BD\right) - DE \tag{3-26}$$

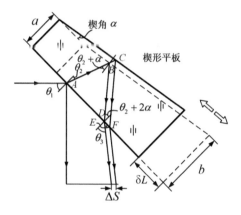

图 3-26 平移楔板移相干涉原理图

将图 3-26 中所示的各边和角的参数代入式(3-26)中，计算后可得：

$$\begin{aligned}
\delta\Delta &= \frac{2\delta L \tan\alpha}{a+b}\left(n\cdot BD - AD\sin\theta_3\right) \\
&= \frac{\delta L \sin\alpha}{\cos(\theta_2+\alpha)\cos(\theta_2+2\alpha)}\left[n\cos\theta_2 - \sin(2\theta_2+2\alpha)\sin\theta_3\right]
\end{aligned} \tag{3-27}$$

一般而言，楔形平板的楔角 α 相对于折射角 θ_2 是一个极小量，因而可对式(3-27)进行近似处理，从而得到光程差与楔板折射率 n、入射角 θ_1、平移量δL 和楔角α 的关系为：

$$\delta\varDelta = \delta L\alpha\sqrt{n^2 - \sin^2\theta_1} \tag{3-28}$$

以四步移相法为例，连续提取四幅干涉图并令其对应的位相差依次相差π/4，总的移相量为2π，光程差的改变量为λ。因此，在式(3-28)的基础上可得平移量为：

$$\delta L_{\mathrm{m}} = \frac{\lambda}{\alpha\sqrt{n^2 - \sin^2\theta_1}} \tag{3-29}$$

由式(3-29)的α可以看出，楔板完成一次四步移相的平移量应远大于波长λ，而传统机械移相(如图 3-25 所示)中参考面的平移量一般在波长量级，这就意味着两者的平移手段是不同的，平移楔板移相干涉中的平移应该用行程更大的线性导轨完成而非PZT。下面对此进行定量分析，讨论常用光学导轨的量程与精度是否能满足移相要求。

假设楔角α 为1′，光源波长λ 为 500 nm，平板折射率n 为 1.51(K9 玻璃)，入射角θ_1 为 45°，代入式(3-29)计算可得四步移相时楔板的平移量为1.42 mm，常用光学导轨的量程可满足要求。

接下来讨论导轨精度。根据式(3-28)，系统的移相量和导轨平移量成线性关系。假设其他参数(α、λ、n 和θ_1)与此前量程分析取相同值，平移误差引入的系统误差小于1/100λ，导轨平移量的精度要求优于12.78 μm，大多数商业直线导轨的精度满足要求。

由此可见，采用直线导轨的楔板平移移相在理论上是可行的。进一步讨论干涉系统中其他参数对移相精度的影响。对式(3-28)求全微分得：

$$\begin{aligned}
\mathrm{d}(\delta\varDelta) &= \frac{\partial(\delta\varDelta)}{\partial(\delta L)}\mathrm{d}(\delta L) + \frac{\partial(\delta\varDelta)}{\partial\alpha}\mathrm{d}\alpha + \frac{\partial(\delta\varDelta)}{\partial\theta_1}\mathrm{d}\theta_1 + \frac{\partial(\delta\varDelta)}{\partial n}\mathrm{d}n \\
&= \alpha\sqrt{n^2 - \sin^2\theta_1}\,\mathrm{d}(\delta L) + \delta L\sqrt{n^2 - \sin^2\theta_1}\,\mathrm{d}\alpha + \cdots \\
&\quad + \frac{1}{2}\alpha\delta L\sin 2\theta_1\left(n^2 - \sin^2\theta_1\right)^{-\frac{1}{2}}\mathrm{d}\theta_1 + n\alpha\delta L\left(n^2 - \sin^2\theta_1\right)^{-\frac{1}{2}}\mathrm{d}n
\end{aligned} \tag{3-30}$$

其中δL 取 1 mm。α、λ、n 和θ_1 与此前分析取相同值，令它们的误差分别为：$d(\delta L)=1\ \mu m$，$d\alpha = 1''$，$d\theta_1 = 1'$，$dn = 10^{-4}$，则可得它们对整体系统误差的贡献分别为：$7.76\times10^{-4}\lambda$，$1.29\times10^{-2}\lambda$，$6.34\times10^{-5}\lambda$，$6.58\times10^{-5}\lambda$。显而易见，楔角 α 的加工与标定精度对于移相精度影响最大。因此，采用楔形平板平移的方式进行移相干涉时，楔角本身的精度需要满足一个较高的要求。对于上述情况，若要使其引入的系统误差小于 0.01λ，楔角 α 的标称误差应小于 $1''$。

需要注意的是，这种移相干涉的方法存在一个隐含的问题，即楔角的存在会带来剪切率的变化。这个问题在此前 3.2.1 小节介绍楔形平板时首次提到，但并没有进行定量分析而只是说明其影响较小，一般不予考虑。下面对此进行解释与补充说明。

由于作图时有意放大了楔角，该问题在图 3-26 中表现得十分明显，图中可见平移前后，剪切量改变了 ΔS 的大小(由于不便于作出全口径光束，这里讨论剪切量来反映剪切率的变化)，这是由于楔角的存在导致了平移前后同一高度的入射光线在楔板中经过不同的路程。当楔角 α 很小时，忽略其对光线方向的改变，可以将楔板在平移前后等效为不同厚度的平行平板，定义等效平板的厚度为等效厚度，记为 d'。若令楔板入射面中心位置为平移参考位置，则 d' 可以表示为平移量 δL 的函数：

$$d' = \frac{a+b}{2} + \alpha\delta L \tag{3-31}$$

式中，a 和 b 分别为楔板上下两底边的长度。此时剪切量的计算可以参考式(3-14)，去掉分母中的 D(光束宽度，这里只讨论单根光线)并用 d' 代替分子中的 d，可以得到楔板横向剪切干涉剪切量 S 的表达式：

$$S = \frac{d'\sin 2\theta_1}{2\sqrt{n^2-\sin^2\theta_1}} = \frac{\left[(a+b)+\alpha\delta L\right]\sin 2\theta_1}{2\sqrt{n^2-\sin^2\theta_1}} \tag{3-32}$$

平移楔板对剪切量的影响可以由式(3-32)的偏导求得。以一次四步移相为例(平移量为 δL_m)，移相前后剪切量改变的大小为：

$$\Delta S = \frac{\partial S}{\partial(\delta L)}\cdot\delta L_m = \frac{\alpha\sin 2\theta_1}{2\sqrt{n^2-\sin^2\theta_1}}\cdot\frac{\lambda}{\alpha\sqrt{n^2-\sin^2\theta_1}} = \frac{\lambda\sin 2\theta_1}{2\left(n^2-\sin^2\theta_1\right)} \tag{3-33}$$

代入 α、λ、n、θ_1 进行计算，可得剪切量改变了约 $0.2\,\mu m$。将其作为剪切率计算的一个误差源，若要使其引入的误差小于 0.01%，则光束口径需要大于 $2\,mm$。待测光束的口径一般大于该值，因而移相过程中楔角带来的剪切率变化在一定程度上可以忽略。

3.5.2 偏振移相法

偏振移相法[30-31]是一种利用光的偏振现象的移相方式，它通过在光路中插入一些偏振器件，改变各路径光束的偏振态，并最终将对干涉光束的偏振态调制转化为相位调制从而实现移相。这种移相方式能够进行光强平衡，消除杂散光线与回授光线，有效提高干涉条纹的对比度。在传统的 Twyman-Green 干涉仪中，除了需将图 3-25 中的普通分光棱镜(BS)换为偏振分光棱镜(PBS)，还需要插入的偏振器件包括一块检偏器、三块 1/4 波片以及一块 1/2 波片，它们在光路中的位置如图 3-27 所示。

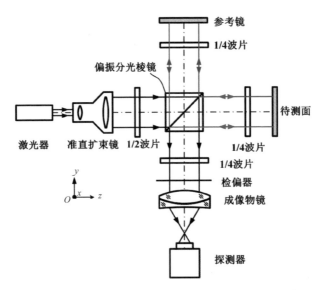

图 3-27 偏振移相 Twyman-Green 干涉仪检测平板光路

定义图中的光轴方向(点画线方向)为 z 轴方向，xy 方向与之成右手坐标系。激光器输出的线偏振光(假设其强度为 1)经 1/2 波片后成为偏振方向与 x 轴成 θ 角的线偏振光，用琼斯矢量可以表示：

$$E = \begin{bmatrix} \cos\theta \\ \sin\theta \end{bmatrix} = \begin{bmatrix} E_x \\ E_y \end{bmatrix} \tag{3-34}$$

该线偏振光经过 PBS 后，在参考光路和测试光路得到两束偏振方向相互正交的线偏振光，分别记为 E_r 和 E_t：

$$\left. \begin{aligned} E_r &= \begin{bmatrix} 1 & 0 \\ 0 & 0 \end{bmatrix} \cdot \begin{bmatrix} \cos\theta \\ \sin\theta \end{bmatrix} = \begin{bmatrix} \cos\theta \\ 0 \end{bmatrix} \\ E_t &= \begin{bmatrix} 0 & 0 \\ 0 & 1 \end{bmatrix} \cdot \begin{bmatrix} \cos\theta \\ \sin\theta \end{bmatrix} = \begin{bmatrix} 0 \\ \sin\theta \end{bmatrix} \end{aligned} \right\} \tag{3-35}$$

可见，1/2 波片的作用是调节发生干涉的两光束的光强。一般而言，为了获得更好的对比度，θ 取 45°，此时两光束的光强相等。干涉仪两臂均放置有一块相同的 1/4 波片，其快轴在 xOy 平面内且与 x 轴成 45°，琼斯矩阵为：

$$G_{\lambda/4} = \frac{1}{\sqrt{2}} \begin{bmatrix} 1 & i \\ i & 1 \end{bmatrix} \tag{3-36}$$

(参考臂、测试臂)两束线偏振光两次通过 1/4 波片后仍为线偏振光，偏振方向绕 x 轴旋转了 90°(相当于互换了偏振方向)，依然互相正交。考虑到测试光被待侧面附加了 φ 的相位偏差，两者的琼斯矢量分别为：

$$\left. \begin{aligned} E_{rr} &= G_{\lambda/4} \cdot G_{\lambda/4} \cdot E_r = \frac{1}{2} \begin{bmatrix} 1 & i \\ i & 1 \end{bmatrix} \cdot \begin{bmatrix} 1 & i \\ i & 1 \end{bmatrix} \cdot \begin{bmatrix} \cos\theta \\ 0 \end{bmatrix} = i \begin{bmatrix} 0 \\ \cos\theta \end{bmatrix} \\ E_{tt} &= \exp(i\phi) G_{\lambda/4} \cdot G_{\lambda/4} \cdot E_t = \frac{1}{2} \begin{bmatrix} 1 & i \\ i & 1 \end{bmatrix} \cdot \begin{bmatrix} 1 & i \\ i & 1 \end{bmatrix} \cdot \begin{bmatrix} 0 \\ \sin\theta \end{bmatrix} = i \exp(i\phi) \begin{bmatrix} \sin\theta \\ 0 \end{bmatrix} \end{aligned} \right\} \tag{3-37}$$

由于两线偏振光互换了偏振方向，所以在 PBS 中，原来的 s 波成了 p 波，而 p 波成了 s 波，因此不会有光束回授到激光器中。接着，这两束光再通过一块 1/4 波片(快轴方向与前者相同)，分别变为左旋圆偏振光和右旋圆偏振光：

$$
\left.\begin{array}{l}
\boldsymbol{E}_{\mathrm{rr}}{}' = \dfrac{1}{\sqrt{2}}\begin{bmatrix} 1 & \mathrm{i} \\ \mathrm{i} & 1 \end{bmatrix} \cdot \boldsymbol{E}_{\mathrm{rr}} = \dfrac{\cos\theta}{\sqrt{2}}\begin{bmatrix} -1 \\ \mathrm{i} \end{bmatrix} \\[4mm]
\boldsymbol{E}_{\mathrm{tt}}{}' = \dfrac{1}{\sqrt{2}}\begin{bmatrix} 1 & \mathrm{i} \\ \mathrm{i} & 1 \end{bmatrix} \cdot \boldsymbol{E}_{\mathrm{tt}} = \dfrac{\sin\theta}{\sqrt{2}}\exp(\mathrm{i}\phi)\begin{bmatrix} 1 \\ \mathrm{i} \end{bmatrix}
\end{array}\right\}
\tag{3-38}
$$

在 1/4 波片后再置一个检偏器，令其透光轴方向与 x 轴方向成 α 角，琼斯矢量为：

$$
\boldsymbol{G}_{\alpha} = \begin{bmatrix} \cos^2\alpha & \dfrac{1}{2}\sin 2\alpha \\[3mm] \dfrac{1}{2}\sin 2\alpha & \sin^2\alpha \end{bmatrix}
\tag{3-39}
$$

因此，经过检偏器，最终入射到探测器中的两光束为偏振方向一致的线偏振光：

$$
\left.\begin{array}{l}
\boldsymbol{E}_{\mathrm{R}} = \boldsymbol{G}_{\alpha} \cdot \boldsymbol{E}_{\mathrm{rr}}{}' = \dfrac{\cos\theta}{\sqrt{2}}\begin{bmatrix} \cos^2\alpha & \dfrac{1}{2}\sin 2\alpha \\[3mm] \dfrac{1}{2}\sin 2\alpha & \sin^2\alpha \end{bmatrix} \cdot \begin{bmatrix} -1 \\ \mathrm{i} \end{bmatrix} = -\dfrac{\exp(-\mathrm{i}\alpha)\cos\theta}{\sqrt{2}}\begin{bmatrix} \cos\alpha \\ \sin\alpha \end{bmatrix} \\[8mm]
\boldsymbol{E}_{\mathrm{T}} = \boldsymbol{G}_{\alpha} \cdot \boldsymbol{E}_{\mathrm{tt}}{}' = \dfrac{\exp(\mathrm{i}\phi)\sin\theta}{\sqrt{2}}\begin{bmatrix} \cos^2\alpha & \dfrac{1}{2}\sin 2\alpha \\[3mm] \dfrac{1}{2}\sin 2\alpha & \sin^2\alpha \end{bmatrix} \cdot \begin{bmatrix} 1 \\ \mathrm{i} \end{bmatrix} = \dfrac{\exp[\mathrm{i}(\alpha+\phi)]\sin\theta}{\sqrt{2}}\begin{bmatrix} \cos\alpha \\ \sin\alpha \end{bmatrix}
\end{array}\right\}
\tag{3-40}
$$

探测器像面上的干涉条纹分布可以表示为：

$$
\begin{aligned}
\boldsymbol{I} &= \left(\boldsymbol{E}_{\mathrm{R}} + \boldsymbol{E}_{\mathrm{T}}\right) \cdot \left(\boldsymbol{E}_{\mathrm{R}} + \boldsymbol{E}_{\mathrm{T}}\right)^{*} \\
&= \dfrac{1}{2}\left\{\exp[\mathrm{i}(\alpha+\phi)]\sin\theta + \exp(-\mathrm{i}\alpha)\cos\theta\right\} \\
&\quad \cdot \left\{\exp[\mathrm{i}(\alpha+\phi)]\sin\theta + \exp(-\mathrm{i}\alpha)\cos\theta\right\}^{*} \\
&= \dfrac{1}{2}\left[1 + \sin 2\theta\cos(2\alpha+\phi)\right]
\end{aligned}
\tag{3-41}
$$

从式(3-41)可见，通过改变检偏器透光轴的方向角 α，即可在干涉图中引入大小为 2 倍于该变量的相位偏差,从而实现移相干涉。

以上为传统干涉系统中的偏振移相法,相比于机械移相法,只需转动检偏器的透光轴即可实现移相干涉,避免了机械移相对元件位姿的影响,稳定性更好。而在横向剪切干涉中,偏振移相法有着不同的实现方式,需要引入的偏振器件更少,因而有着更加广泛的应用。这里以偏振剪切干涉系统为例,介绍剪切干涉中偏振移相的原理。

如图 3-28 所示,在偏振横向剪切干涉系统(图 3-24)中插入一块 1/4 波片即可实现移相干涉。假设经过起偏器入射到晶体中 o、e 光的琼斯矢量分别为:

$$E_o = \begin{bmatrix} 0 \\ 1 \end{bmatrix}, \ E_e = \begin{bmatrix} 1 \\ 0 \end{bmatrix} \tag{3-42}$$

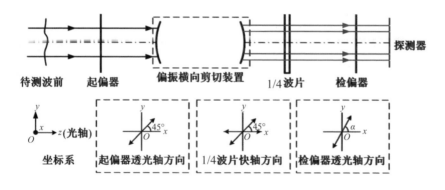

图 3-28 偏振剪切干涉系统实现偏振移相的原理

将一快轴与 x 轴成 45° 的 1/4 波片置于剪切装置之后,则通过其的 o、e 光(这里为了方便仍称 o、e 光)变为圆偏振光:

$$E_{o1} = \begin{bmatrix} 1 & i \\ i & 1 \end{bmatrix} \begin{bmatrix} 0 \\ 1 \end{bmatrix} = \begin{bmatrix} i \\ 1 \end{bmatrix}, \ E_{e1} = \begin{bmatrix} 1 & i \\ i & 1 \end{bmatrix} \begin{bmatrix} 1 \\ 0 \end{bmatrix} = \begin{bmatrix} 1 \\ i \end{bmatrix} \tag{3-43}$$

最后假设检偏器的透光轴方向与 x 轴夹角为 α,进行移相,原理与传统干涉系统相同。最终参与干涉的两剪切波前的琼斯矩阵分别为:

$$\left.\begin{aligned}
\boldsymbol{E}_{o2} &= \begin{bmatrix} \cos^2\alpha & \dfrac{1}{2}\sin 2\alpha \\[2mm] \dfrac{1}{2}\sin 2\alpha & \cos^2\alpha \end{bmatrix} \cdot \begin{bmatrix} i \\ 1 \end{bmatrix} = \exp\left[i\left(\dfrac{\pi}{2}-\alpha\right)\right]\begin{bmatrix} \cos\alpha \\ \sin\alpha \end{bmatrix} \\[4mm]
\boldsymbol{E}_{e2} &= \begin{bmatrix} \cos^2\alpha & \dfrac{1}{2}\sin 2\alpha \\[2mm] \dfrac{1}{2}\sin 2\alpha & \cos^2\alpha \end{bmatrix} \cdot \begin{bmatrix} 1 \\ i \end{bmatrix} = \exp\left(i\alpha\right)\begin{bmatrix} \cos\alpha \\ \sin\alpha \end{bmatrix}
\end{aligned}\right\}
\tag{3-44}$$

干涉光强分布为：

$$\boldsymbol{I} = \left(\boldsymbol{E}_{e2}+\boldsymbol{E}_{o2}\right)\cdot\left(\boldsymbol{E}_{e2}+\boldsymbol{E}_{o2}\right)^{*} = E\left(2+\cos 2\alpha\right) \tag{3-45}$$

当检偏器转过 π 角度时，干涉条纹就变化了一个周期，多次旋转检偏器取不同 α 即可实现移相干涉。

除去偏振剪切外，其他横向剪切干涉系统大多可以利用偏振法进行移相，原理与之类似，这里只给出平板剪切(如图 3-29(a))与平移剪切(如图 3-29(b))实现偏振移相的原理图。

总的来说，在横向剪切(共路)干涉领域，偏振移相法相比传统的 PZT 移相技术来说是一种更好的方法，因为它更容易实现，而且没有引入额外的系统误差。它与基于傅里叶变换的空间相位调制解调技术一起，构成了共光路干涉体系中主要的相位提取方法。

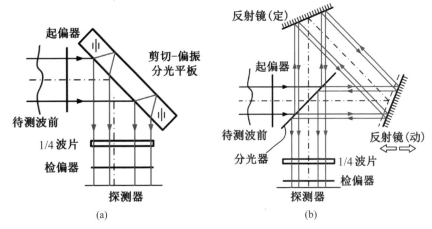

图 3-29 各类型横向剪切干涉系统实现偏振移相干涉。(a)平板剪切；(b)平移剪切

参考文献

[1] Malacara Z, Servin M. Interferogram Analysis for Optical Testing[M]. CRC Press, 2016.

[2] 潘君骅. 光学非球面的设计、加工与检验[M]. 苏州:苏州大学出版社, 2004.

[3] Pavan Kumar Y, Chatterjee S, Negi S S. Small roll angle measurement using lateral shearing cyclic path polarization interferometry[J]. Applied Optics, 2016, 55(5):979-983.

[4] Bhaduri B, Edwards C, Pham H, et al. Diffraction phase microscopy: principles and applications in materials and life sciences[J]. Adv. Opt. Photon, 2014, 6(1):57-119.

[5] 凌瞳. 基于多波前剪切干涉与光学层析技术三维折射率场重构研究[D]. 浙江大学, 博士学位论文, 2016.

[6] Chatterjee S. Measurement of single-pass wavefront distortion of optical components with phase shifting Jamin interferometer[J]. Optical Engineering, 2004, 43(4):872-879.

[7] Luan Z, Liu L, Liu D, et al. Jamin double-shearing interferometer for diffraction-limited wave-front test[J]. Applied Optics, 2004, 43(9):1819-1824.

[8] Murty M. The use of a single plane parallel plate as a lateral shearing interferometer with a visible gas laser source[J]. Applied Optics, 1964, 3(4): 531-534.

[9] Murty M. A compact lateral shearing interferometer based on the Michelson interferometer[J]. Applied Optics, 1970, 9(5):1146-1148.

[10] Rimmer M P, Wyant J C. Evaluation of large aberrations using a lateral-shear interferometer having variable shear[J]. Applied Optics, 1975, 14(1):142-150.

[11] 郑玉权, 禹秉熙. 成像光谱仪分光技术概览[J]. 遥感学报, 2002, 6(1): 75-80.

[12] Baba N, Kobayashi K, Kogoma Y, et al. Lateral shearing with a pair of double Fresnel rhombs for nulling interferometry[J]. Opt. Lett., 2011, 36(18):3611-3613.

[13] 周志良, 付强, 相里斌. Sagnac 干涉仪的几何参量计算[J]. 光子学报, 2009, 38(3):689-693.

[14] Ferrec Y, Taboury J, Sauer H, et al. Compactness of lateral shearing interferometers[J]. Applied Optics, 2011, 50(23):4656-4663.

[15] Kumar Y P, Chatterjee S. Measurement of longitudinal displacement using

lateral shearing cyclic path optical configuration setup and phase shifting interferometry[J]. Applied Optics, 2011, 50(10):1350-1355.

[16] Kumar Y P, Chatterjee S. Simultaneous determination of refractive index and thickness of moderately thick plane-parallel transparent glass plates using cyclic path optical configuration setup and a lateral shearing interferometer[J]. Applied Optics, 2012, 51(16):3533-3537.

[17] Naik D N, Ezawa T, Singh R K, et al. Coherence holography by achromatic 3-D field correlation of generic thermal light with an imaging Sagnac shearing interferometer[J]. Optics Express, 2012, 20(18):19658-19669.

[18] Chatterjee S, Kumar Y P. Determination of the index inhomogeneity of transparent isotropic optical material with a dual Sagnac interferometer[J]. Applied Optics, 2013, 52(20):4820-4826.

[19] Kumar Y P, Chatterjee S. Thickness measurement of transparent glass plates using a lateral shearing cyclic path optical configuration setup and polarization phase shifting interferometry[J]. Applied Optics, 2010, 49(33): 6552-6557.

[20] Kumar Y P, Chatterjee S. Application of Newton's method to determine the focal length of lenses using a lateral shearing interferometer and cyclic path optical configuration set up[J]. Optical Engineering, 2010, 49(49): 053604(1-5).

[21] Li J, Zhou W, Meng X, et al. Fourier transform imaging spectrometry using Sagnac interferometer[C]. International Symposium on Photoelectronic Detection and Imaging 2013: Imaging Spectrometer Technologies and Applications. International Society for Optics and Photonics, 2013, 8910: 89101Y.

[22] Dorrer C, Walmsley I A. High-dynamic-range measurement of the two-point field correlation function by carrier-encoded spatial shearing interferometry[J]. Opt. Lett., 2002, 27(18):1613-1615.

[23] Austin D R, Witting T, Arrell C A, et al. Lateral shearing interferometry of high-harmonic wavefronts[J]. Opt. Lett., 2011, 36(10):1746-1748.

[24] Liu L, Zeng A, Zhu L, et al. Lateral shearing interferometer with variable shearing for measurement of a small beam[J]. Opt. Lett., 2014, 39(7): 1992-1995.

[25] Lin S T, Shih S H, Feng H N, et al. Phase-shifting Savart shearing interferometer[J]. Optical Engineering, 2006, 45(12):125602.

[26] Murakami N, Baba N. Common-path lateral-shearing nulling interferometry with a Savart plate for exoplanet detection[J]. Opt. Lett., 2010, 35(18): 3003-3005.

[27] Griffin D W. Phase-shifting shearing interferometer[J]. Opt. Lett., 2001,

26(3):140-141.

[28] Mihaylova E, Whelan M, Toal V. Simple phase-shifting lateral shearing interferometer[J]. Opt. Lett., 2004, 29(11):1264-1266.

[29] Disawal R, Dhanotia J, Prakash S. Phase-shifting lateral shearing interferometry using wedge-plate and interferometric grating[J]. Applied Optics, 2014, 53(31):7534-7539.

[30] 杨甬英, 卓永模. 偏振共路扫描剪切干涉仪及其二维剪切波面重构的研究[J]. 浙江大学学报(工学版), 1991(1):86-95.

[31] 杨甬英. 偏振共路扫描剪切干涉术的研究[D]. 浙江大学, 硕士学位论文, 1989.

4

多波前剪切干涉仪

　　传统横向剪切干涉仪在像差的定性判读上非常方便，但是对于待测波前的定量解调，需要依次采集两个剪切方向上的干涉图进行位相解调才能最终计算出待测波前的分布情况[1-2]，一方面不利于波前的瞬态检测，另一方面还会因为剪切方向的改变引入额外的角度误差。多波前剪切干涉仪则通常以光栅作为核心分光元件，可同时在多个方向上产生横向剪切干涉，以便于获得同一时刻的瞬态波前剪切信息。根据分光元件光栅的不同，常见的多波前横向剪切干涉仪有三波前横向剪切干涉仪、交叉光栅横向剪切干涉仪、改进哈特曼模板横向剪切干涉仪以及随机编码混合光栅横向剪切干涉仪等。

4.1　三波前横向剪切干涉仪

　　三波前横向剪切干涉仪(Three Wave Lateral Shearing Interferometer, TWLSI)由 Chanteloup[3-4]提出，为三个波前之间的横向剪切干涉，并且要求这三个波前光强相等且其波矢覆盖所有方向，以便于获得各个方向的波前信息。三波前横向剪切干涉仪的核心分光元件是一种三台阶相位光栅，每个台阶均呈正六边形，如图 4-1 所示，并且相邻两个台阶之间的相位差是 $2\pi/3$；该种三台阶六边形相位光栅衍射场中含有多个衍射级次，并且衍射效率较大的三个级次光强相等、传播方向互成 120°，构成了三波前横向剪切干涉仪的三个剪切波前。

　　三波前横向剪切干涉仪的光学系统同样如图 4-1 所示，光波入射三台阶六边形相位光栅发生衍射得到一系列衍射级次光。为了实现三个衍射级次之间的干涉，可以先用会聚透镜将衍射光会聚，然后在会聚透镜的焦点处放置级次选择窗口，将其他不需要的衍射级次滤除。只有光强相等、传播方向互成 120°的三个衍射级次可以通过，其他级次均被遮挡，通过的光束在传播的过程中发生干涉，利用 CCD 获取干涉图，然后利用二维傅里叶方法对干涉图进行分析，得到具有较高横向和纵向分辨率的波前相位，进而实现波前检测。

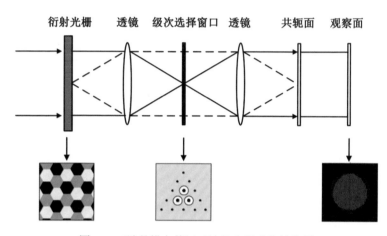

图 4-1 三波前横向剪切干涉仪光学系统结构图

在三波前横向剪切干涉系统中，可以通过改变 CCD 的位置实现灵敏度和动态范围可调，获得较高的分辨率，因此三波前横向剪切干涉仪可应用于激光光束质量检测、自适应光学系统中。但是在将三波前横向剪切干涉仪应用于实际光束质量检测时，需要先将级次选择窗口置于透镜的焦点处，通常较难操作，并且其相位解调过程中涉及三个剪切方向上的剪切波前解调，在时间复杂度上也较仅考虑 x 和 y 两个方向上剪切波前的横向剪切干涉仪更高。

4.2　交叉光栅横向剪切干涉仪

与三波前横向剪切干涉仪不同，交叉光栅横向剪切干涉仪(Cross Grating Lateral Shearing Interferometer，CGLSI)利用二维交叉光栅的四个衍射级次之间发生剪切干涉，从而实现瞬态波前检测的目的，其分光元件交叉光栅为普通的二维振幅光栅[5-7]。

如图 4-2 所示，交叉光栅横向剪切干涉瞬态波前检测系统由干涉成像透镜、交叉光栅、级次选择窗口和 CCD 组成。在实际检测过程中，带有波前畸变的平行光经过干涉成像透镜变为会聚光束射向交叉光栅，由于交叉光栅的分光作用，光束会在 x 和 y 方向上分离成多个衍射级次。位于光束焦平面上的级次选择窗口可以将光束在 x 和 y 方向上的 ±1 级衍射光筛选出来，同时滤除掉其他级次的衍射光，最终这两个方向上的 ±1 级衍射光一共四个光斑会在 CCD 上发生干涉[7]。

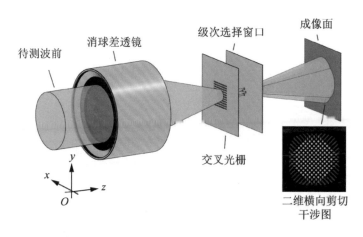

图 4-2 交叉光栅横向剪切干涉瞬态波前检测系统

交叉光栅横向剪切干涉瞬态波前检测系统在总体结构上较为紧凑，但由于光栅的栅距和级次选择窗口的位置及大小在加工好以后就是固定不变的，无法像泰曼–格林干涉仪一样在测量过程中通过调节各元件的位置和倾角在成像面上获得干涉条纹，必须在测量之前就确定系统各个部分的参数，为此需要首先建立交叉光栅横向剪切干涉的理论模型。

4.2.1　剪切率选择

图 4-3 为交叉光栅横向剪切干涉瞬态波前检测系统在 yOz 平面上的光路图，设待测平行光束口径为 D，组合消球差透镜焦距为 f，其与交叉光栅

之间的距离为l_1，光栅的栅距为d，级次选择窗口与交叉光栅之间的距离为l_2，级次选择窗口上x方向或者y方向上两对窗口的中心距离为d_{win}，其中，每个窗口直径均为D_{win}，级次选择窗口到成像面之间的距离为l_3。下面在建立交叉光栅横向剪切干涉模型的基础上，对与剪切率相关的光栅栅距d和级次选择窗口的位置参数d_{win}以及尺寸参数D_{win}加以分析和确定。

剪切率可以通过成像面上横向剪切光束相互之间剪切量s除以成像面上的光束口径T来获得，即

$$\beta = \frac{s}{T} \tag{4-1}$$

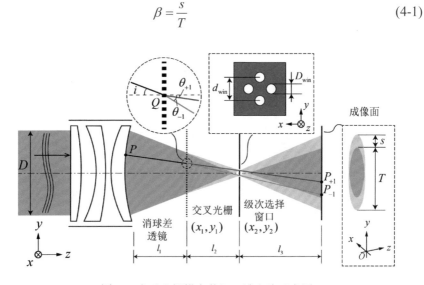

图 4-3 交叉光栅横向剪切干涉光路示意图

而要推导剪切量s，如图 4-3 所示，不妨分析待测光束中任一光线在经过光栅分光到达成像面后±1级衍射光点间的距离。考察yOz平面内经过组合消球差透镜后表面上一点P的光线，设其坐标为$(0, y_P)$，该光线射向交叉光栅的入射角为i，则由几何关系可知：

$$\tan i = \frac{y_P}{f} \tag{4-2}$$

该光线入射到光栅表面的Q点坐标为：

$$x_Q = 0 \left.\vphantom{\begin{matrix}a\\b\end{matrix}}\right\}$$
$$y_Q = y_P - l_1 \tan i$$

(4-3)

根据光栅方程，±1 级衍射光线的出射角度 θ_{+1} 和 θ_{-1} 可以表示为：

$$d \sin i + d \sin \theta_{+1} = \lambda \left.\vphantom{\begin{matrix}a\\b\end{matrix}}\right\}$$
$$d \sin i - d \sin \theta_{-1} = -\lambda'$$

(4-4)

该光线经过级次旋转窗口后到达成像面的位置可以由下式计算得出：

$$y_{P_{+1}} = y_Q + (l_2 + l_3) \tan \theta_{+1} \left.\vphantom{\begin{matrix}a\\b\end{matrix}}\right\}$$
$$y_{P_{-1}} = y_Q - (l_2 + l_3) \tan \theta_{-1}$$

(4-5)

为了便于计算和分析，对于组合消球差透镜数值孔径 NA 小于 0.2 的情况，上述公式中的三角函数可近似为：

$$\sin i = \tan i = i$$
$$\sin \theta_{+1} = \tan \theta_{+1} = \theta_{+1} \left.\vphantom{\begin{matrix}a\\b\\c\end{matrix}}\right\}$$
$$\sin \theta_{-1} = \tan \theta_{-1} = \theta_{-1}$$

(4-6)

则由式(4-2)～(4-6)可知横向剪切干涉的剪切量 s 为：

$$s = y_{P_{+1}} - y_{P_{-1}} = 2(l_2 + l_3)\frac{\lambda}{d}$$

(4-7)

而成像面处衍射光束的总尺寸 T 同样可以通过几何关系求得：

$$T = (l_1 + l_2 + l_3)\frac{D}{f} - D$$

(4-8)

将式(4-7)和(4-8)代入式(4-1)，可以求得剪切率为：

$$\beta = \frac{2(l_2 + l_3)\frac{\lambda}{d}}{(l_1 + l_2 + l_3)\frac{D}{f} - D} \tag{4-9}$$

由于交叉光栅横向剪切干涉图最终需要成像在 CCD 像面上，选取光束重合部分的大小等于 CCD 有效成像面的高度，可以求得视场高度对各参量的约束关系为：

$$h = -2(l_2 + l_3)\frac{\lambda}{d} - D + (l_1 + l_2 + l_3)\frac{D}{f} \tag{4-10}$$

在设计交叉光栅横向剪切干涉瞬态波前检测系统的过程中，激光器的工作波长 λ、CCD 的视场高度 h、组合消球差透镜到光栅表面的距离 l_1 以及光栅后表面与级次选择窗口之间的距离 l_2 是确定的，而级次选择窗口到达 CCD 像面的距离 l_3 则要通过移动 CCD 在 z 轴方向的位置使得干涉图完全成像在 CCD 成像区域上来确定，由式(4-10)可得：

$$l_3 = \frac{h + \frac{2l_2\lambda}{d} - (l_1 + l_2)\frac{D}{f} + D}{\frac{D}{f} - \frac{2\lambda}{d}} \tag{4-11}$$

在确定 l_3 后由式(4-9)和(4-10)最终可得剪切率 β 为：

$$\beta = \frac{2(l_2 + l_3)\lambda}{hd + 2(l_2 + l_3)\lambda} \tag{4-12}$$

式(4-12)中除光栅栅距 d 外的其他参量都是确定的。给定各参量的具体数值分别为 $\lambda = 532$ nm，$D = 30$ mm，$NA = 0.15$，$h = 4.8$ mm，$l_2 = 2.5$ mm，此时的剪切率随光栅栅距变化曲线如图 4-4 所示，可见随着光栅栅距的增大，剪切率随之减小。由图 4-4 便可以根据所需的剪切率大小确定出光栅栅距的具体数值。

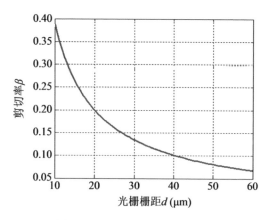

图 4-4 剪切率与光栅栅距关系曲线

4.2.2 级次选择窗口参数计算

级次选择窗口是交叉光栅横向剪切干涉仪中非常重要的元件。交叉光栅使得波前分为 0 级、±1 级以及其他级次。而为了仅让 ±1 级衍射光发生干涉，级次选择窗口的作用就是屏蔽 ±1 级外的其他所有级次，只让 x 和 y 方向上的 ±1 级共四个衍射波前通过。为了能够得到级次选择窗口的各项参数，需要对级次选择窗口上的光强分布进行推导。如图 4-5 所示为交叉光栅和级次选择窗口的布局示意图。点光源位于平面 I 上，平面 II 就是级次选择窗口。

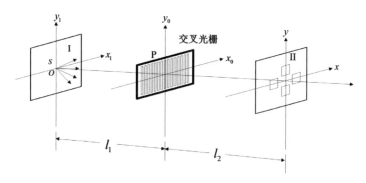

图 4-5 交叉光栅和级次选择窗口的布局示意图

图 4-6 为级次选择窗口的示意图。窗口的形状设计为正方形和圆形，分别如图 4-6(a)和(b)所示。级次选择窗口的作用是屏蔽 0 级衍射光线，让 ±1 级的衍射光线通过。在图 4-6 中，d_s 代表 x 方向或者 y 方向两个窗口边缘之间最近的距离，d_{win} 代表窗口的宽度，窗口形状为正方形时窗口宽度代表边长，窗口形状为圆形时窗口宽度代表直径。

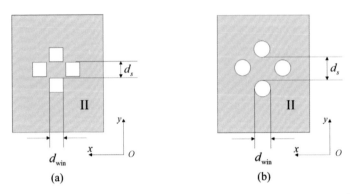

图 4-6 级次选择窗口示意图。(a)方形级次选择窗口；(b)圆形级次选择窗口

级次选择窗口上光强分布的推导主要基于以下两个方法：球面波复振幅分布和菲涅尔衍射公式；点光源发出的波前是球面波。推导过程分为三个步骤：(1) 推导出交叉光栅前表面的球面波复振幅；(2) 通过设置光栅透过率函数，推导出交叉光栅后表面的球面波复振幅；(3) 推导菲涅尔衍射公式，求得级次选择窗口上的光强分布[7-9]。

当光源位于平面 I 坐标原点时，根据第 1 章中标量衍射理论可知，傍轴近似下，发散球面波在 x_0Oy_0 平面上复振幅分布为：

$$U\left(x_0, y_0\right) = \frac{1}{i\lambda z_0}\exp\left(ikz_0\right)\exp\left[i\frac{k}{2z_0}\left(x_0^2 + y_0^2\right)\right] \tag{4-13}$$

若 $z_0 < 0$，式(4-13)也可以用来表示一个会聚球面波。故会聚球面波在交叉光栅前表面复振幅即 x_0Oy_0 平面上的复振幅为：

$$U_1\left(x_0, y_0\right) = -\frac{1}{i\lambda l_1}\exp\left(-ikl_1\right)\exp\left[-i\frac{k}{2l_1}\left(x_0^2 + y_0^2\right)\right] \tag{4-14}$$

交叉光栅的透过率函数设置为 $i_G(x_0, y_0)$，这样可以得出交叉光栅的后表面的复振幅分布：

$$\boldsymbol{U}_2(x_0, y_0) = \boldsymbol{t}_G(x_0, y_0) \cdot \boldsymbol{U}_1(x_0, y_0) \tag{4-15}$$

在已知光栅透过率函数的情况下，采用菲涅尔衍射公式可以推导出级次选择窗口上的光强分布，如式(4-16)所示。

$$
\begin{aligned}
U(x, y) &= \frac{\exp(ikl_2)}{i\lambda l_2} \cdot \int\int_{-\infty}^{\infty} \boldsymbol{U}_2(x_0, y_0) \exp\left\{ i\frac{k}{2l_2} \left[(x - x_0)^2 + (y - y_0)^2 \right] \right\} dx_0 dy_0 \\
&= \frac{\exp(ikl_2)}{i\lambda l_2} \cdot \int\int_{-\infty}^{\infty} \boldsymbol{U}_1(x_0, y_0) \boldsymbol{t}_G(x_0, y_0) \exp\left\{ i\frac{k}{2l_2} \left[(x - x_0)^2 + (y - y_0)^2 \right] \right\} dx_0 dy_0
\end{aligned}
\tag{4-16}
$$

此时将相应的参数代入式(4-16)便可以求解出级次选择窗口上的光强分布情况。对于光栅栅距为 25 μm，入射光束口径为 30 mm 的情况，交叉光栅横向剪切干涉仪焦平面位置的光强分布如图4-7所示。从图4-7中可以看出，焦平面中心区域的衍射光斑由中央0级、x 和 y 方向的±1级以及斜45°角方向的±1级组成，同时能够明显地分辨出各级次的衍射光点在焦平面上的位置。因此，窗口的间距 d_{win} 可以通过直接求取仿真所得±1级

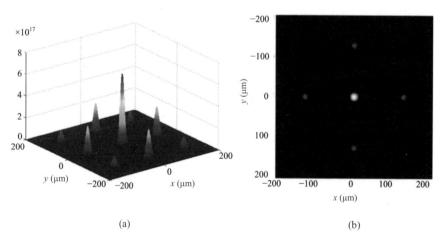

(a)   (b)

图4-7 级次选择窗口光强分布仿真图。(a)光强分布三维图；(b)光强灰度分布图

衍射级次的峰值光强位置来确定。为了减少频谱混叠的情况,窗口的大小 D_{win} 以衍射光斑旁瓣的第一级次极大为分界来选取。

利用交叉光栅横向剪切干涉方法测量瞬态波前,首先需要确定剪切率的大小,从保证波前信息量和增加测量畸变范围两个角度综合考虑,剪切率宜为 0.1~0.2。然后再根据剪切率和其他实验参数确定光栅的栅距和级次选择窗口的位置以及大小。实验中由脉冲激光器产生的待测畸变波长为 532 nm,光束口径为 30 mm,CCD 的像面高度为 4.8 mm,在调整机构允许的情况下光栅与级次选择窗口之间的距离为 2.5 mm,由数值孔径不大于 0.15 的条件限制选择组合消球差透镜的焦距为 100 mm。根据这些参数和上文的相关推导,可以设计出如表 4-1 所示的几种光栅和级次选择窗口。

表 4-1 实验中光栅栅距和级次选择窗口参数设计

剪切率	光栅栅距(μm)	窗口间距(μm)	窗口直径(μm)
0.1995	20	189.90	105.05
0.1605	25	133.34	125.23
0.1011	40	76.76	97.02
0.0811	50	68.68	84.86

由于光栅栅距以及对应的级次选择窗口的参数在设计加工完成后就固定不变了,所以在仿真设计的过程中,尽可能考虑多种不同的剪切率,这样在实验中也可以有较多的剪切率可供选择。在光栅栅距和级次选择窗口参数确定后,可以通过在镀有铬膜的玻璃基板或熔石英基板上用电子束曝光的方法加工出对应的光栅和级次选择窗口。

交叉光栅横向剪切干涉仪虽然可以直接得到两正交方向的剪切干涉图,实现瞬态波前的实时检测,但是级次选择窗口的存在导致系统调整结构复杂,仪器调节过程中需要保证只有 x、y 方向的 ±1 级光通过窗口,其他级次完全被遮挡,因此对仪器调节机构精度要求高,调整难度大,而且级次选择窗口的大小会影响可测量的波前畸变范围。此外,级次选择窗口的位置和大小也会对四束光波之间的横向剪切干涉造成影响,从而降低瞬态波前检测的精度。

4.3 改进的哈特曼模板横向剪切干涉仪

三波前横向剪切干涉仪和交叉光栅横向剪切干涉仪均需借助级次选择窗口对参与干涉的级次进行选择,因此对仪器调节机构精度要求高,调整难度大。改进的哈特曼模板横向剪切干涉仪不需要级次选择窗口,简化了系统结构。事实上,改进的哈特曼模板横向剪切干涉仪是在传统的哈特曼传感器基础上发展而来的。在传统的哈特曼传感器中,待测波前入射到由一系列小孔按照一定规律排列构成的平板上,光束通过这些小孔后被分割成许多细光束,在平板后面可以观察到平板的自成像,再将其与高质量光束通过平板时形成的像比较,发现两者之间有偏移,通过光斑的偏移量计算子孔径内待测波前斜率,最后利用 Zernike 多项式进行波前重构。

在传统的哈特曼传感器中,带有一系列小孔分布的平板可以近似为二维振幅光栅,其透过率为:

$$t(x,y) = \left[\mathrm{rect}\left(\frac{x}{a} \right) * \mathrm{comb}\left(\frac{x}{d} \right) \right] \cdot \left[\mathrm{rect}\left(\frac{y}{a} \right) * \mathrm{comb}\left(\frac{y}{d} \right) \right] \tag{4-17}$$

式中,a 为光栅的透光部分大小,d 为光栅栅距大小。当平面波入射光栅时,由夫琅禾费衍射原理,观察面上的复振幅分布即为光栅透过率函数的傅里叶变换:

$$T(u,v) = \left[\frac{\sin(\pi u a)}{\pi u a} \mathrm{comb}(du) \right] * \left[\frac{\sin(\pi v a)}{\pi v a} \mathrm{comb}(dv) \right] \tag{4-18}$$

式中,$u = \lambda/x$,$v = \lambda/y$ 是空间坐标 (x,y) 的傅里叶共轭坐标,λ 为入射光波长。根据计算,光束在经过哈特曼光栅后光强能量主要分布在 0、+1、−1 三个衍射级次中,并且+1、−1 级光强相等。

传统的哈特曼传感器可以看作是 0 级和±1 级之间的剪切干涉,只能在泰伯距离及其整数倍处得到光栅的自成像,其他位置处获得的干涉图对比度较低,影响波前斜率的检测。

为了能够在更多的位置得到光栅的自成像,Primot 等[10]提出了改进的哈特曼模板(Modified Hartmann Mask,MHM),如图 4-8 所示。MHM 由振幅光栅和棋盘式相位光栅构成，其中，相位光栅周期是振幅光栅周期的 2 倍，并且相位光栅的相位分别是 0 和 π。MHM 的透过率 t_{MHM} 可表示为：

$$t_{\mathrm{MHM}}(x,y) = \left\{ \mathrm{rect}\left(\frac{x}{a}\right) * \left[\mathrm{comb}\left(\frac{x}{d}\right) \exp\left(\frac{\mathrm{j}\pi x}{d}\right) \right] \right\} \\ \cdot \left\{ \mathrm{rect}\left(\frac{y}{a}\right) * \left[\mathrm{comb}\left(\frac{y}{d}\right) \exp\left(\frac{\mathrm{j}\pi y}{d}\right) \right] \right\}$$

(4-19)

式中，d 为振幅光栅栅距，a 为振幅光栅透光部分大小[4,10-11]。当平面波入射 MHM 时，根据夫琅禾费衍射原理，观察面上的频谱分布是光栅透过率函数的傅里叶变换，即

$$T_{\mathrm{MHM}}(u,v) = \left\{ \frac{\sin(\pi u a)}{\pi u a} \left[\mathrm{comb}(du) * \delta\left(u - \frac{1}{2d}\right) \right] \right\} \\ * \left\{ \frac{\sin(\pi v a)}{\pi v a} \left[\mathrm{comb}(dv) * \delta\left(v - \frac{1}{2d}\right) \right] \right\}$$

(4-20)

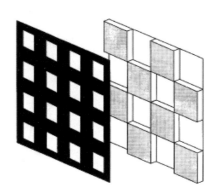

图 4-8 改进的哈特曼模板

分析比较式(4-20)和(4-18) 发现，MHM 中棋盘式相位光栅的主要作用是将振幅光栅的各衍射级次位置向右移动 1/(2d)，如图 4-9 所示[4]，图中 ①～⑤为右移后各衍射级次的位置。

振幅光栅各衍射级次位置右移之后，只有在 1/(2d)、3/(2d)、5/(2d)、7/(2d)、9/(2d)等位置处才出现衍射级次(x 负半轴依次类推)，这些位置相

应地对应于棋盘式相位光栅的+1 级、+3 级、+5 级、+7 级、+9 级……并且其衍射光强逐渐降低，+1 级衍射效率最高。为了在多个位置进行波前检测，选择衍射效率较高的 ±1 级波前，同时还需要消除其他级次的影响，特别是距离 ±1 级较近且衍射效率相对较高的 ±3 级光的影响。根据式 (4-20)，令 ±3 级位置恰好处在 sinc 函数的零点位置，即

$$\frac{\sin\left(\pi\dfrac{3}{2d}a\right)}{\pi\dfrac{3}{2d}a}=0 \tag{4-21}$$

得到 $a = 2d/3$，即振幅光栅的占空比为 $2/3$。

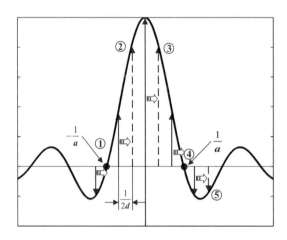

图 4-9 衍射级次位置右移示意图

　　MHM 衍射光场中偶级次光和 ±3 倍级衍射光得到很好的消除，从而减弱了它们对 ±1 级间剪切干涉的干扰，大大改善了观察位置受泰伯距离限制的问题，使得 MHM 的泰伯距离可以减小到普通振幅光栅泰伯距离的 1/6。虽然 MHM 衍射光场中偶级次光和 ±3 倍级衍射光很好地被消除了，可 ±5、±7、±11 等高级次衍射光仍然存在并影响 ±1 级之间的横向剪切干涉，导致不同观察位置处的干涉图明显不同，只能在有限的位置进行波前检测，限制了剪切率的选择，并且波前检测灵敏度和动态范围无法实现连续可调。

4.4 随机编码混合光栅横向剪切干涉仪

虽然 MHM 相比于交叉光栅横向剪切干涉仪在适用性和便携性上拥有较大优势，但是由于其光栅构造并不能完全消除夫琅禾费衍射级次中除 ±1 级外的级次，保留的 ±5 级和 ±7 级等级次仍然会对干涉仪的检测精度造成影响，同时由于多级次间干涉的存在，在移动观察面的过程中仍然可以观察到塔尔伯特(Talbot)效应的存在，并不能根据需要的剪切率自由调整成像面的前后位置。为此，浙江大学光电学院杨甬英课题组提出了随机编码混合光栅(Randomly Encoded Hybrid Grating，REHG)横向剪切干涉仪成功解决了上述问题[12-17]。

与 MHM 横向剪切干涉仪不同，随机编码混合光栅横向剪切干涉仪可以在任意观察位置处获得对比度较高的干涉图，实现波前检测灵敏度和动态范围连续可调。随机编码混合光栅横向剪切干涉波前检测系统主要由随机编码混合光栅和 CCD 组成，如图 4-10 所示。待检测波前经过随机编码混合光栅发生衍射，在两正交方向上分别产生 ±1 级共四束衍射光，这四束衍射光在成像面上发生干涉，可以获得四波前横向剪切干涉条纹。由于在成像面的干涉中只有 ±1 级存在，因此任意移动成像面的位置都可以发生横向剪切干涉[12]。

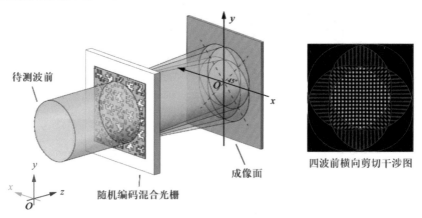

图 4-10 用于波前畸变检测的随机编码混合光栅四波前横向剪切干涉仪光路原理图

随机编码混合光栅由棋盘式相位光栅和振幅编码光栅组成，如图 4-11 所示。棋盘式相位光栅是在透明基底上对满足棋盘式分布的不同方格加以刻蚀的相位调制光栅，其未刻蚀部分的相位调制为 0，刻蚀方格则可使得光束在穿过该部分时在相位上发生 π 的相位提前。振幅编码光栅由透过率分别为 0 和 1 的微小像元组成，像元的分布使得振幅编码光栅在单位网格内的光通量近似于理想四波前横向剪切干涉光栅在单位网格内的光通量，而采用随机的编码方式是为了避免固定像元图样在光栅的夫琅禾费级次分布中引入额外的级次，从而保证干涉图不会在观察面前后变化的过程中产生周期性的 Talbot 效应。

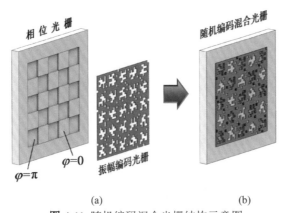

(a)　　　　　　(b)

图 4-11 随机编码混合光栅结构示意图

在随机编码混合光束四波前横向剪切干涉仪中起重要作用的随机编码混合光栅是基于理想的四波前横向剪切干涉光栅设计得出的，下面首先讨论仅产生四波前横向剪切干涉的理想四波前光栅。

4.4.1　理想四波前横向剪切干涉光栅

根据第一性原理考虑，理想的四波前横向剪切干涉光栅(如图 4-12 所示)应当是这样一种光栅，当平行光束照射到该光栅的表面后，其夫琅禾费衍射光强分布中仅有两个正交方向的 ±1 级共四个级次存在，因此其夫琅禾费衍射分布即频谱面上的光强分布可以表示为如下的形式[12-13]：

$$
\begin{aligned}
T_{id}(u,v) = &\delta(u-u_0,v-v_0) + \delta(u-u_0,v+v_0) \\
&+ \delta(u+u_0,v-v_0) + \delta(u+u_0,v+v_0)
\end{aligned} \tag{4-22}
$$

式中，u 和 v 分别为 x 和 y 方向上的空间频率，而 u_0 和 v_0 表征了 ±1 级衍

射级次的峰值位置。对式(4-22)作傅里叶逆变换就可以得到理想光栅的透过率分布函数，即

$$t_{id}(x,y) = \iint T_{id}(u,v)\exp[\mathrm{i}2\pi(ux+vy)]\mathrm{d}u\mathrm{d}v = \cos(2\pi u_0 x)\cos(2\pi v_0 y)$$

(4-23)

该透过率为x和y方向上两余弦函数的乘积。假设光栅在x和y方向上±1级衍射光的空间频率u_0和v_0一致，根据光栅周期即栅距d的定义，可知该理想光栅的栅距为：

$$d = \frac{1}{u_0} = \frac{1}{v_0}$$

(4-24)

将式(4-24)代入式(4-23)，可得利用栅距d表示的理想光栅透过率分布：

$$t_{id}(x,y) = \cos\left(\frac{2\pi x}{d}\right)\cos\left(\frac{2\pi y}{d}\right)$$

(4-25)

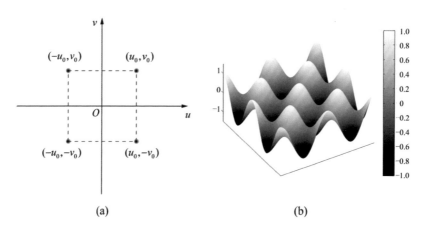

图 4-12 理想四波前横向剪切干涉光栅推导。(a)理想四波前光栅夫琅禾费衍射级次分布；(b)理想四波前光栅透过率分布示意图

4.4.2　随机编码混合光栅设计

对于理想的四波前横向剪切干涉光栅而言，由于式(4-25)中余弦函数的

取值范围为$[-1,1]$，所以其透过率的取值也在-1到1的区间范围内，使用传统的振幅透过率光栅无法实现负透过率的效果。为此，考虑将该透过率分布分解为符号与绝对值相乘的形式，即

$$t_{id}(x,y) = \mathrm{sgn}\left(t_{id}(x,y)\right) \cdot \left|t_{id}(x,y)\right| \tag{4-26}$$

根据式(4-26)，透过率在正负符号上的变化即$\mathrm{sgn}\left(t_{id}(x,y)\right)$，可以通过具有$0$和$\pi$相位调制的相位光栅来实现，即

$$\varphi_{\mathrm{Phase}}(x,y) = \pi \cdot \left[\mathrm{rect}\left(\frac{2x}{d}\right) * \mathrm{comb}\left(\frac{x}{d}\right)\right]\left[\mathrm{rect}\left(\frac{2y}{d}\right) * \mathrm{comb}\left(\frac{y}{d}\right)\right] \tag{4-27}$$

而对于透过率在振幅上的变化，传统制作振幅光栅的方法是设计光路利用全息或其他干涉方法获得余弦分布的光场，但这里的振幅透过率并不是严格按照余弦分布，而是余弦函数的绝对值，即

$$t_{\mathrm{Amplitude}}(x,y) = \left|\cos\left(\frac{2\pi x}{d}\right)\cos\left(\frac{2\pi y}{d}\right)\right| \tag{4-28}$$

利用光学方法产生式(4-28)相应光场有一定难度，因此提出了一种新颖的编码振幅光栅的概念，采用网格光通量约束量化编码方法生成二值化振幅光栅代替理想振幅光栅，以期尽可能地逼近理想光栅的效果。

所谓的网格光通量量化编码是通过对原始透过率函数进行等分、量化、编码的方法来实现的。首先将计算得到的振幅透过率函数分布均匀划分为$N \times N$的网格，再将每个网格细分为$M \times M$个正方形的像元，如图 4-13所示，划分为像元(i,j)后的理想振幅透过率分布可以表示为：

$$t_{\mathrm{amp}}(x_i,y_j) = \left|\cos\left(\frac{2\pi x_i}{d}\right)\cos\left(\frac{2\pi y_j}{d}\right)\right|, \quad i,j \in [1,N \times M]\bigcap \mathbb{Z} \tag{4-29}$$

根据上述透过率分布，我们可以计算出每个网格内的光通量大小，而接下来的一步则需要对每个网格的光通量加以量化。首先计算各网格的总光通

量，假设单个透明像元的光通量为 Φ_0 ，则第 (ξ,η) 个网格的总光通量可以表示为：

$$\Phi^{(\xi,\eta)} = \Phi_0 \sum_{p=1}^{M} \sum_{q=1}^{M} t_{\text{amp}} \left(x_{M\xi-M+p}, y_{M\eta-M+q} \right) \tag{4-30}$$

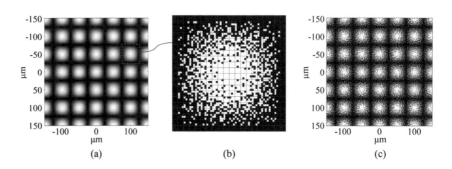

图 4-13 基于光通量约束的振幅光栅随机编码流程图。(a)理想四波前光栅的振幅透过率分布；(b)振幅编码光栅上单个周期的透过率分布；(c)栅距为 100 μm 随机编码混合光栅上−150 μm 到 150 μm 范围内的振幅透过率分布

　　在对各网格内的光通量量化之前，需要事先确定总的量化级数。考虑到振幅编码光栅中的像元只能有两种状态，即遮挡或透明，用数字来表示就是 0 或者 1；像元值为 0 表明该像元处于被遮挡状态，而像元值为 1 则表明该方形像元的区域内是透明的，光束可以通过。此时的像元值乘以上面假设的单个透明像元光通量 Φ_0 就可以表示当前像元的光通量大小，将一个网格内的像元光通量累加在一起就可以得到该网格内的总光通量。由于单个网格中共包含有 M^2 个细分像元，则量化后的网格光通量也就只有 0 到 M^2 一共 M^2+1 种可能性。因此，网格光通量可以利用如下公式量化到这 M^2+1 个量化级数上：

$$\hat{\Phi}^{(\xi,\eta)} = k\Phi_0, \quad \left(k-1/2 \right)\Delta \le \Phi^{(\xi,\eta)} < \left(k+1/2 \right)\Delta \tag{4-31}$$

式中，$k=0,1,\cdots,M^2$ ，Δ 是两个相邻量化等级之间的量化步长。事实上该量化步长就是单个网格内的光通量 Φ_0 ，而量化级数 k 则代表了网格中一共有多少个值为 1 的像元。

　　在确定各网格的量化级数后，每个像元都将被编码为 0 或者 1，使得各网格中值为 1 的像元个数等于其量化级数。需要注意的是,为了避免在光栅的夫琅禾费衍射中引入额外的级次,编码过程并没有采用固定的图样而是随机的。当所有网格都被随机编码后,就可以获得振幅编码光栅的透过率分布。图 4-13(c)为随机编码光栅栅距为 100 μm 时−150 μm 到 150 μm 范围内的振幅编码光栅透过率分布情况。

4.4.3　随机编码混合光栅参数优化与仿真

根据上述的随机编码模型可以获得振幅编码光栅的透过率分布,但是其中的重要参数如网格数 N、细分像元数 M 以及光栅栅距 d 的选择还需要进一步讨论。细分像元数影响到网格光通量量化过程中的总量化级数,细分像元数越高则总量化级数越多,对网格内光通量的量化也就越精细。这并不意味着细分像元数 M 的取值就越高越好,因为最小像元尺寸受到加工工艺的限制,在像元尺寸一定的情况下,M 越高则网格所占的尺寸越大,相当于同样面积的理想光栅透过率分布上划分的网格数变小了,在随机编码效果上也会有一定的削弱。因此,首先需要讨论细分像元数 M 的最优取值。

当细分像元数的取值确定后,由于实际检测中光栅的大小由待测光束口径决定,可以看作固定的常量,这种情况下网格数的不同最终影响的是像元的尺寸大小,所以另一个关键的参数为像元尺寸,假设为 τ。除此之外,光栅栅距 d 影响到横向剪切干涉的剪切率以及重建后波前的实际分辨率,也是随机编码光栅的重要参数之一[13-17]。

1. 细分像元数优化

由于不同细分像元数情况下的单个像元光通量 $\varPhi_0$ 不同,所以式(4-30)无法给出在细分像元数改变时网格光通量 $\varPhi$ 的统一表示,此时可以借助网格平均透过率的概念来解决这一问题。定义网格 (ξ,η) 中的平均透过率为:

$$\overline{t}^{(\xi,\eta)} = \frac{\varPhi^{(\xi,\eta)}}{\varPhi_{\max}} = \frac{\varPhi_0 \sum_{p=1}^{M}\sum_{q=1}^{M} t_{\mathrm{amp}}\left(x_{M\xi-M+p}, y_{M\eta-M+q}\right)}{M^2 \varPhi_0} = \sum_{p=1}^{M}\sum_{q=1}^{M} t_{\mathrm{amp}}\left(x_{M\xi-M+p}, y_{M\eta-M+q}\right)$$

$$(4\text{-}32)$$

然后再对光栅上的各个网格随机编码，并使得编码后网格的平均透过率近似于理想的平均透过率，如图 4-14 所示。

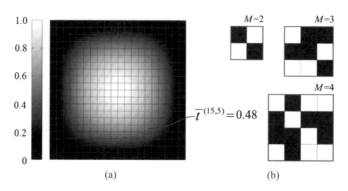

图 4-14 不同细分像元数时的随机编码图样。(a)理想四波前光栅在半周期内的振幅透过率分布；(b)当 M 取值从 2 到 4 时网格(15, 5)内的随机编码图样

采用随机编码混合光栅的最终目的是实现理想的四波前横向剪切干涉，因此，在细分像元数优化的过程中，也应该以夫琅禾费衍射的光强分布是否仅含有两个方向上的±1级作为细分像元数设计的重要依据。图 4-15(a)~(c)分别为 $M = 2$，$M = 3$，$M = 4$ 时随机编码混合光栅夫琅禾费衍射的一维光强复振幅模分布。可以发现，当细分像元数 M 为 2 时，随机编码混合光栅夫琅禾费衍射光强分布的中心部分除±1级外有较多其他衍射级次出现，虽然光强占比不高但是会对干涉检测结果造成一定的影响。当 $M = 3$ 时，中心不需要的衍射级次有所降低，只留下两侧共四个级次的旁瓣在夫琅禾费衍射级次中。当细分像元数 M 的值增加到 4 时，可以发现两边的旁瓣光强有所增加，并且旁瓣的位置也在向中心靠拢。因此，对于随机编码混合光栅来说，其最佳的细分像元数 M 选取应为 3。图 4-15(d)和(e)分别是交叉光栅和随机编码混合光栅在 M 取 3 时的夫琅禾费衍射级次分布。可以发现，交叉光栅夫琅禾费衍射中存在较多的级次分布，而在随机编码混合光栅的夫琅禾费衍射中，只有 (+1,+1)、(+1,−1)、(−1,+1)、(−1,−1) 共 4 个级次得以保留。与一维夫琅禾费衍射级次表示不同的是，级次 (i, j) 表明该级次在 x 方向上为第 i 级而在 y 方向上为第 j 级。

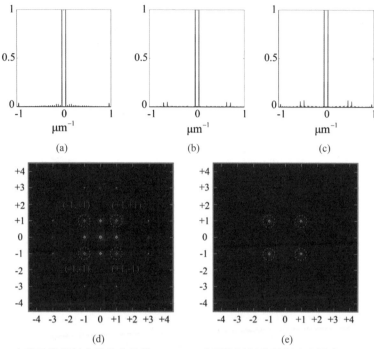

图 4-15 夫琅禾费衍射光强分布比较。(a)～(c)分别为随机编码混合光栅在 M=2, 3, 4 时归一化后的一维光强复振幅分布的模；(d)～(e)分别为交叉光栅和随机编码混合光栅的夫琅禾费中心级次比较

2. 像元尺寸选择

在确定细分像元数 M 的取值之后，要获得具体的编码结果还需要确定网格数 N 的取值。设待测光束口径为 D，则随机编码混合光栅的尺寸也至少为 D，假设其与待测光束口径一致，则根据光栅上像元的细分方法可得像元尺寸 τ 与待测光束口径 D 的关系为：

$$D = NM\tau \tag{4-33}$$

由上式可得网格数 N 为：

$$N = \frac{D}{M\tau} \tag{4-34}$$

式(4-34)中，待测光束口径 D 和细分像元数 M 均为确定的数值，而像元尺寸 τ 则由加工工艺决定，此时选择网格数 N 的问题就转化为选择像元尺寸 τ 的问题。事实上，随机函数的引入使得原夫琅禾费衍射光强中除 ±1 级外的其他级次转化为类似白噪声的背景光强，如图 4-16(a)所示，而随机编码混合光栅中的像元尺寸也影响着背景噪声的强度以及夫琅禾费衍射中旁瓣的强度大小。图 4-16(b)为像元尺寸由 1 μm 到 5 μm 变化时的随机编码混合光栅夫琅禾费衍射背景和旁瓣光强相对于 ±1 级的强度。可以发现，当像元尺寸为 1 μm，背景与旁瓣的相对光强分别为 0.002% 和 0.187%，相比 ±1 级光强非常微弱。像元尺寸在 2~4 μm 范围内背景和旁瓣光强缓慢增大，其中背景相对强度保持在 0.034% 以下，而旁瓣相对强度也不超过 0.851%。当像元尺寸增大到 5 μm 时，旁瓣的相对强度将陡增至 2.106%，而背景相对强度则增加到 0.049%。因此，从夫琅禾费衍射级次的角度出发，随机编码混合光栅的像元尺寸 τ 至少应当保证在 4 μm 以下。

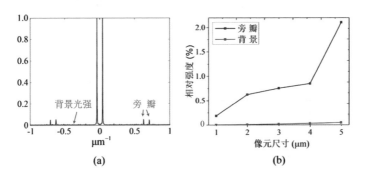

图 4-16 像元尺寸对夫琅禾费衍射级次的影响。(a)随机编码混合光束夫琅禾费衍射级次示意图；(b)像元尺寸由 1 μm 到 5 μm 变化时的夫琅禾费衍射背景与旁瓣相对光强的变化情况

3. 光栅栅距确定

与交叉光栅横向剪切干涉仪中光栅栅距的选择关系到横向剪切干涉的剪切率相一致的是，随机编码混合光栅中的光栅栅距同样也影响横向剪切干涉时的剪切率大小。当采用会聚光路对待测光学系统加以检测，或者利用消球差透镜将平行光束波前转换为会聚光波前时，如图 4-17 所示，假设随机编码混合光栅的栅距为 d，光源波长为 λ，D 为入射光束口径，f

为待测光学系统或消球差透镜的焦距，l_1 为待测光学系统或消球差透镜与随机编码混合光栅的距离，l_2 则为随机编码混合光栅与成像面之间的距离。

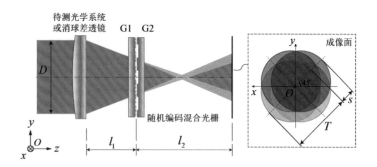

图 4-17 随机编码混合光栅对会聚光四波前横向剪切干涉检测时的光路示意图。G1 为振幅编码光栅，G2 为棋盘式相位光栅

可以发现，在上述情况中，当入射光束为会聚光时，其剪切率的计算方法与交叉光栅横向剪切干涉仪的剪切率计算方法类似，唯一不同的是，当光栅的栅线均平行于 x 轴和 y 轴时，交叉光栅中四个参与干涉的级次也位于 x 轴和 y 轴上，而随机编码混合光栅的四个干涉级次则位于 x 轴和 y 轴的对角线上，所以随机编码混合光栅的剪切率 β 在交叉光栅剪切率即式 (4-9) 的基础上还需要乘以 $\sqrt{2}$，即

$$\beta = \frac{s}{T} = \frac{2\sqrt{2}l_2\lambda f}{(l_1+l_2)Dd - Ddf} \tag{4-35}$$

式中，s 为剪切量，T 为单一剪切波前在成像面上的口径大小。在实际检测时，成像面的位置应当使得四波横向剪切干涉图样完全覆盖 CCD 的视场，则各元件之间的距离 l_1 和 l_2 与焦距 f 之间的关系为：

$$h = -\frac{2\sqrt{2}\lambda l_2}{d} - D + (l_1+l_2)\frac{D}{f} \tag{4-36}$$

式中，h 为 CCD 成像面的视场高度。考虑到待测光学元件或消球差透镜的位置固定，其到随机编码混合光栅的距离 l_1 为独立变量，故可将 l_2 写为

l_1 的表达式，即

$$l_2 = \frac{(h+D)fd - l_1Dd}{Dd - 2\sqrt{2}\lambda f} \tag{4-37}$$

将式(4-37)代入式(4-35)，则剪切率 β 可以进一步表示为：

$$\beta = \frac{2\sqrt{2}\left[(h+D)f - l_1D\right]\lambda}{hDd + 2\sqrt{2}\lambda D(f - l_1)} \tag{4-38}$$

当光源波长 λ 为 632.8 nm，CCD 高度 h 为 4.8 mm，待测光束口径 D 为 30 mm，待测光学系统或消球差透镜的数值孔径 NA 为 0.15 时，剪切率 β 与待测光学元件或消球差透镜到随机编码混合光栅之间的距离 l_1 以及光栅栅距 d 之间的关系如图 4-18 所示。由于在横向剪切干涉检测中，剪切率的选择一般小于 0.15，故图中剪切率大于 0.15 和计算出光栅到成像面距离 l_2 小于 0 的数据点均已略去。可以发现，在会聚光入射的情况下，大栅距的随机编码混合光栅在光栅位置和成像面位置的选择上将会更为灵活。

需要注意的是，后续实验结果表明在会聚光入射时，光栅距离待测光学元件或消球差透镜的位置影响到最终四波前横向剪切干涉图上的条纹

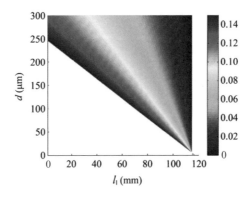

图 4-18 会聚光检测时剪切率与待测光学元件或消球差透镜到光栅间的距离以及光栅栅距之间的关系

数目，且光束照射到光栅上的面积越大，则干涉图上的条纹越密，经过傅里叶变换空间位相调制解调后的波前分布的分辨率也就越高，因此，为了实现较高分辨率的相位检测，应当使得光束照射到光栅上时正好覆盖整个光栅。设光栅在一个维度上的尺寸为 H，根据图 4-17 所示的几何关系可以得出：

$$\frac{H}{D} = \frac{f - l_1}{f} \tag{4-39}$$

则光栅与待测光学元件或消球差透镜之间的距离 l_1 为：

$$l_1 = f\left(1 - \frac{H}{D}\right) \tag{4-40}$$

当光栅尺寸 H 为 6 mm，待测光束口径为 30 mm，待测光学系统或消球差透镜的数值孔径 NA 为 0.15 时，根据式(4-40)可计算出光栅距待测光学系统或消球差透镜的距离 l_1 为 79.09 mm。选择图 4-18 中的相应位置可以进一步得到剪切率 β 与光栅栅距 d 之间的关系，如图 4-19 所示。因此，在上述参数条件下，采用会聚光入射光栅检测光路时较为合理的光栅栅距选择为 120～240 μm。

入射光为会聚光的情况可用于光学系统像差的通用化检测中，然而在大部分波前位相分布检测尤其是光学干涉三维层析检测中，待测光束基本

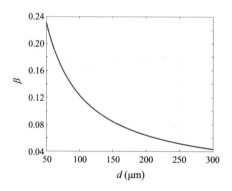

图 4-19 会聚光检测时剪切率与光栅栅距之间的关系

为平行光入射，因此还需要考虑平行光入射到光栅时的光栅栅距选择，此时的四波前横向剪切干涉光路如图 4-20 所示，其中待测光束口径为 D，随机编码混合光栅与成像面的距离为 l。

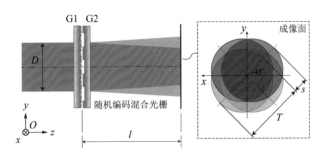

图 4-20 随机编码混合光栅对平行光四波前横向剪切干涉检测时的光路示意图。G1 为振幅编码光栅，G2 为棋盘式相位光栅

若待测光的波长为 λ，根据光栅方程可以推导出成像面上在与 x 轴和 y 轴斜 45° 角方向上的两个光斑之间的剪切量 s，即

$$s = 2\sqrt{2}\, l \tan\left[\arcsin\left(\frac{\lambda}{d}\right)\right] \tag{4-41}$$

而在平行光情况下光束的口径恒为 D，因此成像面上单个光斑的口径 T 也等于 D，则平行光入射到随机编码混合光栅上的剪切率可表示为：

$$\beta = \frac{s}{T} = \frac{2\sqrt{2}\, l \tan\left[\arcsin\left(\dfrac{\lambda}{d}\right)\right]}{D} \tag{4-42}$$

与会聚光入射情况一样的是，随机编码混合光栅检测平行光束时也应当使四波前横向剪切干涉图完全覆盖 CCD 像面，因此可以得到光栅到成像面的距离 l 为：

$$l = \frac{D - h}{2\sqrt{2} \tan\left[\arcsin\left(\dfrac{\lambda}{d}\right)\right]} \tag{4-43}$$

式中，h 为 CCD 的视场高度。将式(4-43)代入式(4-42)可以发现，此时的剪切率 β 与随机编码光栅的栅距 d 并没有直接的关系，而是与待测光束口径 D 及 CCD 视场高度 h 有关，即

$$\beta = \frac{D-h}{D} \tag{4-44}$$

因此，待测光束为平行光束时，剪切率 β 与光源波长 λ 和光栅栅距 d 均无关。当 CCD 视场高度为 4.8 mm 时，剪切率 β 与待测光束口径 D 之间的关系如图 4-21 所示。可以发现，当光束口径从 4.8 mm 刚开始增加时，剪切率 β 的增速很快，而当光束口径达到 9.6 mm 后，剪切率的增速开始变慢，但此时的剪切率已经超过了 0.5，而在实际应用中，剪切率一般不超过 0.2。因此，对于 CCD 视场高度为 4.8 mm 的情况来说，其最大可检测的光束口径 D 约为 6 mm。

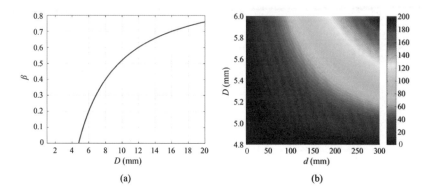

图 4-21 平行光入射随机编码光栅时的剪切率选择及观察距离选择。(a)剪切率与待测光束口径关系曲线；(b)观察距离与光栅栅距和待测口径之间的关系

图 4-21(b)展示了随机编码混合光栅到观察面之间的距离 l 随光栅栅距 d 和待测光束口径 D 的变化关系。可以发现，随着光栅栅距和待测光束口径的增大，干涉图充满整个 CCD 像面的观察距离也随之增大。从系统结构的紧凑性角度来说，观察距离应当在机械结构允许的情况下越近越好，因此，在随机编码混合光栅检测平行光波前位相分布时，对于 CCD 像面高度 H 为 4.8 mm 的情况来说，光栅栅距 d 的取值范围一般为 30~150 μm。

　　除了对剪切率的影响外，光栅栅距的设计还关系到空间载波频率的大小，同时也决定了傅里叶变换空间位相解调后得到波前位相分布的空间分辨率。要实现较高分辨率，应当让傅里叶变换后的 1 级频谱处于 0 级与边缘的中心位置，此时的空间分辨率在单一维度上为原图像的 1/4，而光栅的半栅距(即振幅编码光栅栅距)也在 CCD 像素大小的 4 倍以下。事实上，如果光栅半栅距是 CCD 像素尺寸的 N 倍，则其最终检测的分辨率也是原图像在单一维度上的 1/N。若对波前位相检测所得结果的空间分辨率有较高的要求，则应当使得光栅的半栅距控制在 CCD 像素尺寸的 4 倍以下，即当像素尺寸为 4.65 μm 时，光栅栅距应保证在 37.2 μm 以下。而如果对于分辨率没有太高要求的话则可以适当提高光栅的栅距，因为栅距越小，编码像元的大小也要求越小，加工难度也就会相应地提高。

4. 随机编码混合光栅四波横向剪切干涉图仿真

　　在上文的像元尺寸分析与选择中，主要利用夫琅禾费衍射理论讨论了像元尺寸对衍射光级次的影响。从衍射级次分析中可以看出，随机编码混合光栅的级次分布相对于交叉光栅以及 MHM 的级次分布已经有了很大的改善，除±1 级外的其他级次几乎被完全消除，仅有的 4 个旁瓣相对于±1 级的强度也小于 1%，非常接近理想四波前横向剪切干涉光栅的效果。然而由于这样一块光栅的加工成本相对传统光栅较高,仅从衍射级次上分析随机编码混合光栅的性能是不够的。目前微纳加工工艺可以接受的最小像元尺寸约为 1 μm，若能够根据随机编码混合光栅的物理光学模型生成对应的干涉图样，可以对该光栅的特性有更加充分的认识，同时也可以验证在当前加工工艺条件下是否能够生成较为理想的四波前横向剪切干涉图，以防止加工后的效果和期望的图样大相径庭。

　　交叉光栅级次选择窗口设计时采用的基尔霍夫–菲涅尔衍射理论即式 (4-16)，也可以用在随机编码混合光栅干涉图的仿真实验中。若要仿真平行光经过随机编码混合光栅后所成的干涉图，则 $U_1'(x_1, y_1)$ 为平面波通过随机编码混合光栅后的复振幅分布，(x_1, y_1) 为随机编码混合光栅所在的平面，(x_2, y_2) 为观察屏所在平面，且观察屏与随机编码混合光栅之间的距离为 l_2。定义光栅面和观察面在一个维度上的采样点数为 K，由于基尔霍夫–菲涅尔衍射对观察屏上每个点都需要采用两重积分来计算，因此整个算法的时间复杂度为 $O(K^4)$。

在交叉光栅级次选择窗口设计中，光栅结构较为简单，并且光栅上的各区域在级次选择窗口上衍射级次的位置基本一致，只需要计算光栅中心区域在级次选择窗口上的衍射光强即可，所以在光栅面和观察面的采样点选取上只需要不小于 100×100 即可，即 $K \geq 100$。而对于随机编码混合光栅的干涉图仿真来说，需要将整块光栅的模型加以仿真才能得到贴近实际情况的干涉图样。若待测光束口径约为 3.6 mm，当像元尺寸为 1 μm 时其仿真计算时采样点的规模至少为 3600×3600，则总的计算规模约为交叉光栅级次选择窗口计算规模的 36^4 倍。事实上，当 $K = 100$ 时，交叉光栅级次选择窗口计算在 3.4 GHz 主频 Intel i5-3570 K 中央处理器上的计算时间仍然达到了 1028.5 s，而根据计算规模估计的 $K = 3600$ 时随机编码混合光栅干涉图样的计算时间约为 54.78 a，无法在可行的时间内得到计算结果。为此，引入了 Nvidia 计算统一设备架构(Compute Unified Device Architecture，CUDA)来解决这一问题。

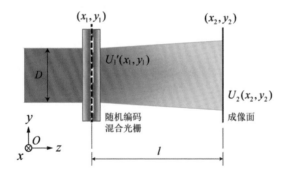

图 4-22 随机编码混合光栅干涉图仿真菲涅尔衍射模型

根据图 4-22 所示的随机编码混合光栅四波横向剪切干涉图仿真菲涅尔衍射模型，计算干涉图上光强分布的菲涅尔衍射公式可以表示为：

$$U_2(x_2, y_2) = \frac{\exp(jkl)}{j\lambda l} \iint U_1'(x_1, y_1) \exp\left\{ \frac{jk}{2l}\left[(x_2 - x_1)^2 + (y_2 - y_1)^2 \right] \right\} dx_1 dy_1$$

(4-45)

其中如上文所述，$U_1'(x_1, y_1)$ 为平面波通过随机编码混合光栅后的复振幅分布，(x_1, y_1) 为随机编码混合光栅所在的平面，(x_2, y_2) 为观察屏所在平面，而此时观察屏与随机编码混合光栅之间的距离为 l。考虑到对于观察面上的所有点，式(4-45)的系数项均保持不变，因此可以将式(4-45)改写为：

$$U_2\left(x_2, y_2\right) = \frac{\exp\left(\mathrm{j}kl\right)}{\mathrm{j}\lambda l} \cdot A\left(x_2, y_2\right) \tag{4-46}$$

而

$$A\left(x_2, y_2\right) = \iint U_1'\left(x_1, y_1\right)\exp\left\{\frac{\mathrm{j}k}{2l}\left[\left(x_2 - x_1\right)^2 + \left(y_2 - y_1\right)^2\right]\right\}\mathrm{d}x_1\mathrm{d}y_1 \tag{4-47}$$

对于随机编码混合光栅的干涉图仿真来说，需要解决的就是如何计算 $A(x_2, y_2)$ 的问题。为此，可以将 (x_2, y_2) 平面上每个采样点 $U_2(x_i, y_j)$ 的计算看作是计算统一设备架构中的一个个线程，而在单个线程中采用二重循环对 (x_1, y_1) 平面上的复振幅采样点 $U_1(x_\xi, y_\eta)$ 作相应乘积后进行积分运算。具体的仿真计算流程如图 4-23 所示。

采用上述基于 GPU 并行计算加速的仿真算法对随机编码混合光栅干涉图加以仿真，模拟平面波分别入射在一块尺寸为 3.6 mm×3.6 mm 的理想四波前横向剪切干涉光栅和随机编码混合光栅上的效果，其中两光栅的栅距 d 均为 150 μm，随机编码混合光栅的像元尺寸为 1 μm。实验中采用含有 2304 个 CUDA 核心的 Nvidia GTX 780 显卡对干涉图仿真进行加速，单幅干涉图的计算时间一共为 18583 s，即 5.16 h，相比于 CPU 计算的预计耗时 54.78 a 有了极大的降低，实现了有限时间内的全尺寸随机编码混合光栅干涉图仿真。为了更加贴合实际情况模拟高斯光束的入射情况，在光源的光强分布上采用单横模高斯分布，则平行高斯光束和具有一定畸变的高斯光束分别通过理想四波前横向剪切干涉光栅和随机编码混合光栅后形成的干涉图如图 4-24 所示。通过比较可以发现，无论对于怎样的待测波前，随机编码混合光栅干涉图与理想四波前横向剪切干涉光栅的干涉图都非常接近，说明基于光通量量化的随机编码方法可以实现四波前横向剪切干涉的效果。

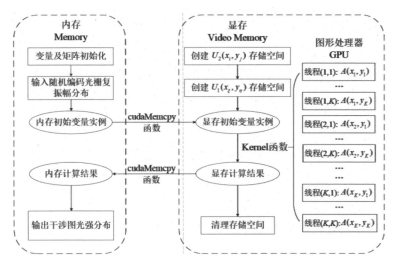

图 4-23　采用 GPU 并行计算加速的随机编码混合光栅干涉图仿真流程图

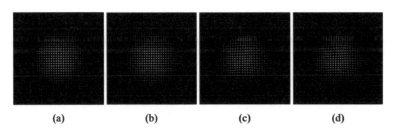

图 4-24　采用 GPU 并行计算加速仿真的理想四波前横向剪切干涉图与随机编码混合光栅干涉图。(a)无畸变高斯光束通过理想四波前横向剪切干涉光栅后的干涉图；(b)无畸变高斯光束通过随机编码混合光栅后的干涉图；(c)畸变高斯光束通过理想四波前横向剪切干涉光栅后的干涉图；(d)畸变高斯光束通过随机编码混合光栅后的干涉图

在与理想的四波前横向剪切干涉光栅比较之后，再考察随机编码混合光栅与棋盘式相位光栅和 MHM 在不同观察距离时的干涉图。图 4-25 是平行光波前分别入射到栅距均为 150 μm 的棋盘式相位光栅、MHM 和随机编码混合光栅后在观察距离为 13.5、17.0、20.5、24.0、27.5 mm 处形成的干涉图样。可以发现，由于除±1 级外的其他衍射级次存在，棋盘式相位光栅与 MHM 光栅的干涉图样均会随着观察距离改变而产生周期性的变化，只能在特定的观察距离处加以检测，因而剪切率的选取也受到一定的约束；而随机编码混合光栅的干涉图则较为稳定，可以根据测量需要选取不同的观察距离和剪切率，在测试条件的选取上较为灵活。

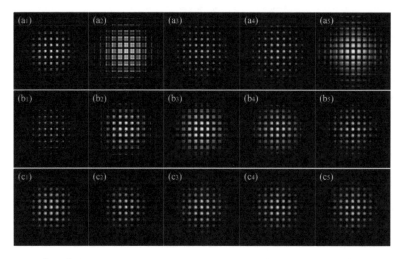

图 4-25 观察距离取 13.5、17.0、20.5、24.0、27.5 mm 时不同光栅的干涉图变化对比。(a1)～(a5)棋盘式相位光栅干涉图；(b1)～(b5)改进的哈特曼模板光栅干涉图；(c1)～(c5)随机编码混合光栅干涉图

上文中像元尺寸选择部分采用的是分析夫琅禾费衍射级次光强的方法来确定合理的像元尺寸，然而仅仅从衍射级次的光强角度比较并不能给出较为直观的评价依据，因此采用 GPU 并行计算对随机编码混合光栅在不同像元尺寸时的干涉图加以仿真，如图 4-26 所示，方框内为干涉图中心区域的放大图。可以发现，像元尺寸为 4 μm 时的干涉图中还包含有较多的散斑，当像元尺寸减小到 2 μm 以下时，由于随机编码导致的散斑效应基本消除，所以在实际应用中，像元尺寸小于 2 μm 可以更好地实现四波前横向剪切干涉的效果。

综上所述，根据基于 GPU 并行计算加速的随机编码混合光栅干涉图仿真结果，当像元尺寸接近 1 μm 时，随机编码混合光栅在不引入级次选择

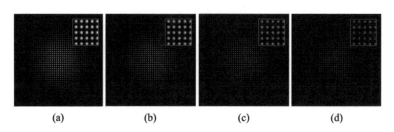

图 4-26 像元尺寸分别为 (a) 1 μm、(b) 2 μm、(c) 3 μm、(d) 4 μm 时的随机编码混合光栅干涉图

窗口对±1 级加以选择的基础上产生的干涉图与理想四波前横向剪切光栅的干涉图非常接近，可以满足四波前横向剪切干涉检测的需要。

4.4.4　随机编码混合光栅横向剪切干涉仪的剪切率定标

剪切率是横向剪切干涉仪中的一个非常重要的参数，其定义在 4.4.2 小节中有详细介绍，它对干涉仪的各项指标包括测量精度及动态范围都有直接的影响。此外，下一节将要讨论的随机编码混合光栅横向剪切干涉图的位相解调过程也需要剪切率的参与，剪切率的误差也会直接导致波前重构的误差。由式(4-42)可知，在入射光为平行光路时，剪切率 β 可写为：

$$\beta = \frac{s}{T} = \frac{2\sqrt{2}\, l \tan\left[\arcsin\left(\dfrac{\lambda}{d}\right)\right]}{D} \tag{4-48}$$

式中，λ 为干涉仪的工作波长，d 为光栅栅距，D 为光束口径，l 为光栅距成像面的距离。在这些参数中，由于 CCD 成像面前通常会有保护玻璃，光栅到成像面的实际距离 l 较难测量，因此，我们提出基于边缘特征提取的剪切率定标方法来解决这一问题[18]。

对于相位变化平滑的待测样品而言，其横向剪切波前的变化也是平滑的，从剪切波前中获得剪切率信息较难。如果我们对一个中心为正方形平面刻蚀、正方形边缘有剧烈相位跳变的样品做横向剪切干涉检测，仿真计算结果如图 4-27 所示，可以在其 x 方向和 y 方向的剪切波前中观察到正方形边缘剪切得到的条带。条带的宽度即为剪切量 s，再除以平行光光路时的光斑口径 T 亦即光束口径 D，即可得到剪切率 β 的数值。

在实际的定标过程中，采用数字图像处理而不是人工读数的方法可以进一步提高剪切率定标的精度。为此，如图 4-28 所示，对 x 方向的剪切波前上的 n 个纵坐标 y_i 通过图像处理可以得出其左条带位置 $x_{1i} \sim x_{2i}$ 和右条带位置 $x_{3i} \sim x_{4i}$；同理，对 y 方向的剪切波前上的 n 个横坐标 x_j 进行图像处理也可得出其下条带位置 $y_{1j} \sim y_{2j}$ 和上条带位置 $y_{3j} \sim y_{4j}$。在此基础上对所有的采样点的宽度加以平均，可得到 x 方向和 y 方向的剪切率 s_x 和 s_y 分别为：

$$
\left.
\begin{aligned}
s_x &= \frac{1}{n}\sum_{i=1}^{n}\frac{\left(x_{2i}-x_{1i}\right)+\left(x_{4i}-x_{3i}\right)}{2} \\
s_y &= \frac{1}{n}\sum_{j=1}^{n}\frac{\left(y_{2j}-y_{1j}\right)+\left(y_{4j}-y_{3j}\right)}{2}
\end{aligned}
\right\}
\tag{4-49}
$$

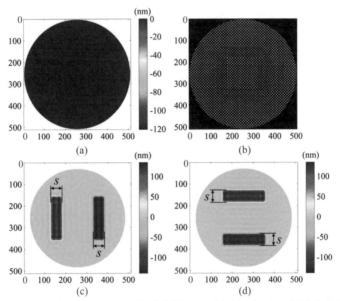

图 4-27 剪切率定标仿真计算结果。(a)待测波前；(b)随机编码混合光栅横向剪切干涉图；(c) x 方向的剪切波前；(d) y 方向的剪切波前

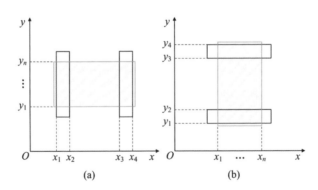

图 4-28 剪切量计算示意图。(a) x 方向剪切波前的边缘特征；(b) y 方向剪切波前的边缘特征

 由于随机编码混合光栅横向剪切干涉仪在 x 方向和 y 方向的剪切率相同，故剪切率 s 可取 x 方向和 y 方向的剪切率 s_x 和 s_y 的平均值，即

$$s = \frac{s_x + s_y}{2} \tag{4-50}$$

为了验证基于边缘特征提取的剪切率定标方法，我们在两块融石英相位板上刻蚀了 4 mm×4 mm 的特征图形，其中定标板 1 的图形为正方形平面凹槽，而定标板 2 则为"回"字形凹槽，如图 4-30(a1)和(b1)所示。实验中采用部分相干的 LED 光源，其光谱中心波长为 623 mm，半高全宽为 18 nm，可有效防止光路中由于多次反射引起的散斑噪声。图 4-29 为两块定标板的随机编码混合光栅横向剪切干涉检测结果，可以看到两块定标板在 x 和 y 方向剪切波前中的边缘特征与我们的仿真结果吻合得非常好。根据定标板 1 与定标板 2 的边缘特征宽度所提取的剪切率分别为 4.58%和 4.62%，检测结果非常接近，说明该边缘特征提取方法的一致性也很高。

 利用定标好的剪切率重构原始波前可以得到两块定标板上的刻蚀深度

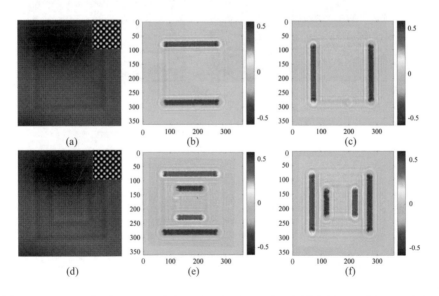

图 4-29 剪切率定标结果。(a)定标板 1 的随机编码混合光栅横向剪切干涉图；(b)定标板 1 测得的 x 方向的剪切波前；(c)定标板 1 测得的 y 方向的剪切波前；(d)定标板 2 的随机编码混合光栅横向剪切干涉图；(e)定标板 2 测得的 x 方向的剪切波前；(f)定标板 2 测得的 y 方向的剪切波前

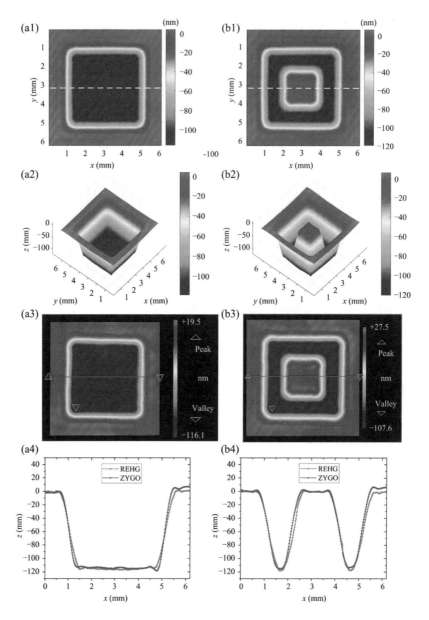

图 4-30 随机编码混合光栅横向剪切干涉仪与 ZYGO 干涉仪对定标板检测结果的比对实验结果。(a1)和(b1)分别为随机编码混合光栅横向剪切干涉仪测得的定标板 1 和定标板 2 的刻蚀深度分布；(a2)和(b2)为其刻蚀深度分布的三维展示；(a3)和(b3)为 ZYGO 干涉仪测得的定标板 1 和定标板 2 的刻蚀深度分布；(a4)和(b4)为随机编码混合光栅横向剪切干涉仪与 ZYGO 干涉仪对定标板 1 和定标板 2 的 x 方向检测结果比较

分布，再将其与 ZYGO GPI 干涉仪的检测结果比较，如图 4-30 所示，其中(a3)和(b3)为 ZYGO 干涉仪测得的两块定标板的刻蚀深度分布结果。可以发现，两组实验结果非常吻合，基于特征提取的剪切率定标方法可用于高精度的随机编码混合光栅横向剪切干涉仪定标。

4.5　多波前剪切干涉位相解调算法

多波前横向剪切干涉图不同于传统泰曼–格林干涉仪或 Fizeau 干涉仪产生的干涉图，其波前信息经过剪切干涉和傅里叶载波两个过程的调制，解调过程相对来说更加复杂。首先，当采用傅里叶变换空间位相调制波前位相解调技术时，传统的干涉图往往是在一个方向上(如 x 轴方向)引入线性载波，而在四波前横向剪切干涉图中，线性载波分布在两个正交的方向上(交叉光栅横向剪切干涉仪中为 x 轴与 y 轴，而在随机编码混合光栅横向剪切干涉仪中为 x 轴与 y 轴的两对角线方向)。其次，传统的干涉图利用傅里叶变换空间位相调制技术解调之后就可以得到待测波前的位相分布，而对于四波前横向剪切干涉图而言，经过傅里叶变换空间位相调制解调后的波前位相分布仅仅是 x 轴与 y 轴方向或 x 轴与 y 轴两对角线方向上的剪切波前，还需要利用差分 Zernike 多项式拟合算法或其他波前重建算法获得待测波前的位相分布。在讨论这些波前重建算法之前，先对交叉光栅横向剪切干涉图与随机编码混合光栅横向剪切干涉图作如下统一。考虑到剪切波前的方向在 x 轴和 y 轴上更便于表达，可以将随机编码混合光栅横向剪切干涉图顺时针旋转 45° 后得到与交叉光栅横向剪切干涉图相同的剪切波前分布。四波前横向剪切干涉图位相解调的详细流程如图 4-31 所示，下面对剪切波前的位相解调、差分 Zernike 多项式拟合位相重建算法、波前微分傅里叶变换位相重建算法和大剪切率傅里叶变换位相重建算法逐一进行讨论。

4.5.1　剪切波前的位相解调

在利用不同横向剪切干涉波前重建方法计算待测波前的位相分布之前，首先需要得到两个正交方向的剪切波前。由于四波前横向剪切干涉均采用一级衍射使得四个在成像面上产生干涉的波前中均包含有一定的倾

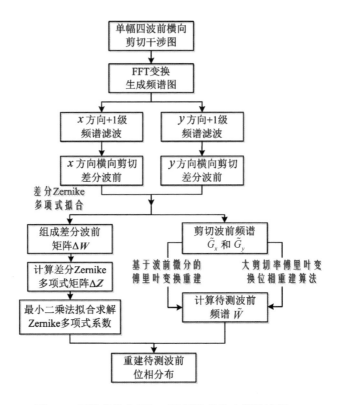

图 4-31 四波前横向剪切干涉图波前重建算法流程

斜,相当于每幅四波前横向剪切干涉图均受到傅里叶空间位相调制技术的调制,所以可以采用与径向剪切干涉波前重建前类似的基于傅里叶变换的空间位相调制解调算法计算出两个正交方向的剪切波前。如图 4-32 所示,四波前横向剪切干涉图由 x 轴和 y 轴上横向偏移的四个波前相互重叠而成,且在这两个正交方向上的剪切量为 s。为方便表示,由于正向放置的随机编码混合光栅的横向剪切干涉图的剪切方向并不在 x 轴和 y 轴上,因此需要将随机编码混合光栅干涉图绕原点顺时针旋转 45° 后统一为四波前横向剪切干涉模型。此时,四波前横向剪切干涉的四个波前中心均位于 x 轴或 y 轴上,它们分别是 $C_1(s/2, 0)$、$C_2(0, s/2)$、$C_3(-s/2, 0)$、$C_4(0, -s/2)$。其中每个衍射波前的相位分布均与原波前一致,唯一的差别在于还存在对应的 x 方向和 y 方向上的倾斜量 u_0 和 v_0。由物理模型可知,这四束波前的电场强度复振幅可以表示为:

$$E_1(x,y) = A\exp\left[j\left(W(x - s/2, y) + 2\pi u_0 x\right)\right]$$

$$E_2(x,y) = A\exp\left[j\left(W(x + s/2, y) - 2\pi u_0 x\right)\right]$$

$$E_3(x,y) = A\exp\left[j\left(W(x, y - s/2) + 2\pi v_0 y\right)\right]$$

$$E_4(x,y) = A\exp\left[j\left(W(x, y + s/2) - 2\pi v_0 y\right)\right]$$

$$\tag{4-51}$$

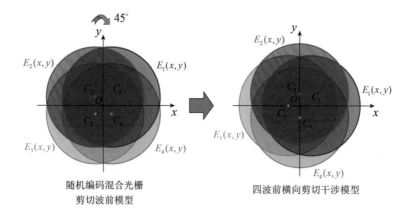

随机编码混合光栅　　　　　　四波前横向剪切干涉模型
剪切波前模型

图 4-32 四波前横向剪切干涉数学模型

干涉图的光强分布可以表示为这些复振幅的叠加并与其共轭相乘的形式，即

$$I = \left(E_1 + E_2 + E_3 + E_4\right) \cdot \left(E_1^* + E_2^* + E_3^* + E_4^*\right) \tag{4-52}$$

若定义 x 和 y 方向上的剪切波前 $\Delta W_x(x,y)$ 和 $\Delta W_y(x,y)$ 分别为：

$$\Delta W_x(x,y) = W(x - s/2, y) - W(x + s/2, y) \tag{4-53}$$

$$\Delta W_y(x,y) = W(x, y - s/2) - W(x, y + s/2) \tag{4-54}$$

对式(4-52)两边进行傅里叶变换可得：

$$\begin{aligned}
\mathscr{F}\left[I(x,y)\right] &= 4A^2\delta(u,v) + A^2 F_x(u - 2u_0, v) + A^2 F_x^*(u + 2u_0, v) \\
&\quad + A^2 F_y(u, v - 2v_0) + A^2 F_y^*(u, v + 2v_0) + \cdots
\end{aligned} \tag{4-55}$$

其中

$$F_x(u,v) = \mathscr{F}\left[\exp\left(\mathrm{j}\left(W\left(x-\frac{s}{2},y\right)-W\left(x+\frac{s}{2},y\right)\right)\right)\right] = \mathscr{F}\left[\exp\left(\mathrm{j}\Delta W_x(x,y)\right)\right]$$

(4-56)

$$F_y(u,v) = \mathscr{F}\left[\exp\left(\mathrm{j}\left(W\left(x,y-\frac{s}{2}\right)-W\left(x,y+\frac{s}{2}\right)\right)\right)\right] = \mathscr{F}\left[\exp\left(\mathrm{j}\Delta W_y(x,y)\right)\right]$$

(4-57)

式(4-55)表明，随机编码混合光栅干涉图的傅里叶变换频谱由中心的零频与两个方向剪切波前傅里叶变换频移后的频谱及其共轭等频谱成分组成。因此，通过分别提取 x 方向和 y 方向上的+1 级频谱并对其作傅里叶逆变换可以得到 x 和 y 方向上的剪切波前 ΔW_x 和 ΔW_y，如图 4-33 所示[14]。

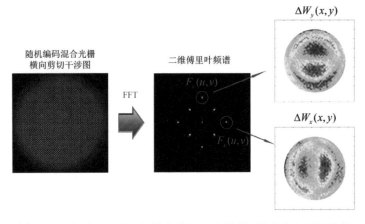

图 **4-33** 随机编码混合光栅横向剪切干涉图剪切波前位相解调流程

4.5.2　差分 Zernike 多项式拟合位相重建算法

在利用傅里叶变换空间位相调制技术获得待测波前在两个正交方向的剪切波前时，需要在所获得剪切波前的基础上重构待测波前的位相分布情况。传统的横向剪切波前重建大多采用 Rimmer-Wyant 等线性方程组算法，但在实际应用中，随机噪声的存在可能会使得方程组产生病态，进而对最后的波前重构结果造成一定的影响。如果将 Zernike 多项式引入到横向剪切干涉图的波前重构中，则可以在很大程度上消除随机噪声的影响[19-22]。

在光学像差评价中，波前函数可以看作由一系列基底函数组成，而 Zernike 多项式由于其在圆域内正交的特性就成了常用的基底函数之一。原始波前函数 $W(x,y)$ 可以表示为如下的 N 项 Zernike 多项式：

$$W(x,y) = \sum_{j=1}^{N} a_j Z_j(x,y) \tag{4-58}$$

在由极径 ρ 和极角 θ 所表示的极坐标中，Zernike 多项式可以写成如下形式：

$$\left.\begin{aligned} Z_{even\,j} &= \left[2(n+1)\right]^{1/2} R_n^m(p)\cos m\theta \\ Z_{odd\,j} &= \left[2(n+1)\right]^{1/2} R_n^m(p)\sin m\theta \end{aligned}\right\}, m \neq 0 \\ Z_j = \left[2(n+1)\right]^{1/2} R_n^m(p), m = 0 \tag{4-59}$$

其中 $j=1,2,\cdots,N$ 是基底函数的序号并且有：

$$R_n^m(\rho) = \sum_{s=0}^{(n-m)/2} \frac{(-1)^s(n-s)!}{s!\left[(n+m)/2-s\right]!\left[(n-m)/2-s\right]!}\rho^{n-2s} \tag{4-60}$$

在式 (4-60) 中，n 和 m 分别为径向度和角频率，自由度为 $N=(n+1)(n+2)/2$。若 x 方向和 y 方向上的剪切量均为 s，可以得到 x 方向和 y 方向的剪切波前如下所示：

$$\Delta W_x(x,y) = W\left(x-\frac{s}{2},y\right) - W\left(x+\frac{s}{2},y\right) \tag{4-61}$$

$$\Delta W_y(x,y) = W\left(x,y-\frac{s}{2}\right) - W\left(x,y+\frac{s}{2}\right) \tag{4-62}$$

将式(4-58)代入式(4-61)和(4-62)可得：

$$\Delta W_x(x,y) = \sum_{j=1}^{N} a_j \left[Z_j\left(x - \frac{s}{2}, y\right) - Z_j\left(x + \frac{s}{2}, y\right) \right] \tag{4-63}$$

$$\Delta W_y(x,y) = \sum_{j=1}^{N} a_j \left[Z_j\left(x, y - \frac{s}{2}\right) - Z_j\left(x, y + \frac{s}{2}\right) \right] \tag{4-64}$$

此时定义差分 Zernike 多项式为：

$$\Delta Z_x = Z_j\left(x - \frac{s}{2}, y\right) - Z_j\left(x + \frac{s}{2}, y\right) \tag{4-65}$$

$$\Delta Z_y = Z_j\left(x, y - \frac{s}{2}\right) - Z_j\left(x, y + \frac{s}{2}\right) \tag{4-66}$$

分别将式(4-65)代入式(4-63)、式(4-66)代入式(4-64)，可得：

$$\Delta W_x(x,y) = \sum_{j=1}^{N} a_j \Delta Z_x \tag{4-67}$$

$$\Delta W_y(x,y) = \sum_{j=1}^{N} a_j \Delta Z_y \tag{4-68}$$

可将式(4-67)和(4-68)写为矩阵的形式，即

$$\Delta \boldsymbol{W} = \Delta \boldsymbol{Z} \boldsymbol{a} \tag{4-69}$$

其中

$$\Delta \boldsymbol{W} = \begin{pmatrix} \Delta W_x \\ \Delta W_y \end{pmatrix}, \quad \Delta \boldsymbol{Z} = \begin{pmatrix} \Delta Z_x \\ \Delta Z_y \end{pmatrix} \tag{4-70}$$

因此，Zernike 多项式系数可以利用最小二乘方法求解方程(4-69)得到，即

$$\boldsymbol{a} = \left(\Delta \boldsymbol{Z}^{\mathrm{T}} \Delta \boldsymbol{Z}\right)^{-1} \Delta \boldsymbol{Z}^{\mathrm{T}} \Delta \boldsymbol{W} \tag{4-71}$$

最后，将 Zernike 系数矩阵 $\boldsymbol{a}$ 代入式(4-58)便可以获得待测波前分布 $W(x,y)$。

为了验证差分 Zernike 拟合算法解调随机编码混合光栅四波前横向剪切干涉图的精度，实验中采用一块栅距为 240 μm 的随机编码混合光栅针对口径为 30 mm、焦距为 90 mm 的双胶合光学系统像差作相应的检测。为了便于同 ZYGO GPI 数字波面干涉仪的像差测量结果进行比对，我们采用 ZYGO 干涉仪出射的平行光作为测量光束。该平行光束经过双胶合光学系统会聚后，再由随机编码混合光栅分为 x 轴和 y 轴两对角线方向上的四束光束，并最终在 CCD 像面上发生干涉。CCD 采集的四波前横向剪切干涉图如图 4-34(a)所示，对其采用差分 Zernike 多项式波前重构算法拟合出的像差测量结果如图 4-34(b)，其波前畸变 P-V 值为 0.242λ，RMS 值为 0.064λ。图 4-34(c)为 ZYGO GPI 数字波面干涉仪配合球面参考镜对同一双胶合光学系统的检测结果，其波前畸变 P-V 值为 0.245λ，RMS 值为 0.057λ，与随机编码混合光栅的测量结果相比数值上 P-V 值的偏差为 0.003λ，RMS 偏差为 0.007λ，其波前畸变分布测量结果基本一致。

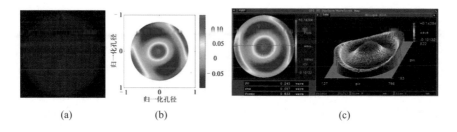

(a)   (b)   (c)

图 4-34 随机编码混合光栅双胶合光学系统像差测量结果。(a)随机编码混合光栅四波前横向剪切干涉图;(b)差分 Zernike 多项式拟合计算出的双胶合光学系统像差结果；(c) ZYGO GPI 数字波面干涉仪对同样一片双胶合光学系统的像差测量结果

4.5.3 波前微分傅里叶变换位相重建算法

差分 Zernike 多项式拟合方法对随机噪声引起的误差有很强的抑制作用，但是多项式拟合也不可避免地滤除了大部分高频信息，不能满足部分对分辨率要求较高的波前检测需要，而在小剪切率的情况下，基于波前斜率的傅里叶变换重构算法则可以在保留这些高频信息的前提下进行波前重构[23]。

利用傅里叶变换空间位相调制解调技术得到的 x 和 y 方向上的剪切波前 $\Delta W_x(x,y)$ 和 $\Delta W_y(x,y)$，可以表示为：

$$\Delta W_x(x,y) = W(x-s/2, y) - W(x+s/2, y) \tag{4-72}$$

$$\Delta W_y(x,y) = W(x, y-s/2) - W(x, y+s/2) \tag{4-73}$$

当剪切量 s 很小时，等式两边同时除以剪切量 s 可得：

$$\frac{\partial W(x,y)}{\partial x} = \frac{\Delta W_x(x,y)}{s} \tag{4-74}$$

$$\frac{\partial W(x,y)}{\partial y} = \frac{\Delta W_y(x,y)}{s} \tag{4-75}$$

而待测波前 $W(x,y)$ 在 x 和 y 方向上微分的傅里叶变换可以分别表示为：

$$\tilde{G}_x = 2\mathrm{i}\pi x \tilde{W} \tag{4-76}$$

$$\tilde{G}_y = 2\mathrm{i}\pi y \tilde{W} \tag{4-77}$$

式中，$\tilde{W}$ 为 $W(x,y)$ 的傅里叶变换，而 $\tilde{G}_x$ 为 $W(x,y)$ 在 x 方向上微分的傅里叶变换，$\tilde{G}_y$ 为 $W(x,y)$ 在 y 方向上微分的傅里叶变换。$\tilde{G}_x$ 和 $\tilde{G}_y$ 这两个函数均是从干涉图中获得的已知量，需要求解的是待测波前 $W(x,y)$ 的数值，因此，可以构造最小二乘评价函数：

$$E(\tilde{W}) = \left| \tilde{G}_x - 2\mathrm{i}\pi x \tilde{W} \right|^2 + \left| \tilde{G}_y - 2\mathrm{i}\pi y \tilde{W} \right|^2 \tag{4-78}$$

当该评价函数取得最小值时可以求出 $\tilde{W}$ 的分布情况，则评价函数关于 $\tilde{W}$ 的导数可以写为：

$$\frac{\mathrm{d}E}{\mathrm{d}\tilde{W}} = 4\mathrm{i}\pi x \left(2\mathrm{i}\pi x \tilde{W} - \tilde{G}_x \right) + 4\mathrm{i}\pi y \left(2\mathrm{i}\pi y \tilde{W} - \tilde{G}_y \right) \tag{4-79}$$

当 E 取得最小值时上式为 0，故

$$\tilde{W} = -\frac{\mathrm{i}}{2\pi} \frac{x\tilde{G}_x + y\tilde{G}_y}{x^2 + y^2} \qquad (4\text{-}80)$$

再对式(4-80)作傅里叶逆变换就可以得到待测波前 $W(x,y)$ 的数值。

4.5.4　大剪切率傅里叶变换位相重建算法

波前微分傅里叶变换位相重建算法在剪切率较小时非常实用，相对于横向剪切干涉的传统波前重建算法具有较高的鲁棒性，但是其应用场合局限在剪切率不超过 0.02 的情况。当剪切率较大时，便不能根据式(4-74)与式(4-75)由剪切波前 $\Delta W_x(x,y)$ 和 $\Delta W_y(x,y)$ 得到待测波前 $W(x,y)$ 在 x 方向和 y 方向的微分 $\partial W(x,y)/\partial x$ 与 $\partial W(x,y)/\partial y$。不过与波前微分傅里叶变换位相重建算法类似的思路仍然可以应用在剪切率较大的情况下[24-25]。由式(4-72)和式(4-73)作傅里叶变换可以得到：

$$\mathscr{F}\left[\Delta W_x(x,y)\right] = \left[\exp(-\mathrm{i}\pi su) - \exp(\mathrm{i}\pi su)\right] \cdot \tilde{W}(u,v) = -2\mathrm{i}\sin(\pi su)\tilde{W}(u,v)$$
$$(4\text{-}81)$$

$$\mathscr{F}\left[\Delta W_y(x,y)\right] = \left[\exp(-\mathrm{i}\pi sv) - \exp(\mathrm{i}\pi sv)\right] \cdot \tilde{W}(u,v) = -2\mathrm{i}\sin(\pi sv)\tilde{W}(u,v)$$
$$(4\text{-}82)$$

同样可知，待测波前的傅里叶频谱 $\tilde{W}(u,v)$ 可以由差分波前的频谱 $\mathscr{F}\left[\Delta W_x(x,y)\right]$ 和 $\mathscr{F}\left[\Delta W_y(x,y)\right]$ 计算得到。由于差分波前在此之前已经由干涉图的傅里叶变换+1 级频谱逆变换得到，由式(4-81)与式(4-82)的最小二乘估计便可以求得待测波前的傅里叶频谱 $\tilde{W}(u,v)$。令关于待测波前频谱 $\tilde{W}(u,v)$ 的最小二乘评价函数为：

$$E(\tilde{W}) = \left|\Delta\tilde{W}_x(u,v) + 2\mathrm{i}\sin(\pi su)\tilde{W}(u,v)\right|^2 + \left|\Delta\tilde{W}_y(u,v) + 2\mathrm{i}\sin(\pi sv)\tilde{W}(u,v)\right|^2$$
$$(4\text{-}83)$$

式中，$\Delta\tilde{W}_x(u,v)$ 和 $\Delta\tilde{W}_y(u,v)$ 分别为剪切波前的频谱 $\mathscr{F}\left[\Delta W_x(x,y)\right]$ 与 $\mathscr{F}\left[\Delta W_y(x,y)\right]$。求解待测波前的傅里叶频谱分布，也就是要求取频谱 $\tilde{W}(u,v)$ 使得评价函数 $E\left(\tilde{W}\right)$ 最小，则评价函数关于频谱 $\tilde{W}$ 的导数可以改写为：

$$
\begin{aligned}
\frac{\mathrm{d}E}{\mathrm{d}\tilde{W}} &= 4\mathrm{i}\sin(\pi su)\left[\Delta\tilde{W}_x(u,v)+2\mathrm{i}\sin(\pi su)\tilde{W}(u,v)\right] \\
&+ 4\mathrm{i}\sin(\pi sv)\left[\Delta\tilde{W}_y(u,v)+2\mathrm{i}\sin(\pi sv)\tilde{W}(u,v)\right]
\end{aligned}
\tag{4-84}
$$

当 E 取得最小值时导数 $\mathrm{d}E/\mathrm{d}\tilde{W}=0$，由式(4-84)可得：

$$
\tilde{W}(u,v)=\mathrm{i}\frac{\sin(\pi su)\Delta\tilde{W}_x(u,v)+\sin(\pi sv)\Delta\tilde{W}_y(u,v)}{2\left[\sin^2(\pi su)+\sin^2(\pi sv)\right]}
\tag{4-85}
$$

由此，在剪切率较大时根据 x 和 y 方向上的剪切波前傅里叶频谱分布 $\Delta\tilde{W}_x(u,v)$、$\Delta\tilde{W}_y(u,v)$ 以及剪切量 s 即可计算得到待测波前的傅里叶频谱 $\tilde{W}(u,v)$，进一步地进行傅里叶逆变换即可得到待测波前 $W(x,y)$ 的分布情况。

采用随机编码混合光栅检测平行光束波前光路结合大剪切率傅里叶变换位相重建算法对血液样品的定量相位显微结果如图 4-35 所示，可以观察到红细胞以及血小板由于折射率与周围介质的差别导致的位相变化，结

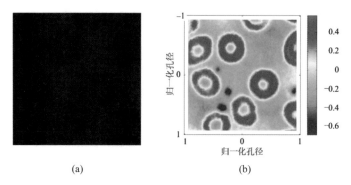

(a)　　　　　　　　(b)

图 4-35 采用随机编码混合光栅结合大剪切率傅里叶变换位相重建算法对血液样品的定量相位显微结果。(a)随机编码混合光栅四波前横向剪切干涉图；(b)位相重建结果

合一维振镜以及滤波反投影算法还可以进一步获得待测样品的三维折射率分布。由于只需要在传统明场显微镜的 CCD 前加入随机编码混合光栅即可实现待测样品的位相检测，非常便于非标记活体样品的显微成像，因此多波前剪切干涉技术，尤其是随机编码混合光栅四波前横向剪切干涉技术，在生物医学方面也有着非常广泛的用途[14]。

参考文献

[1] Malacara D. Optical Shop Testing, Third Edition[M]. Hoboken, New Jersey:John Wiley & Sons, Inc., 2007.

[2] Rimmer M P, Wyant J C. Evaluation of large aberrations using a lateral- shear interferometer having variable shear[J]. Applied Optics, 1975, 14(1): 142-150.

[3] Chanteloup J C, Cohen M. Compact high resolution four wave lateral shearing interferometer[C]. Proc. SPIE, 2004, 5252:282-292.

[4] Chanteloup J C. Multiple-wave lateral shearing interferometry for wave-front sensing[J]. Applied Optics, 2005, 44 (9):1559-1571.

[5] Ouchi C, Kato S, Hasegawa M, et al. EUV wavefront metrology at EUVA[C]. Metrology, Inspection, & Process Control for Microlithography XX. International Society for Optics and Photonics, 2006.

[6] Kato S, Ouchi C, Hasegawa M, et al. Comparison of EUV interferometry methods in EUVA project[C]. Microlithography. International Society for Optics and Photonics, 2005.

[7] Ling T, Yang Y, Yue X, et al. Common-path and compact wavefront diagnosis system based on cross grating lateral shearing interferometer[J]. Applied Optics, 2014, 53(30):7144.

[8] 孙磊. 四视窗型交叉光栅横向剪切干涉系统数学建模与实验研究[D]. 浙江大学, 硕士学位论文, 2014.

[9] Sun L, Liu D, Ling T, et al. Mathematical modeling analysis on a small and compact two-dimensional CGLSI interference system[C]. Proc. SPIE, 2013, 8840:88400N-1-88400N-8.

[10] Primot J, Guérineau N. Extended Hartmann test based on the pseudoguiding property of a Hartmann mask completed by a phase chessboard[J]. Applied Optics, 2000, 39(31):5715-5720.

[11] Bon P, Maucort G, Wattelier B, et al. Quadriwave lateral shearing interferometry for quantitative phase microscopy of living cells[J]. Optics

Express, 2009, 17(15):13080-13094.

[12] Ling T, Liu D, Yue X, et al. Quadriwave lateral shearing interferometer based on a randomly encoded hybrid grating[J]. Opt. Lett., 2015, 40(10): 2245.

[13] Ling T, Yang Y, Liu D, et al. General measurement of optical system aberrations with a continuously variable lateral shear ratio by a randomly encoded hybrid grating[J]. Applied Optics, 2015, 54(30):8913.

[14] 凌瞳. 基于多波前剪切干涉与光学层析技术三维折射率场重构研究[D]. 浙江大学, 博士学位论文, 2016.

[15] 岳秀梅. 用于波前传感的随机编码混合光栅设计及误差分析[D]. 浙江大学, 硕士学位论文, 2016.

[16] Ling T, Liu D, Yang Y, et al. Compact wavefront diagnosis system based on the randomly encoded hybrid grating[C]. SPIE Optifab. International Society for Optics and Photonics, 2015.

[17] 岳秀梅, 杨甬英, 凌瞳, 等. 可用于四波横向剪切干涉波前检测的随机编码混合光栅设计[J]. 中国激光, 2015, 42(10):240-247.

[18] Zhang R, Yang Y Y, Liang Z J. High-precision calibration method for shear ratio based on the shearing wavefront feature extraction of a phase plate[J]. Applied Optics, 2018, 57(18):5121.

[19] Freischlad K R, Koliopoulos C L. Modal estimation of a wave front from difference measurements using the discrete Fourier transform[J]. Journal of the Optical Society of America A: Optics & Image Science, 1986, 3(11): 1852-1861.

[20] Dai F, Tang F, Wang X, et al. Modal wavefront reconstruction based on Zernike polynomials for lateral shearing interferometry: Comparisons of existing algorithms[J]. Applied Optics, 2012, 51(21):5028.

[21] Ling T, Liu D, Sun L, et al. Wavefront retrieval for cross-grating lateral shearing interferometer based on differential Zernike polynomial fitting[C]. Proc. SPIE, 2013, 8838:88380J-1-88380J-8.

[22] Wang H, Li Y, Liu K, et al. Improved wavefront reconstruction using difference Zernike polynomials for two double-shearing wavefronts[C]. Proc. SPIE, 2012, 8550:855013-1-855013-8.

[23] Velghe S, Primot J, Guérineau N, et al. Wave-front reconstruction from multidirectional phase derivatives generated by multilateral shearing interferometers[J]. Opt. Lett., 2005, 30(3):245-247.

[24] Ling T, Jiang J, Zhang R, et al. Quadriwave lateral shearing interferometric microscopy with wideband sensitivity enhancement for quantitative phase imaging in real time[J]. Sci. Rep., 2017, 7(1):9.

[25] Ling T, Yang Y, Liu D, et al. Retrieval of phase distributions from the quadriwave lateral shearing interferogram obtained by randomly encoded hybrid grating[C]. Proc. SPIE, 2015, 9633:96332G-1-96332G-8.

5

瞬态波前检测

在光束传播过程中，受空气扰动、振动、材料不均匀性等因素的影响，波前位相分布产生畸变，导致波前质量降低。目前，军事、工业、天文、能源等领域不仅对波前检测精度要求越来越高，而且要实现瞬态波前实时检测。传统光学检测系统例如泰曼–格林干涉仪以及菲索干涉仪等，需要利用时间位相调制技术，采集多幅干涉图来对待测波前进行重构，无法实现对于诸如高能激光脉冲波前畸变的检测、惯性约束核聚变(Inertial Confinement Fusion, ICF)中光束空间位置分布监测以及大型光学元件和系统的瞬态检测[1-12]。本章主要讨论可用于瞬态(单幅干涉图)波前检测的径向剪切干涉检测体系、径向剪切波前重构技术及相应图像处理技术。

5.1 波面位相检测技术

5.1.1 条纹扫描相移干涉系统

波面位相检测技术的许多基础理论在 20 世纪 70 年代就已形成，并在 80 年代得到发展和应用。随着计算机及数字图像处理技术的飞速发展，相移技术也不断改进、完善并趋于成熟。它利用各种不同的相移方法，在形成光路中引入附加的位相调制，利用多幅图的相位同步检测技术，把环境影响及随机噪声抑制到最低程度；同时利用波面存储相减技术，消除干涉仪的装调误差。这种技术的测量精度已优于$\lambda/100$。其中最成熟及商业化的干涉系统有泰曼–格林及菲索干涉系统[1]，这类系统均需要一块标准的参考平面且光路一般不能完全共路。假设被测波前的表面轮廓为

$W(x, y)$，利用相移技术通常可得其波面面形：

$$W(x, y, l_i) = \frac{1}{2k} \arctan \frac{\sum_{i=1}^{n \cdot P} I(x, y, l_i) \sin(2kl_i)}{\sum_{i=1}^{n \cdot P} I(x, y, l_i) \cos(2kl_i)} \tag{5-1}$$

式中，$I(x, y, l_i)$ 是测得的光强，$l_i = \lambda i/(2n)$ 是参考波前的相移量，n 是 2π 内相移数，P 为周期，k 为波数。由式(5-1)可见，相移干涉术需要有附加的相位调制系统。常用的方式是利用压电晶体实现相移，其精度主要由压电陶瓷的非线性大小决定。

由于该相移扫描系统需要多幅干涉图来解调出原始波前信息，无法实现对惯性约束核聚变、风洞中瞬态波前的检测，我们必须寻求能采集瞬态信息的相位检测技术。因此，能够采集检测瞬态信息的哈特曼检测及空间位相调制的位相检测技术就是一些值得探讨的方向。

5.1.2 哈特曼–夏克(Hartmann-Shack)检验

哈特曼–夏克检验使用微透镜阵列代替了原始带有孔阵列的光阑,使其能够更轻易地检验并测量出正负离焦，并提高光斑的密度[1-2]。图 5-1 是哈特曼–夏克传感器波前检测的光路示意图。

哈特曼–夏克传感器将入射波前在空间上分割成许多子波前，经过微透镜阵列后，在探测器焦平面上得到许多子孔径的哈特曼光斑图像。其输出包括两部分：一部分是波前斜率，它是每个子孔径内光斑的质心与系统标定时该子孔径内光斑质心的偏移量；另一部分是光束的近场强度分布。近场的波前相位可由斜率信息通过直接斜率法、Zernike 多项式模式法得到。远场的强度分布评估可由斜率和近场强度通过二维傅里叶变换获得。每个子孔径的光斑像移等于相应波前斜率乘以微透镜的焦距，焦距越短，动态范围越大，但角度灵敏度随之减小。通过在微透镜焦平面上测出畸变波前所成像斑的质心坐标与参考波前质心坐标之差,即可求出子孔径范围内的平均斜率,继而求得全孔径波前位相分布。

哈特曼–夏克波前传感器由于其紧凑性、易于校准、表面采样率高等优点，目前被广泛应用于天文自适应光学、眼测量及非球面测量等领域。

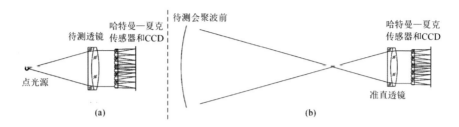

图 5-1 哈特曼–夏克传感器波前检测光路示意图。(a)与传感器尺寸相近的小透镜；(b) 会聚波前

5.1.3 空间位相调制瞬态波前检测

空间位相调制瞬态波前检测是 Takeda 等[3]在 20 世纪 80 年代提出的一种检测方法，其研究初衷是进行一些静态波前的检测。空间位相调制是在被检波前上加一个有较大倾斜的载波，使被测信号载于一个高频载波上，利用傅里叶变换技术及数字信号处理的理论，滤去背景光及低频噪声，从而得到一个重构的波面。该技术可以对干涉图、全息图、莫尔图进行类似处理重构波面，因而得到了广泛的应用。目前，由于对瞬态波前、物体形变等动态测量的需求日渐增多，这个方法仍然是一个研究的热点。

空间位相调制方法与利用压电晶体及类似的相移技术进行比较，概况如下：

(1) 相移技术中至少需要 3 幅图像才能得到波前位相，而空间位相调制仅需 1 幅图像，因此可以适用于瞬态检测的需要。

(2) 相移技术中，通过在时域的多幅采样平均来消除或降低随机噪声，而在空间载波法中，是把干涉条纹从空域变换到频域，在频域去除载波及噪声频谱，经逆傅里叶变换得到去除噪声的波前位相，缩短采样周期，从而适用于瞬态检测及现场实时测量。

(3) 相移技术中，需要有一套精密、复杂的移相装置。比如用压电调制，首先压电晶体的线性需利用一定的闭环系统进行严格控制；其次利用三点的压电装置驱动调制参考镜时，需保持三点同步移相，否则会引入较大的移相误差。另外，在信息的数据处理方面要建立一系列物理意义明确的数学处理模型。更详细的分析与处理将在下节介绍。

空间位相调制技术有两种载波方式：一种是线性载波，一种是圆载波，它们各自适用于不同的被测对象。对于一般的波前畸变，当被测系统本身的畸变不是很大时，通常采用线性载波。比如在干涉孔径内的波面为

$W(x, y)$，产生干涉的两波面夹角为 θ，加载波后干涉图内没有封闭及交叉的条纹，只有线性载波的干涉图。这实际上类似于一个离轴全息图，因此其后面的解调分析与全息图有相似之处。如图 5-2 所示，所加载波与波前 $W(x, y)$ 满足：

$$\frac{\partial\left[x \tan \theta - W(x, y)\right]}{\partial x} > 0 \tag{5-2}$$

即参考波面斜率远远大于测试方向的最大波前畸变斜率。这是载波下限，其上限应满足奈奎斯特(Nyquist)采样定律。合理的载波将在后面详细分析。

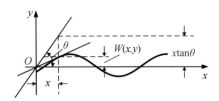

图 5-2 载波与波前关系

在有些情况下，当波面畸变产生的条纹很密，或者检测一个非球面样品时，样品本身产生较密的条纹，需要加入很高的线性载频，往往会受到 Nyquist 定律的限制，这时用线性载波就不合适。可引入一个参考球面载波，且满足：

$$\frac{\partial\left[DS^2 - W(x, y)\right]}{\partial S} > 0 \tag{5-3}$$

式中，$S^2 = x^2 + y^2$，D 是与所加圆载波有关的系数。

5.2   空间位相调制波前检测技术

5.2.1   空间线性载波及解调

设被检波面振幅为 E_T，且与一个平面参考波前 E_R 之间有一个较大的倾斜，则双光束将形成线性载波的干涉图：

$$\left. \begin{aligned} E_R &= a \cdot \exp\left[\mathrm{i}\left(\omega t + 2\pi f_0 x \right) \right] \\ E_T &= b \cdot \exp\left\{ \mathrm{i}\left[\omega t - \varphi\left(x, y \right) \right] \right\} \end{aligned} \right\} \tag{5-4}$$

式中，a、b 分别是光束振幅；f_0 是沿 x 方向的载波，其形成干涉条纹空间分布为：

$$\begin{aligned} g\left(x, y \right) &= \left(E_R + E_T \right)\left(E_R + E_T \right)^* = a^2 + b^2 + 2ab\cos\left[2\pi f_0 x + \varphi\left(x, y \right) \right] \\ &= a\left(x, y \right) + b\left(x, y \right) \cdot \cos\left[2\pi f_0 x + \varphi\left(x, y \right) \right] \end{aligned} \tag{5-5}$$

式中，$a\left(x, y \right)$ 和 $b\left(x, y \right)$ 为背景光强，一般是缓慢变化的。实际上这是一个典型的离轴全息图样。根据全息图理论，式(5-5)可写为：

$$g\left(x, y \right) = a\left(x, y \right) + C\left(x, y \right) \mathrm{e}^{\mathrm{i} 2\pi f_0 x} + C^*\left(x, y \right) \mathrm{e}^{-\mathrm{i} 2\pi f_0 x} \tag{5-6}$$

式中，$C\left(x, y \right) = b\left(x, y \right) \mathrm{e}^{\mathrm{i}\phi(x,y)} / 2$，$C^*$ 是 C 的复共轭。

将式(5-6)经傅里叶变换后，得到：

$$G\left(f, y \right) = A\left(f, y \right) + C\left(f + f_0, y \right) + C^*\left(f - f_0, y \right) \tag{5-7}$$

式中，第一项 $A(f, y)$ 是未经波面调制的背景光，第二、三项分别是中心位于 $-f_0$ 和 f_0 含有相位信息的频谱，相应频谱图如图 5-3 所示[4]。须合理

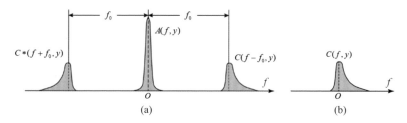

图 5-3 空间位相调制频谱图。(a)原始频谱分布；(b)+1 级频谱频移滤波

选择载频 f_0，使 $A(f,y)$ 表示的 0 级谱分量与±1 级谱分量充分拉开，以便使用滤波器对含有波面位相信息的一级频谱进行滤波处理。利用带通滤波器取出其中的+1 级分量，利用傅里叶变换平移定理将一级频谱移至中心并作逆傅里叶变换，得到波面相位为：

$$\varphi(x,y) = \arctan\left\{\frac{\text{Im}\left[C(x,y)\right]}{\text{Re}\left[C(x,y)\right]}\right\} \tag{5-8}$$

式中，Im 和 Re 分别表示复数的虚部和实部。

波面位相可利用傅里叶变换的反正切求得，计算机中库函数反正切函数的主值范围是 $[-\pi, \pi]$，大于 2π 的波面位相将会产生位相跳变，从而造成波面位相的不连续。对于位相解包裹问题，详见本书第 1 章内容。

根据上述过程，从理论上来说，可以利用快速傅里叶变换很快求得一个波面位相，但实际上，上述的所有理论是针对一个连续函数的连续傅里叶变换，而利用计算机进行波面计算只能通过抽样的离散傅里叶变换(DFT)实现。连续傅里叶变换是对无限长函数序列进行变换而求得原函数，而离散傅里叶变换是有限长函数序列，同时又必须进行抽样而得到的，这样就在图像处理中引入了一系列的误差效应，如混迭效应及频域泄漏效应。由于目前的光电探测器件 CCD 阵列的像元素可以达到 2048×2048 甚至更高，混迭效应产生的影响比较容易解决。下面我们主要针对圆形出瞳及矩形出瞳两种情况进行讨论。

5.2.2 频域泄漏效应

弗雷沙德(Freishald)等指出，对于傅里叶变换，由于复指数函数具有在矩形区域上正交的特性，因此一般对于矩形域施行上述算法来完成波面重建，具有可靠的运算效率。实际上，由于离散傅里叶变换的特殊性，对波面重建会引入一定的误差。图 5-4 是利用计算机数值仿真在不同空间载波情形下的波面重构情况[5]。从图中可以看到，当载波周期为采样口径整数倍时，重构波面与原始波面完全类似。实际上，利用该方法进行波面处理时，由于需要的载波 f_0 很高，在实际检测系统中利用一些精密控制难以实现载波为口径的整数倍。从图 5-4(c)载波周期不为采样口径整数倍时的重构波面可以看到，波面的下半部分有明显的形变现象，这就是离散傅里叶变换中的频域泄漏引起的，与原始波前的偏离给实际的波前检测引入了误差。因此，必须根据傅里叶变换理论分析误差产生的原因，并且在此基础上，针对圆形及矩形出瞳设计出能有效抑制该误差影响的方法。

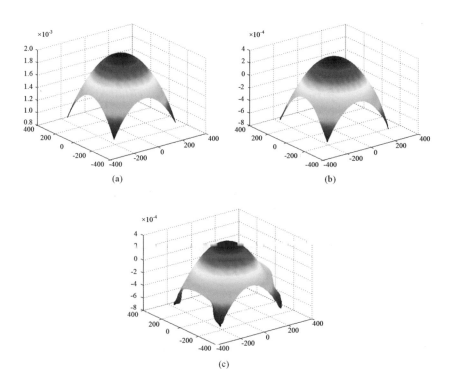

(a)

(b)

(c)

图 5-4 不同空间载波情形下的波面重构情况。(a)原始球面波；(b)载波周期为采样口径整数倍时重构波面；(c)载波周期不为采样口径整数倍时重构波面

假设系统满足采样定理。首先讨论有限带宽的周期波形，且截断长度等于周期的情况(该截断长度相当于矩形出瞳口径)。假设空域的变量为 x，频域的变量以 u 表示，主要目的是避免与孔径函数 $f(x)$ 混淆。

如图 5-5 所示的是一个有限带宽的周期波形在截断长度是一个周期时的离散傅里叶变换图，图中左右两边分别表示空域和频域。其中，图 5-5(a) 是一个周期为 x_0 的函数 $h(x)$，相应的傅里叶变换是 $H(u)$，即相当于 δ 脉冲函数。图 5-5(b)是空域的抽样梳状函数 $\varDelta_0(x)$，抽样间隔是 x_s，频域变换仍为梳状函数 $\varDelta_0(u)$，其间隔为 $1/x_s$。图 5-5(c)对周期函数进行抽样，

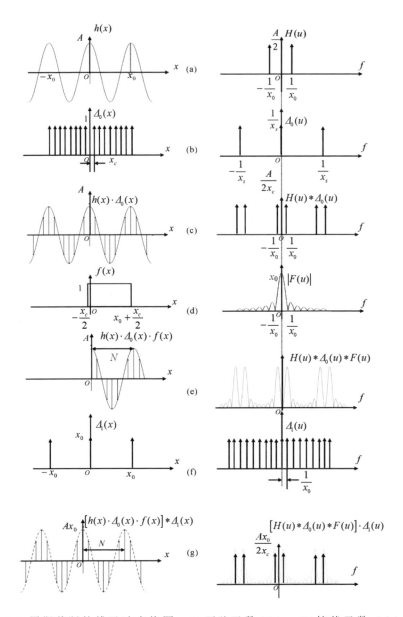

图 5-5 周期截断的傅里叶变换图。(a)正弦函数 $h(x)$；(b)梳状函数 $\Delta_0(x)$；(c) $h(x)\cdot\Delta_0(x)$；(d)矩形函数 $f(x)$；(e) $h(x)\cdot\Delta_0(x)\cdot f(x)$；(f)梳状函数 $\Delta_1(x)$；(g) $\left[h(x)\cdot\Delta_0(x)\cdot f(x)\right]*\Delta_1(x)$

根据傅里叶变换性质可知，空域的乘积相当于频域的卷积。图 5-5(c)的频域只需在图 5-5(b)频域的脉冲处将图 5-5(a)中的 $H(u)$ 重新构图，即完成了

$H(u)*\varDelta_0(u)$。图 5-5(d)所示为矩形函数 $f(x)$ (即采样口径)及其频域的傅里叶变换 $F(u)$。图 5-5(e)是抽样函数被截断后的傅里叶变换对，可以表达如下：

$$F\left[h(x)\cdot\varDelta_0(x)\cdot f(x)\right]=H(u)*\varDelta_0(u)*F(u) \tag{5-9}$$

同样，图 5-5(e)是由图 5-5(c)频域在脉冲序列处与图 5-5(d)频域的 $\sin c(u)$ 函数卷积而得到。至此，完成了空域到频域的离散傅里叶变换。

为了恢复原图像，须利用离散逆傅里叶变换(IDFT)。图 5-5(f)是频域的梳状抽样函数 $\varDelta_1(x)$，其间隔为 $1/x_0$，在空域是相距为 x_0 的脉冲序列。同前，频域的抽样相当于空域的卷积，即

$$F^{-1}\left\{\left[H(u)*\varDelta_0(u)*f(u)\right]\cdot\varDelta_1(u)\right\}=\left[h(x)\cdot\varDelta_0(x)\cdot f(x)\right]*\varDelta_1(u) \tag{5-10}$$

在空域卷积相当于在图 5-5(f)空域的脉冲序列处将图 5-5(e)空域的图形重新构图。由于图 5-5(d)中的截断函数恰好是一个周期，这样将产生一个如图 5-5(g)所示的周期函数。

图 5-6 是图 5-5(e)频域的放大图。$\sin c(u)$ 函数(虚线)的中心位于 $1/x_0$ 处，相加后的波形(实线)构成了卷积结果。虽然波形有畸变，但用图 5-5 进行频谱抽样时，由于频域的抽样函数脉冲间隔为 $1/x_0$，而在 $1/x_0, 2/x_0, 3/x_0, \cdots$ 处，除了在 $\pm 1/x_0$ 处，其余均位于 $\sin c(u)$ 函数旁瓣的

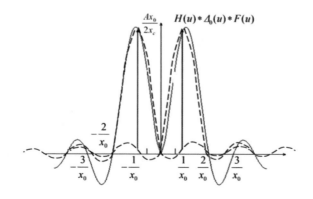

图 5-6 周期截断时的卷积放大图

零点，而频率 $\pm 1/x_0$ 处又恰好对应图 5-5(a)中频域函数 $H(u)$ 的脉冲，这样在空域精确地再现了原函数 $h(x)$ 。当截断长度即采样口径不等于载波条纹周期的整数倍时，同样可以利用图 5-5 的分析方法，得到图 5-7 对有限带宽周期波形当截断长度不等于周期时的离散傅里叶变换，此时图 5-5(e)对应的放大图形变成图 5-7 的情况。从图 5-7 中可以看出，频域中其余脉冲的存在，是由于 $\sin c(u)$ 的零点并非像前面例子那样恰好与每个样本点重合。旁瓣的存在使空域不可能得到原函数的精确值，这些旁瓣在频域抽样后就造成附加的频率成分，这就是频域泄漏。为了减小泄漏，我们须寻求这样一个空域函数，它与矩形函数的傅里叶变换 $\sin c(u)$ 函数相比具有较小的旁瓣值，旁瓣值越小，泄漏对离散傅里叶变换的影响也越小。根据上述的数学论证，下面针对圆形、矩形出瞳情况下的频域泄漏效应抑制方法进行讨论[5]。

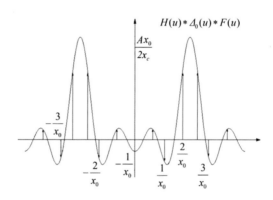

图 5-7 非周期截断的卷积放大图

1. 圆形出瞳

首先考虑一个大多数干涉图的出瞳是圆孔径的情况。一个比较理想的函数就是海明(Hamming)函数：

$$h\left(x\right)=\begin{cases}0.54+0.46\cos\dfrac{2\pi x}{x_0}, & |x|>\dfrac{x_0}{2}\\[2mm]0, & 其他\end{cases}\qquad(5\text{-}11)$$

将上式进行傅里叶变换：

$$H(f)=1.08\sin c\left(\pi fx_0\right)+0.23\sin c\left(\pi fx_0+\pi\right)+0.23\sin\left(\pi fx_0\quad\pi\right) \quad (5\text{-}12)$$

该海明函数的频谱类似于 $\sin c(u)$ 函数，其一级旁瓣的高度是主峰的 0.0063，远小于矩形函数的变换。

将式(5-11)扩展到二维，表达式如下：

$$h(x)=\begin{cases}0.54+0.46\cos\dfrac{2\pi\sqrt{x^2+y^2}}{D}, & \left(x^2+y^2\right)<D^2 \\ 0, & \text{其他}\end{cases} \quad (5\text{-}13)$$

式中，D 是出瞳直径。图 5-8 是根据式(5-12)构造的二维海明窗。该窗的最大值为 1，孔径边缘处逐渐趋于零。抑制频域泄漏效应需要低旁瓣特性的函数，线性载波的空间位相调制技术也同样需要上述特性。

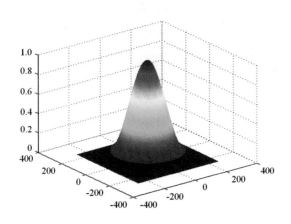

图 5-8 二维海明窗图

一个被测波前形成的干涉图并非是无限扩展的。从衍射的角度看，出瞳相当于一个滤波器。直径总是有一定大小的，因此，经过出瞳后的衍射波总是有一定的能量分布，将海明窗与样本值相乘后，使得中心至边缘强度值逐渐减小，这相当于出瞳已逐渐扩展至无限远处，减小了孔径衍射效应。

图 5-9 是仿真的一个球面波，对该球面波加载波但未加海明窗情形下形成的干涉图如图 5-10(a)所示，相应频谱如图 5-10(b)所示，采用离散傅里叶变换重构得到的波面如图 5-10(c)所示。

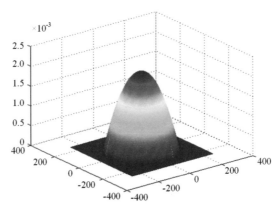

图 5-9 仿真的原始球面波图

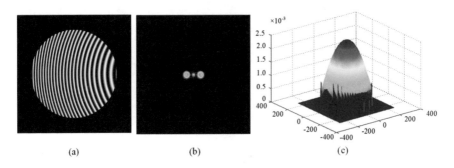

(a)　　　　　　　(b)　　　　　　　(c)

图 5-10 未加海明窗情形。(a)干涉图；(b)频谱图；(c)重构波面

给干涉图加海明窗后，得到的干涉图如图 5-11(a)所示，其频谱零级与一级谱之间变得非常清晰，如图 5-11(b)所示，大大减小了孔径衍射效应。对该频谱进行滤波和逆傅里叶变换后得到的重构波前如图 5-11(c)所示。可以看出，该重构波面与原始波面非常相近，有效地抑制了频谱泄漏。与原始波面相比，该重构波面还存在一定的倾斜，这个倾斜是离散傅里叶变换引起的，实际上真正的处理方程(5-8)式应为：

$$2\pi\Delta f_0 x - K\varphi(x,y) = -\arctan\left\{\frac{\mathrm{Im}\left[C(x,y)\right]}{\mathrm{Re}\left[C(x,y)\right]}\right\} \tag{5-14}$$

式中，Δf_0 表示一级频谱平移时的误差，这是由于离散傅里叶变换与连续傅里叶变换在抽样中受到抽样点间隔的限制，其间隔不可能像连续函数一样达到无穷小；$2\pi\Delta f_0 x$ 是剩余斜率，这导致载波频率 f_0 不能精确确定，从而产生了空域中的倾斜，可采用波面拟合的方法将倾斜消除掉。

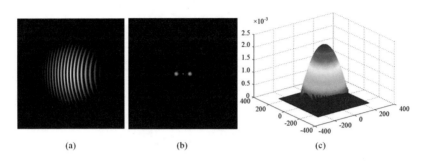

图 5-11 加海明窗情形。(a)干涉图；(b)频谱图；(c)重构波面

2. 矩形出瞳

对于某些特定的光学系统，比如惯性约束核聚变，很多元件均采用矩形口径，因此，对于矩形出瞳波前的处理也需要加以讨论。矩形出瞳和圆形出瞳类似，同样受到频谱泄漏和孔径衍射效应的影响。

本节开头已经讨论了对矩形孔附加不同大小载波的情况，对于载波周期恰好是口径整数倍的情形，得到了如图 5-4(b)所示的理想重构波面，而略微改变载波，使其口径不是周期整数倍时，可以看到出现了畸变。利用与圆孔径泄漏抑制同样的思路，考虑对矩形出瞳也构造这样一个函数，使得干涉图的强度从中心向矩形边缘逐渐减弱；这个函数既满足傅里叶变换条件，又具有较小的旁瓣，从而减小频谱泄漏的影响。

先从一维考虑三角函数，是该函数与它的傅里叶变换谱(图 5-12)，其函数表达式为：

$$tri\left(\frac{x}{a}\right) = \begin{cases} 1 - \dfrac{|x|}{a}, & |x| \le a \\ 0, & \text{其他} \end{cases} \tag{5-15}$$

其频谱实际上是一个 $\sin c^2(u)$。由于旁瓣远小于 1，旁瓣的平方则更加压

低了旁瓣值。将此函数扩展到二维,该二维函数相当于一个二维三角函数,由其形状也可称为金字塔形窗函数, 函数表达式为:

$$p(x_i, y_i) = \begin{cases} \left(1 - \dfrac{|x - x_i|}{a}\right)\left(1 - \dfrac{|y - y_i|}{b}\right), & |x - x_i| \le a|, |y - y_i| \le b \\ 0, & \text{其他} \end{cases} \tag{5-16}$$

式中,a 和 b 分别是与矩形出瞳的长和宽有关的参数。该二维函数由交叉耦合的两个三角函数构成,因而也具有一维三角函数的性质。

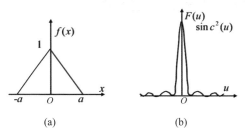

图 5-12 三角窗函数(a)及其傅里叶变换(b)

该函数构成的金字塔形函数如图 5-13 所示。从图 5-13 中可以看到,中心强度最高为 1,从中心向矩形边缘逐渐减弱接近于零。利用该函数对载波周期不为口径整数倍形成的干涉图进行调制,得到的干涉图如图 5-14(a)所示,经过干涉图解调后的重构波面如图 5-14(b)所示。

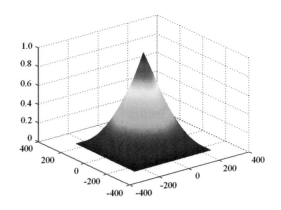

图 5-13 矩形出瞳的窗函数

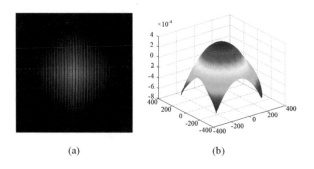

(a)   (b)

图 5-14 加窗函数情形。(a)干涉图；(b)重构波面

在中心部分，波前变换缓慢，而在瞳边界，实际上球面波产生的波前是陡变的，其局部均方根梯度很大。往往在边界突变处，傅里叶变换处理后的波前形状会有皱波及扭曲，实际上是由这种局部的高频谐波引起的。将未经金字塔形窗函数调制的重构波面图 5-4(c)与经窗函数调制后的重构波面图 5-14(b)进行比较可以看到，原来扭曲严重的下半部分的波面已有显著改善。

5.2.3 线性载波f_0的选择

从理论上来讲，载波f_0的选择上限受 Nyquist 抽样定理限制，下限受被测波前经傅里叶变换后在频谱面上所产生的一级谱宽度限制，也就是与一级谱滤波器的宽度有关。根据抽样定理，当空域的抽样间隔太大时，即抽样频率不够高时，抽样后波形的傅里叶变换就会在频域产生混叠效应，这样就不可能重构出原来的样本。因此，采样须满足抽样定理，使抽样频率f_s高于空域载频f_0最高频率的2倍，即$f_s > 2f_0$。对于分辨率为512×512的 CCD 而言，如取f_s是 3～4 倍f_0的话，一般最高载频为 100 个条纹左右。实际上当载频过高时，会在干涉图中产生类似莫尔条纹的假条纹，也会影响条纹的对比度，所以一般载频不宜高于 100 个(相对 512×512 数据阵列而言)，这是从抽样定理的角度出发确定的f_0上限。

我们可以从有像差的波前畸变来考虑载波f_0的下限设置。设一个波前$W(x, y)$在平行于x轴方向产生的空间频谱为：

$$\Delta f_{W(x,y)} = \frac{\sin\theta}{\lambda} = \frac{1}{\lambda} \cdot \frac{\partial W(x,y)}{\partial x} \qquad (5\text{-}17)$$

式中，$\Delta f_{W(x,y)}$ 是沿 x 轴方向的一级谱半宽度，记为 Δf_w。这个空间频率是正比于 x 方向上的波前斜率，畸变越大，Δf_w 就越大。如图 5-15 所示，沿 x 轴方向上的最大值及最小值满足：

$$\left.\begin{array}{l} f_{\max} = f_0 + \Delta f_w \\ f_{\min} = f_0 - \Delta f_w \end{array}\right\} \qquad (5\text{-}18)$$

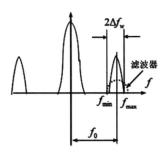

图 **5-15** 载波与滤波器带宽的关系

根据图 5-15 可知，当波前畸变不同，产生的 $2\Delta f_w$ 就不同，所以 f_0 载频的选择要考虑像差波前产生的频谱宽度。f_0 必须大于 $f_{\min}$ 值，否则当 f_0 小于该值时，一级与零级谱交叠在一起，使得重构图像失真。同样，带通滤波器的宽度(通频带)选择也是很重要的。通频带太宽，将带入零级谱分量，而通频带太窄将丢失一级谱上的信息，使得移频后不能重构出原始波前。

5.3   传统环形径向剪切干涉仪

5.3.1   系统原理

径向剪切干涉体系的原理早在 20 世纪六七十年代就已有许多经典的

研究，但由于它的剪切干涉图并非如泰曼–格林干涉仪的双光束干涉图表示了与理想平面的偏差，当时无法满足径向剪切原始波前重构的计算要求。随着计算机技术和高密度光电探测传感阵列技术的发展，波前重构的问题已经迎刃而解。目前在快速在线检测即瞬态波前检测方面，以共路型的环形径向剪切干涉系统应用最为广泛[6-9]。

图5-16是传统径向剪切干涉系统的原理图，待测光束经分束器分束后，一路透射经过 L_1 与 L_2 组成的望远镜系统后缩小为收缩光束；经分束器反射的一路光则沿相反方向行进，经过由 L_2 与 L_1 组成的望远镜系统后放大为扩展光束。这两束口径不同的光经过成像透镜后入射到 CCD 成像面上，形成径向剪切干涉图。由于收缩光束与扩展光束沿相反的路径行进，环境振动几乎不会对干涉图造成任何影响，同时径向剪切干涉的原理使得其可测量的畸变范围较大，因此在惯性约束核聚变的激光束波前质量检测以及无目标物的高速流场波前畸变干涉检测中均有应用。

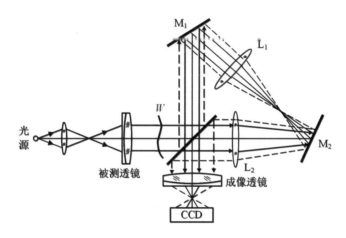

图 5-16 传统环形径向剪切干涉光路原理图

与横向剪切干涉技术利用两束波面相同、在空间位置有一定横向位移的光束干涉不同，径向剪切干涉技术中的原始光束在经过径向剪切干涉仪后分为收缩或扩展的两列波前，并最终在其成像面上的重叠区域形成干涉图，基本原理如图5-17所示。径向剪切干涉系统可以看作是能使图中点 A 成为两组放大率不同的像的光学系统。为了避免离焦的产生，这两组像必须在 A' 处重合。对于泰曼–格林干涉仪来说，干涉图的位置必须与待测系统的出瞳共轭，而对于径向剪切干涉系统来说，参与干涉的两列波前均须是待测光学系统出瞳的像才行。当剪切比很大时，扩展波前与平面波接近，这时只需收缩波面与系统出瞳共轭即可。为了解决两列波前与待测系统出瞳共轭的问题，所有径向剪切干涉系统还存在另一对共轭物点 B 与像点 B'，对应的剪切比与 A 和 A' 点的相等。因此，在大部分径向剪切干涉仪中，一般将待测光学系统的出瞳置于 B 点而干涉成像位置于 B' 点。

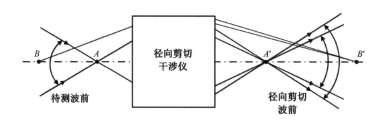

图 5-17 径向剪切干涉仪原理图

当剪切比较大时，径向剪切干涉仪的检测结果直接表明了波前畸变的大小。即使对于小剪切比的情况，径向剪切干涉图涵盖了所有的方向信息，只需一幅干涉图即可解调出对应的波前信息，比横向剪切干涉图更易解调。

5.3.2 径向剪切波前数学表征

根据径向剪切干涉的基本原理，定义径向剪切干涉的剪切比 R 为：

$$R = \frac{\rho_c}{\rho_e} \tag{5-19}$$

式中，ρ_c 和 ρ_e 分别为收缩光束和扩展光束上任意点的径向距离与原始光束上对应点的径向距离之比。

定义扩展波前的 k 阶极坐标表达式为[1]：

$$W(\rho, \theta) = \sum_{n=0}^{k} \sum_{l=0}^{n} \rho^n \left(a_{nl} \cos l\theta + b_{nl} \sin l\theta \right) \tag{5-20}$$

式中，n 为多项式的阶次，且 $n \geq 1$，而 l 和 n 在奇偶性上保持一致。此时收缩波前的极坐标表达式可以写为：

$$W(R\rho,\theta) = \sum_{n=0}^{k}\sum_{l=0}^{n} \rho^n R^n \left(a_{nl}\cos l\theta + b_{nl}\sin l\theta\right) \tag{5-21}$$

由此，干涉图的方程可以由光程差表示：

$$\begin{aligned}
OPD(\rho,\theta) &= W(\rho,\theta) - W(R\rho,\theta) \\
&= \sum_{n=0}^{k}\sum_{l=0}^{n} \rho^n \left(1-R^n\right)\left(a_{nl}\cos l\theta + b_{nl}\sin l\theta\right)
\end{aligned} \tag{5-22}$$

可以看到，式(5-22)与式(5-21)的表达式很相似，仅仅差了一个$(1-R^n)$的因子。径向剪切波面示意图如图 5-18 所示，图中r_o、r_c、r_e分别是原始波面、收缩和扩展波面的曲率半径，设$\varDelta_c$、$\varDelta_e$分别是收缩、扩展波面的波差。由径向剪切干涉的特点可知，$\varDelta_c = \varDelta_e$。

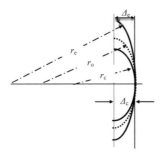

图 5-18 径向剪切波面图

径向剪切干涉仪相对于泰曼–格林仪的灵敏度为：

$$\sigma = \frac{\mathrm{d}OPD(\rho,\theta)/\mathrm{d}\rho}{\mathrm{d}W(\rho,\theta)/\mathrm{d}\rho} = \frac{\displaystyle\sum_{n=0}^{k}\sum_{l=0}^{n} n\rho^{n-1}\left(1-R^n\right)\left(a_{nl}\cos l\theta + b_{nl}\sin l\theta\right)}{\displaystyle\sum_{n=0}^{k}\sum_{l=0}^{n} n\rho^{n-1}\left(a_{nl}\cos l\theta + b_{nl}\sin l\theta\right)} \tag{5-23}$$

对于给定(n,l)的单一像差情况，上式可简化为：

$$\sigma_{n,l} = 1 - R^n \tag{5-24}$$

由此可知，相对于泰曼-格林干涉仪而言，径向剪切干涉仪的相对灵敏度有所降低，但是径向剪切干涉系统的动态范围比传统双光束干涉系统要大，特别适合于透明物体或流场的瞬态波前畸变检测。对于畸变较小的波前检测，当径向剪切干涉系统的剪切比越大时，扩展波前的曲率越接近理想平面波。但在实际检测系统中，特别是激光核聚变、风洞流场系统，往往会产生局部突变的一些畸变，这样扩展波前不是一个缓变的小畸变波前，往往很难达到理想平面波程度，从而会引入较大的重构误差，因此需要对重构算法进行讨论。

5.3.3 数值迭代重构技术[5]

由上节可知，径向剪切干涉图的光程差可表示为：

$$OPD(\rho,\theta) = W(\rho,\theta) - W(R\rho,\theta) \tag{5-25}$$

不断放大这两个波面，有：

$$OPD(R\rho,\theta) = W(R\rho,\theta) - W(R^2\rho,\theta) \tag{5-26}$$

$$OPD(R^2\rho,\theta) = W(R^2\rho,\theta) - W(R^3\rho,\theta) \tag{5-27}$$

$$\cdots$$

$$OPD(R^n\rho,\theta) = W(R^n\rho,\theta) - W(R^{n+1}\rho,\theta) \tag{5-28}$$

式(5-25)和式(5-26)相加得：

$$OPD(\rho,\theta) + OPD(R\rho,\theta) = W(\rho,\theta) - W(R^2\rho,\theta) \tag{5-29}$$

式(5-29)和式(5-27)相加得：

$$OPD(\rho,\theta) + OPD(R\rho,\theta) + OPD(R^2\rho,\theta) = W(\rho,\theta) - W(R^3\rho,\theta) \tag{5-30}$$

依此类推得：

$$W(\rho,\theta)=\sum_{i=0}^{n-1}OPD\left(R^i\rho,\theta\right)+W\left(R^n\rho,\theta\right) \tag{5-31}$$

由式(5-31)可以看出，当 n 大到一定程度时，波面接近于平面波，即 $W(R^n\rho,\theta)$ 趋于零，而 $OPD(R^i\rho,\theta)$ 可通过由干涉条纹所获得的最初数据不断迭代而得到，这样便可求得真正的被检波面 $W(\rho,\theta)$。

以上迭代过程物理意义解释如图 5-19 所示。在进行一次剪切后，把缩小波前视为被检波前，由图 5-18 可见，它的光程差大小不变。把放大波前视为参考波前，不断放大，每放大一次，该波前便更接近平面波前。同时还存在额外的位相差 $OPD(R^i\rho,\theta)$，它也随迭代次数的增加不断减小，并逐步趋于零。此时，扩展波前相当于扩展至无穷大，从而变成平面波。这样，经过多次迭代后，径向剪切干涉就转换成类似泰曼–格林型的干涉，相当于获得了缩小波前与平面波前之间的位相差，从而得到被检波前的真正位相信息。

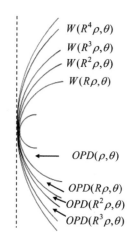

图 5-19 迭代法物理解释

在实际检测系统中，迭代次数不需要达到无限次，可以设定一个迭代精度判定值。考虑到载波前检测中一般都是用均方根偏差作为波面的判定依据，可以设：

$$RMS\left[\sum_{i=1}^{n} OPD\left(R^i \rho, \theta\right)\right] - RMS\left[\sum_{i=1}^{n-1} OPD\left(R^i \rho, \theta\right)\right] \le \varepsilon \quad (5\text{-}32)$$

式中，ε 为设定的 RMS 的判定值。当程序执行至满足式(5-32)要求的精度时，则自动终止。

采用另一种迭代思路，将测量得到的初始光程差作为一个猜想的波面，设：

$$W^0 = D \quad (5\text{-}33)$$

式中，D 为剪切波前的光程差数据。将 W^0 作为实际波前的零阶估计，D 表示处理数据。这个零阶估计波前 W^0 减去一个它本身的径向剪切波前，然后与数据 D 进行比较，差值用来作为一阶校正：

$$\varDelta^1 = D - \left(W^0 - W^0_{\text{sheared}}\right) \quad (5\text{-}34)$$

式中，W^0_{sheared} 表示 W^0 的再剪切波前，即

$$\varDelta^1 = D - \left[OPD\left(\rho, \theta\right) - OPD\left(R\rho, \theta\right)\right] = OPD\left(R\rho, \theta\right) \quad (5\text{-}35)$$

式中，$OPD(R\rho, \theta)$ 是 W^0 的再径向剪切的二阶程差值。

$$W^1 = W^0 + \varDelta^1 = D + OPD\left(R\rho, \theta\right) = OPD\left(\rho, \theta\right) + OPD\left(R\rho, \theta\right) \quad (5\text{-}36)$$

利用一阶波前再来计算二阶校正：

$$\varDelta^2 = D - \left(W^1 - W^1_{\text{sheared}}\right) = D - \left[OPD\left(\rho, \theta\right) - OPD\left(R^2\rho, \theta\right)\right] = OPD\left(R^2\rho, \theta\right)$$
$$(5\text{-}37)$$

$$W^2 = W^1 + \varDelta^2 = OPD\left(\rho, \theta\right) + OPD\left(R\rho, \theta\right) + OPD\left(R^2\rho, \theta\right) \quad (5\text{-}38)$$

如此递推至 j 级估计，直到产生所需精度的波前：

$$\Delta^j = D - \left(W^{j-1} - W^{j-1}_{\text{sheared}} \right) \approx 0 \tag{5-39}$$

$$W^{j-1} = OPD(\rho,\theta) + OPD(R\rho,\theta) + OPD\left(R^2\rho,\theta \right) + ... + OPD\left(R^{j-1}\rho,\theta \right)$$
$$\tag{5-40}$$

将 W^{j-1} 和 W^{j-1}_{sheared} 代入式(5-39)，有：

$$\Delta^j = D - \left[OPD(\rho,\theta) - OPD\left(R^j\rho,\theta \right) \right] = OPD\left(R^j\rho,\theta \right) \approx 0 \tag{5-41}$$

由式(5-39)可见，当 j 阶误差 $\Delta^j \approx 0$ 时，W^{j-1} 已是一个实际所求波面，其与式(5-31)所描述的波前是一致的。

5.3.4　解析法重构技术[5]

采用迭代重构技术可对不同出瞳的波面进行重构。在实际检测中，不但要知道波面的形状，而且希望了解波前的波像差特征，波面的波像差函数往往用 Zernike 多项式来表示，因为 Zernike 的低阶模式与通常光学系统的像差具有一致性。根据 Zernike 多项式系数的大小就可以判定常见的球差、离焦、像散和慧差等像差所占的比例。

1. 径向剪切波前的 Zernike 系数表示

一个波前用实数形式的 Zernike 多项式可描述为：

$$W(\rho,\theta) = \sum_{n=0}^{k}\sum_{m=0}^{n} Z_{nm}U_{nm} = \sum_{n=0}^{k}\sum_{m=0}^{n} Z_{nm}R_n^{n-2m} \begin{Bmatrix} \sin\theta \\ \cos\theta \end{Bmatrix}(n-2m) \tag{5-42}$$

式中，Z 是 Zernike 多项式系数，当 $(n-2m) > 0$ 时取正弦函数，$(n-2m) \le 0$ 时取余弦函数。整数 m 定义为：

$$m = \frac{n-l}{2} \tag{5-43}$$

$R_n^{n-2m}=R_n^l$ 是 Zernike 径向多项式，可表示为：

$$U_n^l(\rho,\theta)=\begin{cases} R_n^l\sin l\theta, \ l>0 \\ R_n^l\cos l\theta, \ l\le 0 \end{cases} \tag{5-44}$$

由此可知，n 和 l 同为奇数或偶数。对于每一组 n 和 $|l|$ 值，都有一个 n 阶径向多项式 $R_n^{|l|}$，这些 $(n-2m)\ge 0$ 的多项式可直接由下式求出：

$$R_n^{n-2m}(\rho)=\sum(-1)^s\frac{(n-s)!}{s!(m-s)!(n-m-s)!}\rho^{n-2s} \tag{5-45}$$

根据式(5-42)和式(5-45)得到波前的 Zernike 多项式，可展开为：

$$W(\rho,\theta)=Z_1+Z_2\rho\sin\theta+Z_3\rho\cos\theta+Z_4\rho^2\sin 2\theta+... \tag{5-46}$$

径向剪切系统收缩、扩展波前用 Zernike 多项式可表示为：

$$\begin{aligned} W(\rho,\theta)&=Z_0+Z_1\rho\cos\theta+Z_2\rho\sin\theta+Z_3\rho^2\sin 2\theta+... \\ W(\rho,\theta)&=Z_0+Z_1R\rho\cos\theta+Z_2R\rho\sin\theta+Z_3R^2\rho^2\sin 2\theta+... \end{aligned} \tag{5-47}$$

收缩、扩展波面产生的光程差波面：

$$\begin{aligned} W_{OPD}(\rho,\theta)&=W(\rho,\theta)-W(R\rho,\theta) \\ &=Z_1(1-R)\rho\cos\theta+Z_2(1-R)\rho\sin\theta+Z_3(1-R^2)\rho^2\sin 2\theta+... \end{aligned} \tag{5-48}$$

令

$$\left.\begin{aligned} A_1&=Z_1(1-R) \\ A_2&=Z_2(1-R) \\ A_3&=Z_3(1-R^2) \\ &... \end{aligned}\right\} \tag{5-49}$$

通式为:

$$A_j = Z_j \left(1 - R^n\right) \tag{5-50}$$

式中, n 是多项式阶数。这样, 式(5-48)可写为:

$$W_{OPD}\left(\rho,\theta\right) = A_1\rho\cos\theta + A_2\rho\sin\theta + A_3\rho^2\sin 2\theta + \dots = \sum_{j=1}^{l} A_j U_j\left(\rho,\theta\right) \tag{5-51}$$

式中, l 为多项式项数, A_j 为剪切波前的 Zernike 多项式系数, U_j 为多项式。由式(5-50)可见, 一个径向剪切波面也可以表示成一个普通波面的 Zernike 多项式的线性组合。我们可以先进行剪切波面的拟合, 求出拟合系数 A_j, 再利用式(5-48)的系数比较法, 解得原始波面的 Zernike 系数 Z_j, 代入式(5-46)的 $W\left(\rho,\theta\right)$ 中, 就可以求得原始波面, 并可得出其像差特征。

2. 波前最小二乘解与 Gram-Schmidt 正交化法

为了下面推导方便, 令 $W\left(\rho,\theta\right) = W_{OPD}\left(\rho,\theta\right)$。首先考虑一般的最小二乘解, 设方差 S 是原始波面与一个解析波面拟合的差:

$$S = \sum_{i=1}^{N} \left[W\left(\rho_i,\theta_i\right) - W_i'\right]^2 \tag{5-52}$$

式中, W_i' 即为测量得到的波前, $W\left(\rho_i,\theta_i\right)$ 为拟合计算得到的多项式, 其中有:

$$W\left(\rho_i,\theta_i\right) = A_1 U_1\left(\rho_i,\theta_i\right) + A_2 U_2\left(\rho_i,\theta_i\right) + \dots + A_L U_L\left(\rho_i,\theta_i\right)$$
$$S = \sum_{i=1}^{N} \left[A_1 U_1\left(\rho_i,\theta_i\right) + A_2 U_2\left(\rho_i,\theta_i\right) + \dots + A_L U_L\left(\rho_i,\theta_i\right) - W_i'\right]^2 \tag{5-53}$$

为了使误差最小, 对上述方程求极值, 令:

$$\frac{\partial S}{\partial A_p} = 0, \ p = 1, 2, 3, \ldots, L \tag{5-54}$$

有

$$\sum_{j=1}^{L} A_j \sum_{i=1}^{N} \boldsymbol{U}_j\left(\rho_i, \theta_i\right) \cdot \boldsymbol{U}_p\left(\rho_i, \theta_i\right) = \sum_{i=1}^{N} W_i' \, \boldsymbol{U}_p\left(\rho_i, \theta_i\right) \tag{5-55}$$

把式(5-55)所确定的矩阵向量分别记为：

$$\left.\begin{aligned} \boldsymbol{A} &= \left[A_1, A_2, \ldots, A_L\right]^{\mathrm{T}} \\ \boldsymbol{U} &= \left[\boldsymbol{U}_1, \boldsymbol{U}_2, \ldots, \boldsymbol{U}_L\right] \end{aligned}\right\} \tag{5-56}$$

写成矩阵形式为：

$$\begin{bmatrix} (\boldsymbol{U}_1, \boldsymbol{U}_1) & (\boldsymbol{U}_1, \boldsymbol{U}_2) & \cdots & (\boldsymbol{U}_1, \boldsymbol{U}_L) \\ (\boldsymbol{U}_2, \boldsymbol{U}_1) & (\boldsymbol{U}_2, \boldsymbol{U}_2) & \cdots & (\boldsymbol{U}_2, \boldsymbol{U}_L) \\ \vdots & \vdots & \vdots & \vdots \\ (\boldsymbol{U}_L, \boldsymbol{U}_1) & (\boldsymbol{U}_L, \boldsymbol{U}_2) & \cdots & (\boldsymbol{U}_L, \boldsymbol{U}_L) \end{bmatrix} \begin{bmatrix} A_1 \\ A_2 \\ \vdots \\ A_L \end{bmatrix} = \begin{bmatrix} (\boldsymbol{U}_1, \boldsymbol{W}') \\ (\boldsymbol{U}_2, \boldsymbol{W}') \\ \vdots \\ (\boldsymbol{U}_L, \boldsymbol{W}') \end{bmatrix} \tag{5-57}$$

式中，$(\boldsymbol{U}_j, \boldsymbol{U}_p)$ 即为向量内积，方程组可表示为：

$$\left(\boldsymbol{U}^{\mathrm{T}} \boldsymbol{U}\right) \boldsymbol{A} = \boldsymbol{U}^{\mathrm{T}} \boldsymbol{W} \tag{5-58}$$

该方程的解为：

$$\boldsymbol{A} = \left(\boldsymbol{U}^{\mathrm{T}} \boldsymbol{U}\right)^{-1} \boldsymbol{U}^{\mathrm{T}} \boldsymbol{W} \tag{5-59}$$

一般 $(\boldsymbol{U}^{\mathrm{T}} \boldsymbol{U})$ 是一个数据量很大的矩阵，对其求逆时，由于系数矩阵的病态而导致无法求出相应的逆矩阵，会对计算结果引入较大的误差。若向量 $\boldsymbol{U}_1, \boldsymbol{U}_2, \cdots, \boldsymbol{U}_L$ 相互正交，则 $(\boldsymbol{U}^{\mathrm{T}} \boldsymbol{U})$ 就成为如下所述的对角矩阵，可以很方便地求出方程的解。

　　此处要说明的是，Zernike 多项式中的 U_j 多项式正交的前提条件是该多项式必须是在一个连续(数据趋于无穷多)的单位圆上正交，即对于一个离散的数据点集是不正交的。由于数据处理波面采样点是有限的，须寻求一组在离散有限数据点上的正交多项式如 $V_j(\rho,\theta)$，且数据点是均匀分布并接近于圆瞳，则波差可表示为：

$$W(\rho_i,\theta_i) = \sum_{j=1}^{L} B_j V_j(\rho_i,\theta_i) \tag{5-60}$$

　　将矩阵向量 U_j $(1 \le j \le L)$ 通过 Gram-Schmidt 正交化方法得到一个正交向量 V_j $(1 \le j \le L)$，其中每一个 V_j 是 $U_1, U_2, \cdots, U_L$ 的线性组合，且 V_j 满足：

$$\sum_{i=1}^{N} V_j(\rho_i,\theta_i) V_p(\rho_i,\theta_i) - \delta_{\min}, \quad j \ne p \tag{5-61}$$

记

$$\left.\begin{aligned}
V_1 &= U_1 \\
V_2 &= U_2 + D_{21}V_1 \\
V_3 &= U_3 + D_{31}V_1 + D_{32}V_2 \\
&\cdots \\
V_j &= U_j + D_{j1}V_1 + ... + D_{j,j-1}V_{j-1}
\end{aligned}\right\} \tag{5-62}$$

其通式为：

$$V_j = U_j + \sum_{s=1}^{j-1} D_{js}V_s, \quad j=1,2,3,...,L \tag{5-63}$$

若满足式(5-63)的正交条件，则可得到 j 不等于 p 的值：

$$\sum_{i=1}^{N} V_j V_p = \sum_{i=1}^{N} U_j V_p + D_{jp} \sum_{i=1}^{N} V_p^2 = 0 \tag{5-64}$$

这样，D_{jp} 可写为：

$$D_{jp} = \frac{\sum\limits_{i=1}^{N} U_j V_p}{\sum\limits_{i=1}^{N} V_p^2}, \quad j = 2,3,4,...,L, \quad p = 1,2,...,j-1 \tag{5-65}$$

就可求出 D_{jp}，即完成了正交多项式 V_j 的构造。

根据式(5-61)的正交多项式性质，式(5-57)可以改写为：

$$\begin{bmatrix} (V_1,V_1) & \cdots & \cdots & 0 \\ \cdots & (V_2,V_2) & \cdots & \vdots \\ \vdots & \vdots & \vdots & \vdots \\ \cdots & \cdots & \cdots & (V_L,V_L) \end{bmatrix} \begin{bmatrix} B_1 \\ B_2 \\ \vdots \\ B_L \end{bmatrix} = \begin{bmatrix} (V_1,W') \\ (V_2,W') \\ \vdots \\ (V_L,W') \end{bmatrix} \tag{5-66}$$

类似地，求拟合方差最小的过程，同样令：

$$\frac{\partial S}{\partial B_p} = 0, \ p = 1,2,3,...,L \tag{5-67}$$

有

$$B_p = \frac{\sum\limits_{i=1}^{N} W_i' V_p}{\sum\limits_{i=1}^{N} V_p^2} \tag{5-68}$$

至此，利用式(5-63)和式(5-68)可分别求出正交多项式 V_j 和多项式系数 B_p，从而根据式(5-60)求解出待测波面。尽管式(5-61)完成了一个波面的正交多项式拟合，但其系数 B_p 并非像 Zernike 多项式系数 A_j 一样具有像差特征。可将正交多项式V_j用 Zernike 多项式基U_j来表征，同时对系数进行比较，最终提取系数A_j。

3. Zernike 多项式及系数比较法重构原始波面

把V_j表示成U_j的线性组合：

$$\left.\begin{aligned}
V_1 &= U_1 \\
V_2 &= U_2 + C_{21}U_1 \\
V_3 &= U_3 + C_{31}U_1 + C_{32}U_2 \\
&\cdots \\
V_j &= U_j + C_{j1}U_1 + C_{j2}U_2 + \cdots + C_{j,j-1}U_{j-1}
\end{aligned}\right\} \tag{5-69}$$

通式为：

$$V_j = U_j + \sum_{i=1}^{j-1} C_{ji}U_i, \quad j=2,3,\ldots,L \tag{5-70}$$

式中，$C_{ji}=1$且$V_1=U_1$。令：

$$\left.\begin{aligned}
C_{21} &= D_{21} \\
C_{31} &= D_{31} \cdot C_{21} + D_{31} \\
C_{32} &= D_{32} \\
C_{41} &= D_{43} \cdot C_{31} + D_{42} \cdot C_{21} + D_{41} \\
C_{42} &= D_{43}C_{32} + D_{42} \\
C_{43} &= D_{43}
\end{aligned}\right\} \tag{5-71}$$

通式为：

$$C_{ji} = \sum_{s=1}^{j-i} D_{j,j-s} \cdot C_{j-s,i}, \quad i=1,2,3,\ldots,j-1, \ \text{且}\, C_{jj}=1 \tag{5-72}$$

将式(5-70)和式(5-72)代入式(5-60)，有：

$$W(\rho,\theta) = \sum_{j=1}^{L-1}\left(B_j + \sum_{i=j+1}^{L} B_i C_{ij}\right)\boldsymbol{U}_j + B_L\boldsymbol{U}_L \tag{5-73}$$

与式(5-51)比较，可以得到系数 A_j 为：

$$A_j = B_j + \sum_{i=j+1}^{L} B_i C_{ij},\ j=1,2,3,...,L-1 \tag{5-74}$$

再利用式(5-49)的系数比较法，得到原始波面的 Zernike 系数 Z_j，从而根据式(5-46)即可重构出原始波面。

5.4　偏折型环形径向剪切干涉仪

5.4.1　系统原理

在某些极限情况下，如风洞中含有目标物的高速流场在线检测，传统环形径向剪切干涉方法也存在一定的不足。如图 5-20 所示，由于检测光路中存在目标物的遮挡，目标物会在扩展光斑和收缩光斑中留下阴影，并且扩展光斑中的阴影将部分甚至全部覆盖收缩光斑，导致这些被阴影覆盖的部分无法产生干涉。

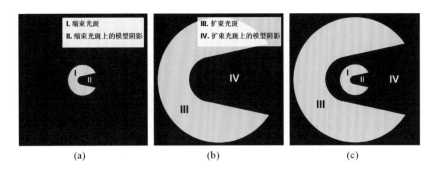

图 5-20 径向剪切干涉仪在检测风洞中目标物时的剪切波前示意图。(a)收缩光斑示意图；(b)扩展光斑示意图；(c)两束光斑构成的剪切光斑示意图

　　为解决光路中心遮挡后无法进行径向剪切干涉检测的问题，在传统环形径向剪切干涉仪的基础上进一步提出了偏折型环形径向剪切干涉仪[10]。其特点是通过反射镜在竖直方向上产生一定的倾斜，使得缩束光斑移出扩展光斑的目标物阴影区域，从而实现检测光路部分遮挡情况下的瞬态波前检测。如图 5-21 所示，激光器经准直扩束系统产生平行光束，经过目标物置于中心位置的检测区域，由分光镜分束后，一路光射向反射镜 M_1，经反射后再射向反射镜 M_2，然后经过望远镜系统扩束，最终通过分光镜透射进入成像透镜；另一路光沿相反的光路行进，中间经过望远镜系统缩束，最终通过分光镜反射进入成像透镜。

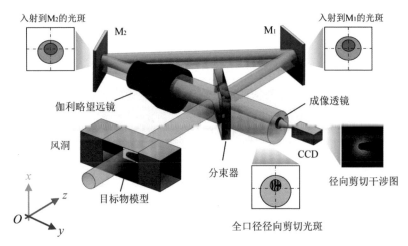

图 5-21 用于中心遮挡情况下瞬态波前检测的偏折型径向剪切干涉波前检测系统布局

　　经分光镜透射或反射进入成像透镜的两束光在 CCD 探测面上得到干涉条纹。其中与传统环形径向剪切干涉仪不同的是，两面反射镜均与竖直方向呈一定夹角，使得收缩光和扩束光在两面反射镜之间偏离原光轴行进，即在反射镜与分光镜、反射镜与望远镜之间平行于原光轴行进。由于两列光波经过反射镜 M_1 和 M_2 时引入了竖直方向上的偏移，可使得缩束光斑移出扩束光斑中的目标物阴影区域，最后形成的干涉图样如图 5-21 所示。

　　为便于对偏折型环形径向剪切干涉仪进行像差分析，首先要确定两面反射镜之间的倾角关系，即 M_1 与 M_2 满足何等条件时可使得缩束光和扩束光在两面反射镜之间偏离原光轴行进，即在反射镜与分光镜、反射镜与望远镜之间平行于原光轴行进。如图 5-22 所示，设反射镜 M_1 的法向量

$n_1 = (n_{1x}, n_{1y}, n_{1z})$，反射镜 M_2 的法向量 $n_2 = (n_{2x}, n_{2y}, n_{2z})$，由分光镜入射 M_1 的光线波矢为 $k_1 = (k_{1x}, k_{1y}, k_{1z})$，由 M_1 射向 M_2 的光线波矢为 $k_2 = (k_{2x}, k_{2y}, k_{2z})$，由 M_2 出射至望远镜的光线波矢为 $k_3 = (k_{3x}, k_{3y}, k_{3z})$。根据反射定律可得：

$$\left. \begin{array}{l} k_1 \cdot n_1 = -k_2 \cdot n_1 \\ (k_2 - k_1) \times n_1 = 0 \end{array} \right\} \tag{5-75}$$

$$\left. \begin{array}{l} k_2 \cdot n_2 = -k_3 \cdot n_2 \\ (k_3 - k_2) \times n_2 = 0 \end{array} \right\} \tag{5-76}$$

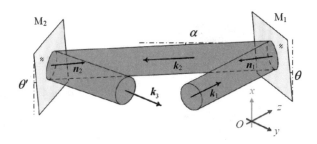

图 5-22 偏折型环形径向剪切干涉仪两反射镜间光束传播的光路示意图

对于径向剪切干涉仪而言，若使得光束平行于光轴入射到 M_1 后仍能从 M_2 平行于光轴出射，根据光路可逆原理和经分束镜分光后的两条光路反向共路的特点，最终缩束光与扩束光也将平行于原系统光轴出射。根据图 5-22 中的坐标系，将 $k_1 = (0,0,1)$ 和 $k_3 = (0,1,0)$ 代入式(5-75)和式(5-76)中，可得：

$$\left. \begin{array}{l} n_{1x} = -n_{2x} \\ n_{1y} = n_{2z} \\ n_{1z} = n_{2y} \end{array} \right\} \tag{5-77}$$

因此，在偏折型环形径向剪切干涉仪中，反射镜 M_1 的法向量 n_1 与反射镜 M_2 的法向量 n_2 需满足如上关系，才能使得两路光线在偏离光轴后平行出射，并最终在 CCD 上产生干涉图样。由于平面反射镜的完善成像性质，偏折型环形径向剪切干涉仪的系统像差主要集中在望远镜系统部分。反射镜在数值方向上引入一定的倾角，使得望远镜系统的像差相比于传统环形径向剪切干涉仪会有所增大，因此，在系统设计阶段，需要对望远镜系统的实际轴外像差加以分析和控制，以减小系统像差对测量结果的影响。

5.4.2 偏折型环形径向剪切干涉波前重构技术

传统的径向剪切干涉波前重建算法，是通过不断放大剪切波前并将它们叠加在一起，最终获得待测波前畸变分布。在偏折型环形径向剪切干涉仪中，收缩波前与扩展波前之间不仅有径向的缩放，而且包含了横向的偏移，传统的径向剪切干涉波前重建算法对偏折型系统不再适用，而需要采用结合了径向缩放和横向偏移的偏折型环形径向剪切干涉波前重建算法。

偏折型径向剪切干涉波前的构成如图 5-23 所示。设收缩波前的中心为坐标原点 O，此时由于横向位移的引入，极坐标表示没有笛卡尔坐标表示方便简洁，因此，以收缩波前中心为原点定义坐标系 (u, v)，并且假设收缩波前与扩展波前中心之间的横向偏移量为 $(\Delta u, \Delta v)$，则扩束光斑中心位置为 $O'(-\Delta u, -\Delta v)$。设此时原待测波前为 $W(x, y)$，收缩波前径向距离与其径向距离之比为 s，即望远镜系统的放大率为 $1/s$，则收缩波前为 $W(x/s, y/s)$，而扩展波前为 $W(sx + s\Delta x, sy + s\Delta y)$。

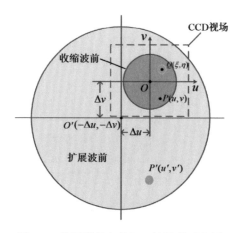

图 5-23 偏折型径向剪切干涉波前示意图

在图 5-23 的 CCD 坐标中可以发现:

$$s\Delta x = \Delta u, \quad s\Delta y = \Delta v \tag{5-78}$$

则剪切波前可表示为:

$$\Delta W\left(\frac{x}{s},\frac{y}{s}\right) = W\left(\frac{x}{s},\frac{y}{s}\right) - W\left(sx + \Delta u, sy + \Delta v\right) \tag{5-79}$$

式(5-79)两边的坐标同时乘以 $s^2, s^4, ..., s^{2n}$ ，可得:

$$
\left.
\begin{aligned}
&\Delta W\left(sx,sy\right) = W\left(sx,sy\right) - W\left(s^3 x + s^2 \Delta u, s^3 y + s^2 \Delta v\right) \\
&\Delta W\left(s^3 x, s^3 y\right) = W\left(s^3 x, s^3 y\right) - W\left(s^5 x + s^4 \Delta u, s^5 y + s^4 \Delta v\right) \\
&... \\
&\Delta W\left(s^{2n-1} x, s^{2n-1} y\right) = W\left(s^{2n-1} x, s^{2n-1} y\right) \\
&\qquad\qquad - W\left(s^{2n+1} x + s^{2n} \Delta u, s^{2n+1} y + s^{2n} \Delta v\right)
\end{aligned}
\right\} \tag{5-80}
$$

再对上述 n 个等式在坐标上进行相应的横向偏移，可得:

$$
\left.
\begin{aligned}
&\Delta W\left(\frac{x}{s},\frac{y}{s}\right) = W\left(\frac{x}{s},\frac{y}{s}\right) - W\left(sx + \Delta u, sy + \Delta v\right) \\
&\Delta W\left(sx+\Delta u, sy+\Delta v\right) = W\left(sx+\Delta u, sy+\Delta v\right) \\
&\qquad\qquad - W\left(s^3 x + s^2 \Delta u + \Delta u, s^3 y + s^2 \Delta v + \Delta v\right) \\
&... \\
&\Delta W\left(s^{2n-1} x + \Delta u \sum_{k=0}^{n-1} s^{2k}, s^{2n-1} y + \Delta v \sum_{k=0}^{n-1} s^{2k}\right) \\
&\quad = W\left(s^{2n-1} x + \Delta u \sum_{k=0}^{n-1} s^{2k}, s^{2n-1} y + \Delta v \sum_{k=0}^{n-1} s^{2k}\right) \\
&\qquad - W\left[s^{2n+1} x + \Delta u\left(1 + \sum_{k=0}^{n-1} s^{2k}\right), s^{2n+1} y + \Delta v\left(1 + \sum_{k=0}^{n-1} s^{2k}\right)\right]
\end{aligned}
\right\} \tag{5-81}
$$

将式(5-81)的 $n+1$ 个等式叠加，可得：

$$\Delta W\left(\frac{x}{s},\frac{y}{s}\right)+\sum_{n=1}^{N}\Delta W\left(s^{2n-1}x+\Delta u\sum_{k=0}^{n-1}s^{2k},s^{2n-1}y+\Delta v\sum_{k=0}^{n-1}s^{2k}\right)$$
$$=W\left(\frac{x}{s},\frac{y}{s}\right)-W\left[s^{2n+1}x+\Delta u\left(1+\sum_{k=0}^{n-1}s^{2k}\right),s^{2n+1}y+\Delta v\left(1+\sum_{k=0}^{n-1}s^{2k}\right)\right]$$

(5-82)

当迭代次数 N 取值很大时，与传统径向剪切干涉系统类似，式(5-82)中等式右边第二项区域平面波前可以忽略不计。因此，收缩波前 $W(x/s,y/s)$ 可以表示为依次放大且横向偏移的剪切波前叠加之和，即

$$W\left(\frac{x}{s},\frac{y}{s}\right)=\Delta W\left(\frac{x}{s},\frac{y}{s}\right)+W\left[s^{2n+1}x+\Delta u\left(1+\sum_{k=0}^{n-1}s^{2k}\right),s^{2n+1}y+\Delta v\left(1+\sum_{k=0}^{n-1}s^{2k}\right)\right]$$

(5-83)

若给定收缩波前中心与扩展波前中心的横向偏移量 $(\Delta u,\Delta v)$，则原始的畸变波前可通过式(5-83)迭代计算得到。对于横向偏移量的求解，可以采用小口径平行光束照明时将收缩光束中的光斑和扩展光束中的光斑移至重合的方法来解决。

如图 5-23 所示，虚线框部分为最终在 CCD 上成像的视场范围。在收缩波前建立坐标系 $O(u,v)$，而在扩展波前建立坐标系 $O'(u',v')$。假设原被检光束中的任一点对应到收缩波前中的点 $P(u,v)$ 以及扩束光斑中的点 $P'(u',v')$，则它们之间的关系可以写为：

$$u'=\frac{u}{\beta},\ v'=\frac{v}{\beta}$$

(5-84)

式中，β 为偏折型环形径向剪切干涉仪的剪切比。接下来，在偏折型环形径向剪切干涉仪前设置一小孔光阑遮挡被检光束，仅留下小孔光阑位置的部分光束通过。移动光阑在被检光束横截面上的位置使得收缩波前的光阑像与扩展波前的光阑像同心，如图 5-23 所示。找到点 $Q(\xi,\eta)$ 与 $Q'(\xi',\eta')$

重合，则根据收缩波前坐标系与扩展波前坐标系之间的关系可以得出：

$$\xi' = \Delta u + \xi, \quad \eta' = \Delta v + \eta \tag{5-85}$$

将式(5-85)代入式(5-84)，可得：

$$\Delta u = \left(\frac{1}{\beta} - 1\right)\xi, \quad \Delta v = \left(\frac{1}{\beta} - 1\right)\eta \tag{5-86}$$

　　最后，在 CCD 接收到的图像上记下两光阑像同心时的位置 Q，移去光阑，在 CCD 像面上找到收缩波前的圆心 O，则其相对位移矢量 $\boldsymbol{OQ} = (\xi, \eta)$ 即为重合点 Q 的坐标，再和剪切比 β 一同代入式(5-86)中，即可求出收缩波前中心与扩展波前中心的横向偏移量 $(\Delta u, \Delta v)$。

　　为了验证上述偏折型径向剪切干涉波前重构算法的正确性，采用 MATLAB 中 peaks 函数数值模拟仿真待测波前畸变分布，相应的径向剪切干涉图、重构波面以及重构算法残差分布如图 5-24 所示。从图 5-24 中可以看到，该算法对遮挡情况下的待测波面具有很高的重构精度，可以满足实际检测的需要。

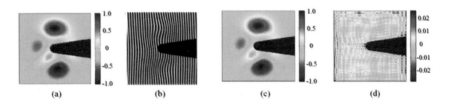

图 5-24 偏折型径向剪切干涉波前位相解调算法仿真。(a)原始波前；(b)由原始波前生成的带有线性载波的干涉图；(c)位相解调后所得波前；(d)原始波前与重构波前的残差分布

参考文献

[1] Malacara D. Optical shop testing[M]. Hoboken, New Jersey:John Wiley & Sons, 2007.

[2] Primot J. Theoretical description of Shack-Hartmann wave-front sensor[J]. Opt. Commun., 2003, 222(1-6):81-92.

[3] Takeda M, Ina H, Kobayashi S. Fourier-transform method of fringe-pattern analysis for computer-based topography and interferometry[J]. Review of Scientific Instruments, 1982, 72(12):156-160.

[4] 凌瞳. 基于多波前剪切干涉与光学层析技术三维折射率场重构研究[D]. 浙江大学, 博士学位论文, 2016.

[5] 杨甬英. 可用于瞬态激光波前畸变实时检测技术的研究[D]. 浙江大学, 博士学位论文, 2002.

[6] Liu D, Yang Y Y, Wang L, et al. Real time diagnosis of transient pulse laser with high repetition by radial shearing interferometer[J]. Appl. Opt., 2007, 46(34):8305-8314.

[7] Liu D, Yang Y Y, Weng J M. Measurement of transient near-infrared laser pulse wavefront with high precision by radial shearing interferometer[J]. Optics Communication, 2007, 275(1):173-178.

[8] Malacara D. Mathmatical interpretation of radial shearing interferometers[J]. Appl. Opt., 1974, 13(8):1781-1784.

[9] 赵军普, 陈波, 彭翰生, 等. 径向剪切干涉法综合诊断光束质量研究[J]. 强激光与粒子束, 2006, 18(4):565-568.

[10] Ling T, Liu D, Yang Y Y. Off-axis cyclic radial shearing interferometer for measurement of centrally blocked transient wavefront[J]. Opt. Lett., 2013, 38(14):2493-2495.

[11] 陆元彪, 杨甬英, 陈阳杰, 等. 不同波前振幅分布对斯特列尔比的影响 [J]. 光电工程, 2005(9):31-34.

[12] 刘东, 杨甬英, 王道档, 等. 近红外瞬态脉冲波前高精度干涉检测技术 [J]. 光学学报, 2006(9):1372-1376.

6

其他共路干涉仪

随着科学技术的飞速发展，在科学研究和国防工业应用中微电路、微机械等各种微结构不断涌现，对其表面微观轮廓高精度无损检测的要求也越来越高。干涉测试技术由于精度高、灵敏度高、纵向分辨率高以及无损检测等优点，被广泛应用于各相关领域。传统高精度微观轮廓干涉测试技术主要受制于参考表面的面形精度、干涉信号信噪比要求、外界环境干扰等因素。在共路干涉系统中，参考光和测量光经过的路径相同，不需要专门的标准参考面，具有针对外界环境振动以及气流变化的抗干扰能力强、结构简单、检测精度高等优点，无需隔振、恒温条件也能获得稳定的干涉条纹，特别适合应用在工厂车间等现场检测中[1]。

常用的共路干涉系统除了前文提到的横向剪切干涉仪、径向剪切干涉仪以及点衍射干涉仪外，本章将介绍一种基于共模抑制技术的双焦透镜干涉仪，从原理上分析干涉原理以及共模抑制机理，并介绍应用该技术的干涉系统，分析光束质量保证方法、测量量程等因素。还将介绍一种米勒干涉显微技术，该系统具有很大的测量范围，可对一定尺寸的样品表面进行测量。最后介绍一种基于像素移位偏振干涉技术的 4D 动态干涉仪，其探测器能实时获得四幅高分辨率瞬态干涉图，适合于大口径光学元件面形的测量。

6.1 双焦透镜干涉仪

6.1.1 基于晶体双折射的双焦透镜干涉体系

1. 双焦透镜分束器

双焦透镜分束是由位于中间的方解石双凹晶体透镜和两个双凸玻璃透镜组成的对称式三胶合透镜[2-3]。玻璃透镜折射率 n 满足 $n_e < n < n_o$，方解石的光轴位于透镜平面内，其结构如图 6-1 所示。一束平行光入射到该双焦透镜上，由于双折射效应，被分成 o 光和 e 光，两束光所对应的光焦度不同。一般情况下，平行光入射到双焦透镜分束器上，o 光近似以平行光出射，e 光会聚在有限远。两束光均被投射到被测面上，其中 e 光会聚于被测面上一点作为测量光束，o 光照射到被测面较大区域形成位相平均效应，相当于基准光，可作为参考光束。适当选择透镜参数可使得参考光和测量光之间光程差小于 $\lambda/3$。

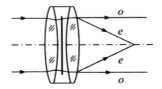

图 6-1 双焦透镜分束器

如图 6-2 所示，双焦透镜有 4 个球面分界面[4-5]，第一球面半径为 R_1，O_1 是球心。以 O_1 为原点，透镜主光轴为 y 轴，晶体光轴为 z 轴，建立 O_1-x-y-z 坐标系。入射光线 S_0 的方向余弦为 S_{0x}，S_{0y}，S_{0z}，界面上入射点坐标为 (x_0, y_0, z_0)，O_1y_1 为界面入射点法线，以 O_1z 为轴转动 α_1 角形成 O_1-x_1-y_2-z 坐标系，再以 O_1x_1 为轴转动 β_1 角，最终形成 O_1-x_1-y_1-z_1 坐标系。相应位置坐标关系满足：

$$\left. \begin{array}{l} x = x_2 \cos\alpha_1 + y_2 \sin\alpha_1 \\ y = y_2 \cos\alpha_1 - x_2 \sin\alpha_1 \\ y_2 = y_1 \cos\beta_1 - z_1 \sin\beta_1 \\ z = z_1 \cos\beta_1 + y_1 \sin\beta_1 \end{array} \right\} \tag{6-1}$$

其中，

$$\sin\beta_1 = z_0 / R_1, \qquad \cos\beta_1 = (x_0{}^2 + y_0{}^2)^{1/2} / R_1$$
$$\sin\alpha_1 = x_0 / (x_0{}^2 + y_0{}^2)^{1/2}, \qquad \cos\alpha_1 = y_0 / (x_0{}^2 + y_0{}^2)^{1/2}$$

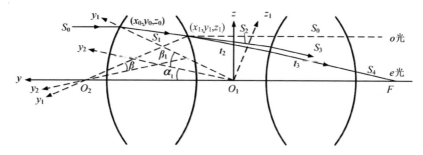

图 6-2 双焦透镜中的光线轨迹

由式(6-1)，将入射波矢由 O_1-x-y-z 坐标系转换到 O_1-x_1-y_1-z_1 坐标系中，可得：

$$\left.\begin{aligned}
S_{0x_1} &= S_{0x}\cos\alpha_1 - S_{0y}\sin\alpha_1 \\
S_{0z_1} &= S_{0z}\cos\beta_1 - \left(S_{0y}\cos\alpha_1 + S_{0x}\sin\alpha_1\right)\cdot\sin\beta_1
\end{aligned}\right\} \tag{6-2}$$

由折射定律可得在 O_1-x_1-y_1-z_1 坐标系中的折射光线波矢：

$$\left.\begin{aligned}
S_{1x_1} &= S_{0x_1}\cdot n_1/n \\
S_{1z_1} &= S_{0z_1}\cdot n_1/n \\
S_{1y_1} &= -\left(1 - S_{1x_1}{}^2 - S_{1z_1}{}^2\right)^{1/2}
\end{aligned}\right\} \tag{6-3}$$

式中，n_1 和 n 分别是入射光所在介质和玻璃透镜的折射率。由式(6-1)可将 O_1-x_1-y_1-z_1 坐标系折射波矢转换到 O_1-x-y-z 坐标系中。

第二界面是玻璃透镜与方解石晶体分界面，晶体中 e 光折射波矢可由下式表示：

$$\left.\begin{aligned}
\left(\frac{\sin\phi}{\sin i}\right)^2 &= n^2\left[\frac{1}{n_e{}^2} + \left(\frac{1}{n_o{}^2} - \frac{1}{n_e{}^2}\right)\cdot S_{2z}{}^2\right] \\
S_{2x_1} &= \sin\alpha\sin\phi \\
S_{2z} &= \cos\alpha\cos\beta\sin\phi - \cos\phi\sin\beta \\
S_{2y_2} &= -\left(1 - S_{2x1}{}^2 - S_{2z}{}^2\right)^{1/2}
\end{aligned}\right\} \tag{6-4}$$

式中，S_{2x_1}、S_{2y_2} 和 S_{2z} 是 e 光在 $O_2\text{-}x_1\text{-}y_2\text{-}z$ 坐标系中的方向余弦，O_2z 是光轴，O_2y 是第二分界面入射点处的曲面法线，入射点在 $O_2\text{-}x\text{-}y\text{-}z$ 坐标系中的坐标是(x_1, y_1, z_1)，$O_2\text{-}y_2\text{-}z$ 平面是晶体的主截面。β 是光轴和球面入射点处的正切面之间的夹角，α 是主截面和入射平面之间的夹角。当坐标原点从 O_1 变换到 O_2 后，(x_1, y_1, z_1)可表示为：

$$\left.\begin{array}{l} x_1 = \left(y_1 - y_0\right)S_{1x} / S_{1y} + x_0 \\ z_1 = \left(y_1 - y_0\right)S_{1z} / S_{1y} + z_0 \\ x_1 + y_1 + z_1 = R_2{}^2 \end{array}\right\} \tag{6-5}$$

折射光线 t_2 和 t_3 分别在第三分界面和第四分界面上的交点位置(x_2, y_2, z_2) 和 (x_3, y_3, z_3) 可以用类似的方法得到。光线方向矢量 $\boldsymbol{S_4}$ 和 y 轴的交点 $y_4 = -z_3 S_{4y} / S_{4z} + y_3$；e 光工作距离满足 $F = R_4 - y_4$，其中 F 为双焦透镜焦距，R_4 为第四分界球面半径。双焦透镜对于 o 光工作距离可以用类似的方法来分析，这里不再赘述。

为了提高检测灵敏度，在双焦透镜分束器前可以加一个显微物镜，使得 o 光和 e 光的检测性质互换，以提高检测分辨率。由于显微物镜的焦距很短且与放大倍数成反比，因此，出于对工作距离的考虑，一般选择 4~10 倍放大倍数的显微物镜。加上显微物镜后，e 光以平均位相变化作为标准面。对于被测面为球面和平面的情况，相对应的检测光路有一些差别，如图 6-3 所示。图 6-3(a)是球面测量示意图，o 光会聚于被测面上一点作为测量光束，e 光会聚于被测球面曲率中心 O 点作为参考光束，此时双焦透镜 L_1 焦点 F_1 和显微物镜 L_2 焦点 F_2 不重合；当二者焦点重合时对应如图 6-3(b)所示的平面测量情况，o 光同球面测量情况一样会聚于被测面上一点作为测量光束，e 光则平行透射到被测面上作为参考光束。

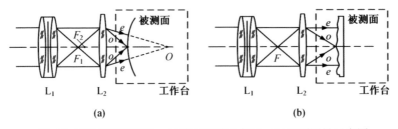

图 6-3 被检表面光路图。(a)球面测量示意图；(b)平面测量示意图

对于球面测量情况而言，工作台是具有三维移动和二维转动精密扫描工作台，此时被测面球心和工作台扫描转轴与光轴交点三者必须重合。

2. 共模抑制检测基本概念

干涉共模抑制技术是一种能够消除外界环境干扰(如振动、温度变化、气流等)和电子噪声的技术，由干涉体系的共模抑制和干涉信号处理的共模抑制两部分组成。将这两部分有机结合，可以构成一套完整的干涉共模抑制检测系统，提高系统的抗干扰能力和干涉信号的信噪比。

干涉体系的共模抑制指的是一种能有效消除外界环境干扰因素影响的干涉系统，其特征是参考光与测量光都来自被测表面，系统没有专门的标准参考平面。由于两光路共路，外界环境的变化对两路光波的影响是相同的，因此可以通过共模抑制效应消除外界干扰的影响。

干涉信号的共模抑制指的是一种能有效消除激光振幅噪声、多模运行噪声以及电路噪声等因素引起的直流电平变化的技术。如图 6-4 所示，共模抑制干涉系统产生两束偏振方向正交的测量光束和参考光束，其复振幅可表示为：

$$
\left.\begin{array}{l}
E_o = A\exp\left(\varphi + \varphi_o\right) \\
E_e = B\exp\left(\varphi + \varphi_e\right)
\end{array}\right\} \tag{6-6}
$$

式中，A 和 B 分别为 o 光和 e 光的振幅，φ_o 和 φ_e 分别为二者的相位变化，φ 为初相位。二者相位差值为：

$$
\Delta\varphi = \varphi_o - \varphi_e \tag{6-7}
$$

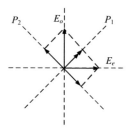

图 6-4 通过检偏器的光束偏振方向

两束光被分光棱镜分成两部分，分别经过正交放置且与原参考光和测量光的光轴成 45°角的检偏器 P_1 和 P_2 后，形成两组位相差为 π 的干涉信号，干涉光强可表示为：

$$\left.\begin{array}{l} I_1 = \dfrac{A^2 + B^2}{2} + AB\cos\Delta\varphi \\[3mm] I_2 = \dfrac{A^2 + B^2}{2} - AB\cos\Delta\varphi \end{array}\right\} \tag{6-8}$$

通过调整 1/2 波片使得 $A=B$，则上式可变为：

$$\left.\begin{array}{l} I_1 = I\left(1 + \cos\Delta\varphi\right) \\[2mm] I_2 = I\left(1 - \cos\Delta\varphi\right) \end{array}\right\} \tag{6-9}$$

式中，$I = A^2$。I_1、I_2 两路信号经光电转换后，其对应的光电流分别为 i_1 和 i_2，相应信号波形如图 6-5 所示。将二者进行差分、求和可得：

$$\cos\Delta\varphi = \frac{I_1 - I_2}{I_1 + I_2} = \frac{i_1 - i_2}{i_1 + i_2} \tag{6-10}$$

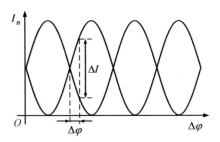

图 **6-5** 两路信号波形

若在检测的过程中，系统存在激光幅值噪声或波动 ΔI，则可以将式(6-9)改写为：

$$\left.\begin{array}{l} I_1 = \left(I + \Delta I\right)\left(1 + \cos\Delta\varphi\right) \\[2mm] I_2 = \left(I + \Delta I\right)\left(1 - \cos\Delta\varphi\right) \end{array}\right\} \tag{6-11}$$

同样，对二者进行差分、求和，相位差的余弦值仍然可以表示为式(6-10)的形式。

由此可见，采用上述干涉信号共模抑制技术可以很好地消除系统存在的激光幅值波动影响。实际上，采用上述方法也可以有效抑制电路上的电子噪声等。光电探测器接收到的信号经前置放大后，可以表示为：

$$\cos\Delta\varphi = \frac{\Delta V}{V_1 + V_2} \tag{6-12}$$

因此，被测表面面形位相差可由下式求得：

$$\Delta\varphi = \arccos\left(\frac{\Delta V}{V_1 + V_2}\right) \tag{6-13}$$

对于精密元件表面的面形检测，其表面相对光滑，各点位相差变化很小，可取两信号的等幅值点 O(见图 6-5)作为测定的起点，光电信号的线性范围作为其测量范围。此时有：

$$\cos\left(\Delta\varphi + \frac{\pi}{2}\right) = \sin\Delta\varphi = \frac{\Delta V}{V_1 + V_2} \tag{6-14}$$

因为 $\Delta\varphi$ 很小，式(6-14)可近似为：

$$\Delta\varphi = \frac{\Delta V}{V_1 + V_2} \tag{6-15}$$

由此可得被测表面高度变化为：

$$\Delta h = \frac{\lambda \Delta V}{4\pi (V_1 + V_2)} \tag{6-16}$$

根据式(6-16)将 ΔV 和 $(V_1 + V_2)$ 经模数转换后，可由计算机绘制出被测元件表面各点的相对高度，对被测工作台进行扫描时，可以得到被测表面微观轮廓图。该系统的数据处理框图如图 6-6 所示。

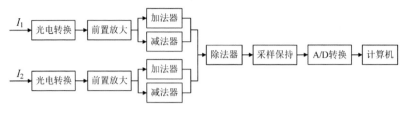

图 6-6 数据处理流程图

通过采用共模抑制技术，该系统不需要昂贵的双频系统就具备外差干涉仪的优点，使用普通偏振输出的单模 He-Ne 激光器就可以满足检测需求，使检测系统结构更加简单，大幅降低了成本。

6.1.2 戴森双焦干涉仪

图 6-7 是戴森(Dyson)双焦干涉仪测量凹面镜的原理示意图[1]。双焦透镜中心与凹面镜曲率中心重合，焦点 F_1 位于凹面镜上，在透镜 L_1 和 L_2 之间放置一个光轴方向与方解石晶体光轴成 45°角的 1/4 波片。光源发出的光经准直扩束器和偏振片后入射到双焦透镜上被分为 o 光和 e 光，其中 o 光不被偏折经透镜 L_2 后聚焦到 F_1 位置，e 光经过透镜 L_1 和 L_2 折射后聚焦于 F_2 点。o 光经凹面镜表面反射，两次经过 1/4 波片后其偏振方向改变 90°，会聚于 F' 位置，由于不受面形信息的影响，作为参考光束；e 光聚焦到 F_2 点后发散充满全口径待测凹面镜，反射光携带有待测凹面镜表面面形信息，同样也会聚于 F' 点，作为测量光束。两束光在 F' 处相遇，经过一个检偏器后形成干涉。当凹面镜面形不存在误差时，干涉场的光强分

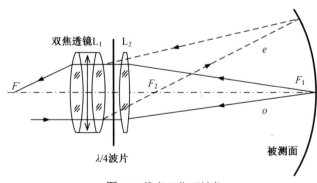

图 6-7 戴森双焦干涉仪

布是均匀的，没有干涉条纹。若横向移动双焦透镜，使其中心与待测凹面镜曲率中心不再重合，则干涉场将出现直条纹；若将双焦透镜沿轴向移动，则干涉场将出现圆条纹。当待测凹面镜表面有偏差时，则条纹形状会改变，根据条纹的变形情况，可以从中获取凹面镜的面形误差信息。

6.1.3 激光双焦干涉表面轮廓仪

1. 微观表面轮廓评定参数

对待测表面微观轮廓粗糙度进行评定时，通常从高度方向和水平方向来评定，其中高度方向主要有轮廓算数平均偏差 R_a、微观不平度十点高度 R_z、轮廓最大高度 R_y 等；水平方向主要有微观轮廓不平度的平均间距 S_m、轮廓单峰平均间距 S、轮廓支撑长度率 t_p 等[7]。

(1) 轮廓算数平均偏差 R_a

如图 6-8 所示，在取样长度 l 内，轮廓偏距绝对值的算数平均数，即轮廓算数平均偏差 R_a，用公式表示为：

$$R_a = \frac{1}{l}\int_0^l |y(x)|\,\mathrm{d}x \tag{6-17}$$

或近似为：

$$R_a = \frac{1}{n}\sum_{i=1}^{n}|y_i| \tag{6-18}$$

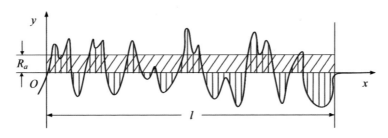

图 6-8 轮廓算数平均偏差

(2) 微观不平度十点高度 R_z

如图 6-9 所示，在取样长度内，5 个最大轮廓峰高的平均值与 5 个最大轮廓谷深的平均值之和，即微观不平度十点高度 R_z，用公式表示为：

$$R_z = \frac{1}{5}\left(\sum_{i=1}^{5} y_{pi} + \sum_{i=1}^{5} y_{vi}\right) \tag{6-19}$$

(3) 轮廓最大高度 R_y

如图 6-9 所示，在取样长度内，轮廓峰顶线和轮廓谷底线之间的距离，即轮廓最大高度 R_y，用公式表示为：

$$R_y = y_{p\,max} + y_{v\,max} \tag{6-20}$$

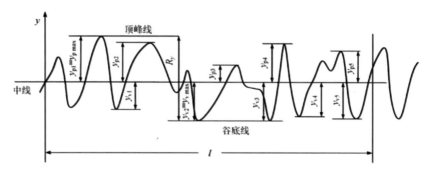

图 6-9 微观不平度十点高度和轮廓最大高度

(4) 微观轮廓不平度的平均间距 S_m

如图 6-10 所示，微观轮廓不平度间距 S_{mi} 是指含有一个轮廓峰和相邻轮廓谷的一段中线长度。在取样长度内，微观不平度的平均值即为微观轮廓不平度的平均间距 S_m，即

$$S_m = \frac{1}{n}\sum_{i=1}^{n} S_{mi} \tag{6-21}$$

(5) 轮廓单峰平均间距 S

如图 6-10 所示，两相邻轮廓单峰的最高点在中线上的投影长度 S_i 成为

轮廓单峰间距。在取样长度内，轮廓单峰间距的平均值即为轮廓单峰平均间距 S，即

$$S = \frac{1}{n}\sum_{i=1}^{n} S_i \tag{6-22}$$

(6) 轮廓支撑长度率 t_p

如图 6-10 所示，一条与中线平行且与轮廓峰顶线相距为 C 的线与轮廓所截而得到的各段截线 b_i 之和称为轮廓支撑长度 η_p，即

$$\eta_p = \sum_{i=1}^{n} b_i \tag{6-23}$$

轮廓支撑长度 η_p 与取样长度 l 之比即为轮廓支撑长度率 t_p：

$$t_p = \frac{\eta_p}{l} \times 100\% \tag{6-24}$$

不同的水平截面 C 对应不同的 t_p 值。

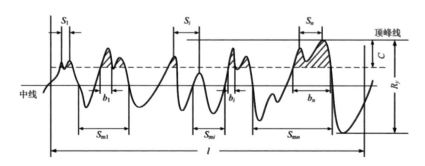

图 6-10 轮廓单峰平均间距和轮廓支撑长度率

2. 轮廓仪基本工作原理

激光双焦干涉表面轮廓仪系统简图如图 6-11 所示[8]。激光器 S 输出线偏光经准直扩束器 BE 和 1/2 波片后被分光棱镜 BS_1 分为两束，其中透射光经双焦透镜 L_1 将光束分为 o 光和 e 光，该透镜对 o 光光焦度为零。o 光平行

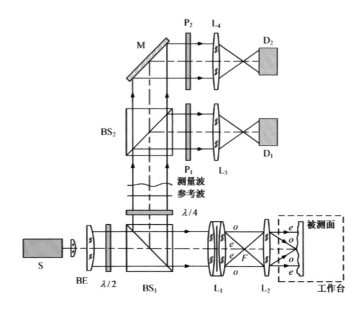

图 6-11 激光双焦干涉表面轮廓仪系统简图

出射，e 光会聚在有限远，再经显微物镜 L_2 后 o 光会聚于被测面表面上一点作为测量光，测量光携带了被测表面上该点的微观轮廓信息，而 e 光作为参考光。两束光经被测面反射回到 BS_1 后进入共模抑制模块，经 1/4 波片、分光棱镜 BS_2 以及偏正方向正交放置的检偏器 P_1 和 P_2 后，形成相位差为 π 的两组干涉条纹，分别被光电探测器 D_1 和 D_2 接收，再经过后续的前置放大、低通滤波、模数转换等流程，利用计算机可得出被测点的高度信息。通过工作台的扫描，使得 o 光汇聚点遍历整个被测表面上各点，便可得到被测面的微观表面轮廓图。该轮廓仪的横向分辨率小于 1 μm，纵向分辨率小于 0.1 nm，精度优于 2%。图 6-12 为双焦干涉轮廓仪实物图及其对超光滑玻璃表面的检测结果。

3. 光电信号质量的保证

光信号质量的高低将严重影响光电转换后的电信号信噪比，进而影响仪器的测量精度。一般需要保证干涉条纹对比度 $K > 0.9$，才能满足仪器正常工作要求，而两光束相对光强、光源单色性、杂散光等因素都会对干涉条纹对比度造成一定的影响。该系统采用的是单模偏振输出的 He-Ne 激光器作为光源，其谱宽很小，因此光源单色性对条纹对比度的影响可忽

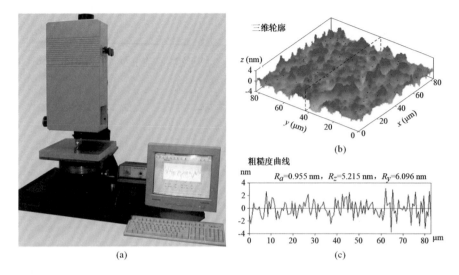

图6-12 双焦干涉轮廓仪及其对超光滑玻璃表面检测结果。(a)双焦干涉轮廓仪系统图；(b)玻璃表面三维轮廓；(c)粗糙度曲线

略不计。通过调节 1/2 波片可使得 o 光和 e 光光强相等，增大条纹对比度。干涉系统的杂散光只形成背景光而不参加干涉，一般来讲，杂散光光强不应超过测量光或参考光光强的 10%。与此同时，系统采用偏振干涉系统，可以去除很多不需要的杂散光，提高干涉条纹对比度。

　　高质量的光信号是进一步获得高质量光电信号的基础。系统采用光电倍增管实现光电转换，在光电倍增管前设置一个光阑以限制入射的光信号宽度，定义比宽度为：

$$S = \frac{\text{干涉条纹宽度} e}{\text{光电倍增管前光阑宽度} D} \qquad (6\text{-}25)$$

　　不同的比宽度对应不同幅值的电信号，如图 6-13 所示。图中(a_1)、(b_1)、(c_1)是不同光阑宽度的光信号，(a_2)、(b_2)、(c_2)为相应的电信号，干涉条纹宽度为 e，光阑宽度 $D_1 > D_2 > D_3$。从图 6-13 中可知，光阑宽度 D 过大或过小都会导致光电信号幅值很小，一般当比宽度 $S \approx 2$ 时，可以获得较大的光电信号幅值，同时也能保证信号的信噪比。

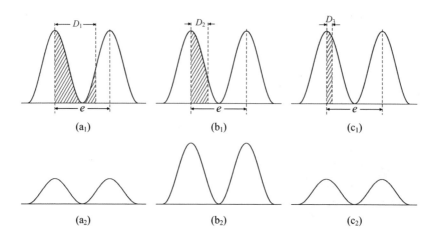

图 6-13 不同比宽度对应的光信号及电信号。(a_1)、(b_1)、(c_1)不同光阑宽度的光信号；(a_2)、(b_2)、(c_2)相应电信号

4. 光束展宽的确定

干涉共模抑制技术利用参考光束对表面轮廓位相的平均作用作为位相基准，在测量过程中，参考光束越宽，对待测面位相平均效果就越好。然而，过宽的参考光束将会使得测量光束和参考光束不完全共路，导致外界干扰影响变大。因此，必须对参考光束的宽度加以限制。

任何一个实际的复杂表面轮廓都可以表示为连续频率的正弦谐波的积分，设其最大正弦波长为 λ_{max}，参考光束照明其中 AB 段，光束宽度为 b，振幅为 H，如图 6-14 所示。

当 $b = n \cdot \lambda_{max}$ 时(n 为整数)，平均线对应正弦波中线 OO'，此时对待测

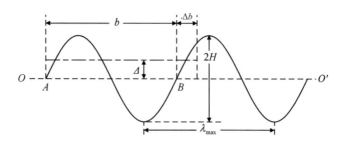

图 6-14 正弦谐波曲线

面进行扫描测试，平均线位置不变。而当 $b = n \cdot \lambda_{max} + \Delta b$ 时，此时平均线不再与中线 OO' 重合，将引起一定的偏移量。设正弦波函数为：

$$y = H \sin\left(\frac{2\pi x}{\lambda_{max}}\right) \tag{6-26}$$

当 $\Delta b = \lambda_{max}/2$ 时，Δb 引起的平均线偏移量有最大值 Δ_{max}：

$$\Delta_{max} \cdot \left(n \cdot \lambda_{max} + \frac{\lambda_{max}}{2}\right) = \int_0^{\frac{\lambda_{max}}{2}} H \sin\left(\frac{2\pi x}{\lambda_{max}}\right) dx \tag{6-27}$$

$$\Delta_{max} = \frac{H \cdot \dfrac{\lambda_{max}}{\pi}}{n \cdot \lambda_{max} + \dfrac{\lambda_{max}}{2}} = \frac{H}{\left(n + \dfrac{1}{2}\right)\pi} \tag{6-28}$$

该偏移量 Δ_{max} 相当于干涉系统中标准参考面平移了 Δ_{max}，使得参考光和测量光的光程差改变了 $2\Delta_{max}$，由此对待测表面微观轮廓的测量造成了误差。

为使平均线偏移对测量结果的影响忽略不计，要求相对偏移量满足：

$$\frac{\Delta_{max}}{H} = \frac{1}{\left(n + \dfrac{1}{2}\right)\pi} \leq 0.1\% \tag{6-29}$$

即

$$n \geq \frac{1000}{\pi} - \frac{1}{2} \approx 318 \tag{6-30}$$

因此，参考光束宽度 $b \geq 320\lambda_{max}$。例如对 ∇_{10} 表面微观轮廓进行测量，$\lambda_{max} = 10\,\mu m$，则 $b \geq 3.2\,mm$，即此时参考光束宽度为 3.2 mm 以上时才满足要求。

5. 测量范围及展宽

实际上，物体表面粗糙度参数 R_a 值为 0.0063～80 μm，R_z 值为 0.032～320

μm，而对于超光滑光学表面，其 R_a 值和 R_z 值分别小于 0.0063 和 0.032 μm。在前文共模抑制概念中已经分析过，当被测表面高度变化 Δh 很小时，每个探测器上的光强与 $\Delta\varphi$ 在最佳工作点附近的一个小区域内成线性关系。

探测器上接收光强随被测位相 $\Delta\varphi$ 变化关系式为：

$$I = I_0\left(1 + \sin\Delta\varphi\right) \tag{6-31}$$

在最佳工作点 O 点，其斜率具有极大值：

$$k_{\max} = \frac{\mathrm{d}I}{\mathrm{d}\left(\Delta\varphi\right)}\mid_{\Delta\varphi=0} = I_0 \tag{6-32}$$

信号幅度越大，系统测试灵敏度也越高。过 O 点切线方程为：

$$I = I_0 + I_0 \cdot \Delta\varphi \tag{6-33}$$

式(6-33)减去式(6-32)，可得拟合误差：

$$\Delta I = I_0\left[\Delta\varphi - \sin\left(\Delta\varphi\right)\right] \tag{6-34}$$

式(6-33)两边对 $\Delta\varphi$ 微分，可得：

$$\mathrm{d}I = I_0\cos\left(\Delta\varphi\right)\mathrm{d}\left(\Delta\varphi\right) \tag{6-35}$$

ΔI 与 $\mathrm{d}I$ 近似相等，由此可得拟合位相误差：

$$\mathrm{d}\left(\Delta\varphi\right) = \frac{\Delta\varphi - \sin\left(\Delta\varphi\right)}{\cos\left(\Delta\varphi\right)} \tag{6-36}$$

考虑到两探测器上光强有 $\Delta I_1 = -\Delta I_2$，因此系统总拟合误差为 $2\mathrm{d}\left(\Delta\varphi\right)$，系统相对误差为：

$$\varepsilon = \frac{\mathrm{d}\left(\Delta\varphi\right)}{\Delta\varphi} = 2\frac{\Delta\varphi - \sin\left(\Delta\varphi\right)}{\Delta\varphi \cdot \cos\left(\Delta\varphi\right)} \tag{6-37}$$

对于相对精度，一般要求 $\varepsilon \leq 1\%$ ，则 $|\Delta\varphi| \leq 0.173\ \text{rad}$ ，由式(6-16)可得相应的 $|\Delta h| \leq 0.0087\ \mu\text{m}$ 。因此，该系统线性测量范围一般不大于 $0.0174\ \mu\text{m}$ 。这说明该双焦透镜表面轮廓仪只适合于超光滑表面轮廓的测量。

6.2　Mirau 干涉仪

6.2.1　Mirau 干涉仪基本原理

　　干涉显微镜作为物体表面形貌的一个重要检测手段，其分光路干涉结构一般可以分为 Michelson、Mirau 和 Linnik 三种形式，具体如图 6-15 所示[1]。

　　Michelson 型中使用了一个物镜，在物镜和待测面之间放置分光棱镜，体积较大，使得 Michelson 型显微物镜只能应用在小数值孔径、长工作距离系统中，其放大倍率一般为 2～5 倍，抗干扰能力弱，横向分辨率低。

　　Mirau 型也只需一个物镜，不会在测量过程中引入附加的光程差，且由于参考光和测量光近似共路，抗干扰能力强且结构紧凑，放大倍率一般为 10～50 倍。由于在物镜和被测面之间需要放置参考板和分光板，物镜的数值孔径受到限制，因此，Mirau 型干涉显微镜只能使用较长工作距离的显微物镜。Mirau 型干涉显微镜具有抗干扰能力强、结构紧凑等优点，在相关领域得到了广泛的应用。

　　Linnik 型参考光路和测量光路要求两个完全相同的高精度显微物镜，具有很高的放大倍率，但需要很复杂的结构来避免振动。

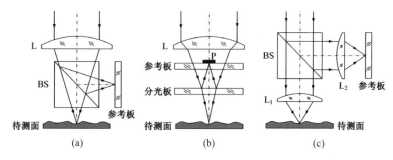

图 6-15 三种形式干涉显微镜。(a) Michelson；(b) Mirau；(c) Linnik

Mirau 干涉仪的基本原理如图 6-15(b)所示。平行光经显微物镜 L 会聚透过参考平板，再经分光板后将光路分成两路：一路透射会聚到被测面上，被反射后经分光板和参考平板后到达透镜 L，形成测量光；另一路反射会聚到参考板上小镜面 P 上，经 P 反射后再次被分光板反射回到透镜 L 处，形成参考光。参考光和测量光在透镜 L 处相遇，形成干涉。

待测面上各点的表面高度是由被测面和参考面反射回来的波前干涉图的对应点 (x, y) 的相位差决定的。待测面上点的高度由下式可得：

$$h(x, y) = \frac{\lambda}{4\pi}\phi(x, y) \tag{6-38}$$

显然，相移干涉的关键技术是决定相位 $\phi(x, y)$，通过 PZT 移动产生力驱动使得参考镜移动一个位移，得到一幅干涉图。由此移动 3~4 个位移，每幅干涉图在位置 (x, y) 的强度是初相位 $\phi(x, y)$ 和相移 $\alpha_i (i = 1, 2, ..., n)$ 的函数，即

$$I_i(x, y) = A + B\cos\left[\phi(x, y) + \alpha_i\right] \tag{6-39}$$

式中，$B\cos\left[\phi(x, y) + \alpha_i\right]$ 代表相干项。若相移 $\alpha_i = i \cdot (2\pi) / n$，则

$$\tan\phi(x, y) = -\frac{\sum_{i=1}^{i=n} I_i(x, y)\sin\left[2\pi(i-1)/n\right]}{\sum_{i=1}^{i=n} I_i(x, y)\cos\left[2\pi(i-1)/n\right]} \tag{6-40}$$

为了减小移相时产生的振动对实验结果造成的影响，可以采用整体移动参考平面的方式。通过扫描台带动待测元件移动，由式(6-40)分别得到待测面上各点的高度信息，进而实现对待测表面三维形貌的测量。

6.2.3　相移干涉白光轮廓仪

1. 基本工作原理

　　目前，微表面三维结构干涉显微的常见结构是利用双光束干涉的方法将待测面和一个标准参考面进行比对，要求待测面与显微物镜必须严格对焦。

　　Zygo 公司的 Newview 系列和 Wyko 公司的 NT 系列表面轮廓仪，都是基于 Mirau 干涉显微镜的白光轮廓仪来实现对微表面形貌的测量[10-13]。该轮廓仪可以测量平面度、粗糙度、大的台阶、薄膜和陡坡等，从超光滑到非常粗糙的表面都能准确计量。测量范围从小于 1 nm 到 20000 μm，测量精度达到亚纳米级别，纵向分辨率达到亚埃级。一个典型的 Mirau 型相移干涉白光轮廓仪光学结构如图 6-16 所示。

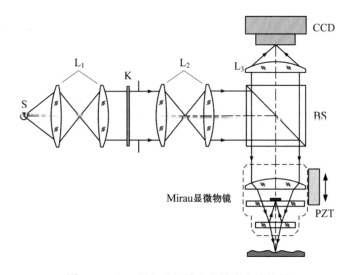

图 6-16 Mirau 型相移干涉白光轮廓仪结构图

　　整套系统由照明光路、Mirau 干涉显微镜、扫描系统以及观测接收系统组成。照明光路采用由白光光源 S、集光镜 L_1、滤光片 K、光阑、聚光镜 L_2 组成的柯拉照明系统提供均匀的照明光。光路中，加入了孔径光阑和视场光阑，通过改变孔径光阑可以调节照明光强，改变视场光阑可以调节被测面照明范围。闭环反馈 PZT 驱动的相移器与 Mirau 干涉显微镜相连，实现相移干涉。

　　单色光源相干性很高，采用单色光源的相移干涉仪在测量物体表面形貌时具有很高的精度，因而得到广泛的应用。然而，该系统由于受到 2π 相位模糊问题限制，只能对表面连续或者高度间断小于 $\lambda/4$ 的对象进行测量，对于粗糙表面含有高度变化大于 λ/4 的台阶等不连续特征的，会导致条纹的采样范围小于 4 个像素而无法进行准确的测量。白光光源相干长度很低，只有几微米，这就要求测量光和参考光光程差只有在一个相干长度以内时，才能形成干涉条纹。

为了在最佳聚焦位置上获得干涉条纹，Mirau 干涉显微镜的参考反射镜的位置也需要设置在物镜的最佳聚焦点处，以获得零光程差，调整方法如下：首先将参考镜从焦点处移开几微米，再将物镜聚焦在一些锐利而不太高的台阶等具有特征的检测对象上，最后将参考镜移向焦点处，直到条纹对比度最好为止。一个单色探测器探测到的光强是所有波长对应干涉条纹光强的非相干叠加，因为不同波长条纹间距不同，使得条纹最大值仅在零光程差位置这一个点出现，称为零级条纹，如图 6-17(a)所示。当远离这个零光程差位置时，总光强急剧下降，如图 6-17(b)所示。从白光干涉图中，我们可以很容易找出零级条纹，因此可以解决 2π 相位模糊的问题，从而精确测量粗糙表面及含有大间断对象的表面形貌。

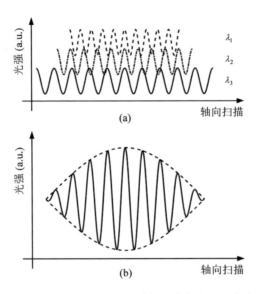

图 6-17 白光干涉条纹组成。(a)单一波长干涉条纹；(b)白光干涉条纹

在轴向扫描过程中，CCD 每一个像素都将记录下辐照度，干涉信号包络的最高点即为待测样品最佳聚焦位置。在 Mirau 显微物镜扫描组件中设置位置传感器，采用开环模式来获取位置数据，也可以采用闭环模式来反

馈驱动显微物镜的扫描。典型的位置传感器有电容式传感器和应变计等。在单独的干涉图中,可以从条纹中确定待测样品中有哪些位置正好处于焦点对准状态。通过扫描定位并记录被测面每个空间点上条纹的零光程差位置,得到被测面上各点的相对高度,所有点相对高度的集合便构成了被测面三维轮廓。待测物不同位置处对应的白光扫描干涉信号如图 6-18 所示。

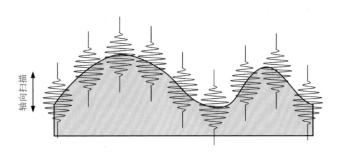

轴向扫描

图 6-18 不同位置的白光扫描干涉光强信号

2. 白光轮廓仪的主要应用

近年来,随着科技的发展,人们对于超光滑表面以及次纳米表面元件的加工要求越来越高,这些元件表面形貌的量化表征不仅极大影响接触部分的机械及物理特性,而且影响非接触元件的光学及镀膜特性。白光轮廓仪具有纵向分辨率高、动态范围大、检测精度高等优点,是一种重要的检测手段。Zygo 公司 NewView7300 型光学表面轮廓仪实物图以及其对动态 MEMS 设备的测量、对薄膜的分析应用以及对次纳米表面形貌的测量结果如图 6-19 所示[14]。

对于 MEMS 设备,需要确定其在动态下的形貌信息、相应功能和特征,这对于研发和生产质量控制是至关重要的。传统意义上,三维轮廓仪测量被测面轮廓信息是在静态下进行的,若待测物处于运动状态,则会引起干涉图样模糊、数据错乱等问题。若在传统表面轮廓仪基础上加入 Zygo 公司动态测量模块,就可以形成一个动态测量体系:采用一个频闪的 LED 光源与 MEMS 设备的触发信号同步,通过调整 LED 的频闪频率,该 MEMS 设备的运动就可以被"静止",从而实现光学轮廓仪对 MEMS 设备的动态测量。其测量结果如图 6-19(b)所示。

白光扫描干涉表面轮廓仪的显微物镜扫描时,CCD 记录下扫描过程中对应的干涉图的演变,通过计算机分析扫描过程中干涉条纹强度变化,就

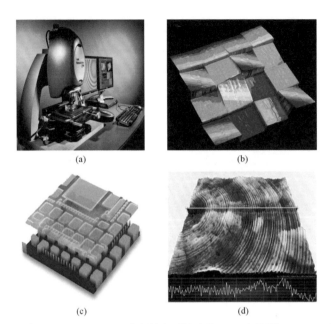

图 6-19 Zygo 公司 NewView7300 型光学表面轮廓仪。(a)实物图；(b)～(d)测量结果

能精确确定样品表面高度特征。传统分析方法只检测到一个调制信号，大多数样品如半导体、平面显示屏等能在样品同一点上产生多个调制信号，多个界面上的定域条纹没有分开，取确定包络峰值的位置就没有意义了，因此，传统的分析方法不能得到正确的测量结果。NewView7300 系统采用包含可调节光圈大小的光阑以及一个 LED 光源的增强型光源来限定光源的数值孔径。采用低放大倍数的物镜(5 倍或更低)可以测量薄膜顶部和底部面形特征以及薄膜的厚度信息，而高放大倍数的物镜虽然可以得到更精确的测量，但可测量的薄膜厚度也降低了。图 6-19(c)是利用该系统对半导体薄膜的测量结果。对于单点金刚石切削面的粗糙度测量结果如图 6-19(d)所示，其轮廓算术平均偏差为 1.1580 nm，轮廓最大高度为 7.6182 nm，具有很高的测量分辨率。

6.3　4D 干涉仪

6.3.1　4D 干涉仪基本原理

传统相移干涉仪都是利用 PZT 定量位移分时采集干涉图，在不同时刻采集干涉图的过程中，难免受到外界环境振动的干扰，引入一定的误差且测量时间较长。Millerd 等[14-15]发表了一种非常紧凑的同步相移方法采集四帧相移干涉图。该方法采用全息分光将光束分为在 x 和 y 方向不同位置的四束光束，再经放置在 CCD 前的另一块位相掩膜板和偏振片，最终在像面位置形成四帧相移干涉图。美国 4D 技术公司采用该技术开发了 PhaseCam 系列泰曼—格林型动态干涉仪，如图 6-20 所示[16]。激光器发出激光经透镜 L_1、L_2 准直扩束和反射镜 M_1 反射后到达偏振分光棱镜 PBS 上，透射 p 光两次经过 1/4 波片偏振方向旋转 90°，经 PBS 反射进入光学全息组件，作为参考光；反射 s 光经 1/4 波片入射到被测面上反射回来再次经过 1/4 波片，偏振方向也改变 90°，经 PBS 透射进入光学全息组件，作为测量光。全息光学组件对测量光和参考光分光，经相位板和偏振片后在 CCD 上同时形成 4 幅干涉条纹。

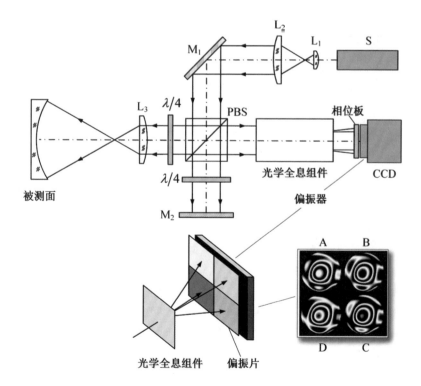

图 6-20 4D 技术公司泰曼—格林型动态干涉仪光路结构图

Millerd 等[17-18]后来也证明了能使用线栅偏振片对每个像素进行旋转以得到不同的相移。四步相移法需要 4 个不同检偏器旋转，这样使用高分辨率 CCD 就可以同步获得四帧相移干涉图，而不需要另加一块光学全息组件来进行分光，可用于扩展光源或者白光。然而，泰曼–格林型动态干涉仪属于非共路干涉仪，参考光和测量光经过不同的光路后相遇形成干涉，虽然该系统采用同步相移技术，对振动和空气扰动不敏感，但温度变化对干涉条纹稳定性将造成很大影响，而采用共路型干涉系统则可解决上述问题。4D 技术公司的共路菲索型动态干涉仪光路布局如图 6-21 所示[16]。短相干光源发出光束经 1/2 波片后成为圆偏光，经 PBS 后分为透射的线偏光 p 和反射的线偏光 s 分别两次经过 1/4 波片，偏振方向都改变 90°，彼此正交。参考面反射的参考光和被测面反射的测量光，经 1/4 波片和像素掩膜后，在 CCD 上同时形成 4 幅干涉图。

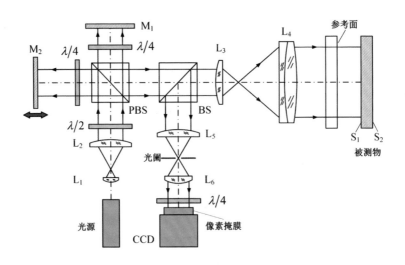

图 6-21 4D 技术公司共路菲索型动态干涉仪光路结构图

像素掩膜是由 4 个线偏振单元组成的微型偏振片阵列，各个线偏振单元的偏振方向分别是 0°、45°、90°和−45°，如图 6-22(a)所示。将它们组合起来，每个偏振单元位于 CCD 像素之前。该微型偏振片在测量光和参考光之间引入了 0°、90°、180°和−90°的相位差，如此通过每一组像素，如图 6-22(b)所示，就可以用一个 CCD 同时获取四帧相移干涉图。位相滤波器的两个关键要求是测量光和参考光具有正交的偏振态，微偏振阵列与 CCD 阵列匹配。

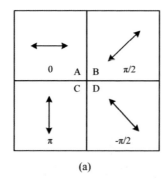

图 6-22 位相滤波器。(a)提供 0°、90°、180°和-90°相移的 4 个偏振单元；(b)4 个偏振单元构成阵列形成的相位滤波器

6.3.2　4D 动态干涉仪的应用

不同于传统相移干涉仪，动态相移干涉计量技术利用 PZT 在时间顺序上使相位产生变化，可以对精密表面进行高精度测量，而不需要昂贵的隔振系统和测量仪器与被测样品间的大型机械耦合元件，也不需要消除空气扰动的影响。该技术可应用于对直径为米量级的大尺寸、长量程光学元件的快速测量。

在光学元件加工过程中，对元件表面进行抛光是一个至关重要的环节。传统时间相移干涉仪需要较长时间获得多帧干涉图像，在测量过程中，外界环境的振动和空气的扰动都会造成测量噪声影响。4D 动态干涉仪可以克服这些困难，对元件面形进行高精度测量，同时根据面形测量结果指导抛光过程，进而大大缩短了大型光学元件的加工周期。

大口径望远镜在天文观测中起着决定性的作用，为了提高望远镜的分辨率，大口径望远镜主镜直径一般需要达到数米甚至数十米。詹姆斯韦伯(James Webb)空间望远镜是目前在建的最大空间望远镜，其主镜口径达到 6.5 m，采用 18 块高度 1.32 m 的正六边形分块子镜拼接而成，如图 6-23(a) 所示。各个子镜的面形精度、拼接精度都极大影响了望远镜的性能。美国宇航局选用 4D 动态干涉仪作为其主镜子镜、次镜以及大光学系统的重要测量仪器[19]。图 6-24 是一块直径为 8.4 m 大麦哲伦望远镜的分块镜及其表面形貌检测结果，整块镜面均方根误差小于 19 nm，具有相当高的加工精度，体现了目前大口径镜面研磨、抛光的最高工艺水平。

在美国亚利桑那州图森市的现代有轨电车项目开发阶段，美国国家光学天文台担心该项目有轨电车带来的振动可能对光学元件的高精度测量造成严重影响，在生产车间内从上午 6 点到晚上 11 点，利用 4D 动态干涉仪对3.5 m 口径的 WIYN 望远镜进行测量，如图 6-23(b)所示。该实验证实，该测量系统不受振动的影响，在全天任意时段都具有很高的测量精度。

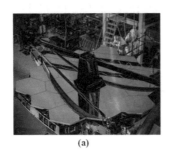 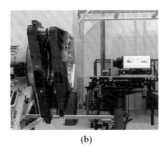

(a)   (b)

图 6-23 4D 干涉仪应用。(a)用于詹姆斯韦伯望远镜的检测；(b)用于 WIYN 望远镜的检测

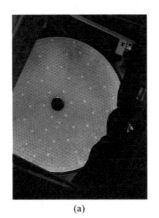 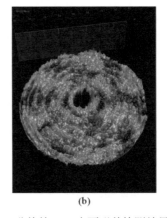

(a)   (b)

图 6-24 大麦哲伦望远镜。(a)8.4 m 分块镜；(b)表面形貌检测结果

参考文献

[1] Malacara D. Optical Shop Testing[M]. Hoboken, New Jersey:John Wiley & Sons, 2007.

[2] 卓永模. 激光双焦干涉球面轮廓仪[P]. CN1193728 A, 1998-09-23.

[3] Yang Y, Zhuo Y, Cheng H. Common-path interference profiler with

non-destructive testing super-smooth surface[C]. Proc. SPIE, 1998, 3557.

[4] Zhang W. General ray-tracing formulas for crystal[J]. Appl. Opt., 1992(31): 7328-7331.

[5] Zhang W, Zhuo Y. Design and application of a bifocus lens[J]. Appl. Opt., 1993(32):4204-4208.

[6] 卓永模, 杨甬英, 徐敏, 等. 双焦干涉球面微观轮廓仪[J]. 仪器仪表学报. 1995(16):254-259.

[7] 冯其波. 光学测量技术与应用[M]. 北京:清华大学出版社, 2010.

[8] 赖东峰. 双焦干涉表面轮廓实时检测的研究[D]. 硕士学位论文, 浙江大学, 1991.

[9] De Groot P, Deck L. Three-dimensional imaging by sub-Nyquist sampling of white-light interferograms[J]. Opt. Lett., 1993(18):1462-1464.

[10] De Groot P. A new class of wide-field objectives for 3D interference microscopy[C]. Proc. SPIE, 2015, 9525:1-7.

[11] De Groot P, et al. Infrared scanning interferometry apparatus and method[P]. US 61951681 B1, 2001-2-27.

[12] De Groot P, et al. Scanning interferometry[P]. US 7102761 B2, 2006-09-05.

[13] Hayes J. Dynamic interferometry handles vibration[J]. Laser Focus World, 2002, 38(3): 109-116.

[14] Millerd J, Brock N. Methods and Apparatus for Splitting, Imaging and Measuring wavefronts in interferometry[P]. US6552808, 2003-03-20.

[15] Millerd J, Brock N, Hayes J, et al. Pixelated phase-mask dynamic interferometer[C]. Proc. SPIE, 2004, 5531:304-314.

[16] Kimbrough B, Frey E, Millerd J. Instantaneous phase-shift Fizeau interferometer utilizing a synchronous frequency shift mechanism[C]. Proc. SPIE, 2008, 7063:1-11.

[17] Zecchino M. Measuring Precision Telescope Optics (with a Streecar Outside Your Door): Application Note [EB]. 4Dtechnology.com, 2012-3-6.

索 引